纪念吴文俊先生诞辰100周年

The Complete Works of Wu Wen-Tsun
Textbook I

吴文俊全集·教材卷 I
博弈论讲义

中国科学院数学与系统科学研究院 编
高小山 杨晓光 审校

科 学 出 版 社
龍 門 書 局
北 京

内 容 简 介

博弈论是一门新兴的数学分支，是用数学方法来研究形形色色的带有对抗性质的现象，指示这些现象中的决策人如何采用最优的行动. 它的发生和发展也不过是最近三十年间的事，但无论就它所考虑问题的性质而言，抑或就其现有的实际应用而言，都显示出这是一门与实际密切联系、有着广阔发展前途的学科. 不过，要使博弈论对我国的生产实际起更大的作用，还有待我们进一步的努力. 因此，本书在给读者展示博弈论三十年概貌的同时，也力求引导读者注意联系我国的实际情况.

本书内容为二人有限零和博弈、二人无限零和博弈、多人博弈、阵地博弈等四章，叙述力求清楚明白，浅显易懂，只要读者具有大学数学系三年级的数学修养，就不难领会本书的内容.

本书主要是作为高等院校的教学用书，也可作为实际部门人员的参考用书.

图书在版编目（CIP）数据

吴文俊全集. 教材卷. I，博弈论讲义/中国科学院数学与系统科学研究院编；高小山，杨晓光审校. —北京：龙门书局，2023.12

ISBN 978-7-5088-6355-9

Ⅰ. ①吴… Ⅱ. ①中… ②高… ③杨… Ⅲ. ①博弈论-文集 Ⅳ. ①O1-53

中国国家版本馆 CIP 数据核字(2023)第 213276 号

责任编辑：李 欣 孙翠勤 / 责任校对：杨聪敏

责任印制：张 伟 / 封面设计：无极书装

科学出版社
龍門書局 出版

北京东黄城根北街 16 号

邮政编码：100717

http://www.sciencep.com

北京虎彩文化传播有限公司 印刷

科学出版社发行 各地新华书店经销

*

2023 年 12 月第 一 版 开本：720 × 1000 1/16

2023 年 12 月第一次印刷 印张：13 3/4

字数：276 000

定价：108.00 元

（如有印装质量问题，我社负责调换）

编 者 序

中国现代数学的崛起，开始于 20 世纪初，经历了几代人艰苦卓绝的努力. 在这百年奋战中涌现出来的数学家中，吴文俊是最杰出的代表之一. 他早年留学法国，留学期间就已在拓扑学方面做出了杰出贡献，提出了后来以他的名字命名的"吴公式"和"吴示性类". 回国后提出了"吴示嵌类"等拓扑不变量，发展了统一的嵌入理论. 他关于示性类与示嵌类的研究，已成为 20 世纪拓扑学的经典，至今还在前沿研究中使用. 20 世纪 70 年代以来，吴文俊院士在汲取中国古代数学精髓的基础上，开创了崭新的现代数学领域——数学机械化. 他发明的被国际上誉为"吴方法"的数学机械化方法，改变了国际自动推理的面貌，形成了自动推理的中国学派，已使中国在数学机械化领域处于国际领先地位. 上述工作无疑属于 20 世纪中国数学赶超国际先进水平的标志性成果，而吴文俊院士博大精深的科学研究，除了拓扑学与数学机械化以外，还跨越了代数几何、博弈论、中国数学史、计算图论、人工智能等众多领域，并在每个领域都留下了这位多能数学家的重要贡献.

吴文俊先生是一位具有强烈爱国精神的数学家. 自 1950 年谢绝法国师友的挽留回到祖国后，半个世纪如一日，为在他深爱的中华故土发展数学事业而鞠躬尽瘁. 除了第一流的科研成果，吴文俊先生长期身处中国数学界领导地位，在团结带领整个中国数学界赶超世界先进水平方面，也做出了不可磨灭的贡献. 特别是，吴文俊先生在担任中国数学会理事长期间，领导中国数学最终成功地加入了国际数学联盟，此举大大提高了我国数学界的国际地位，同时也为我国成功举办 2002 年国际数学家大会铺平了道路.

吴文俊治学严谨，学术思想活跃，无论获得多么高的声誉，他总是勤奋地在科研第一线工作，一生积极进取、锲而不舍，不断取得新的成就. 在开始从事机器证明时，他已近花甲之年，从零开始学习编写计算机程序，每天十多个小时在机房连续工作，终于在几何定理机器证明这一难题上取得成功.

吴文俊先生为中国现代数学的发展建立了丰功伟绩，而他本人却始终淡泊、谦逊. 他处事公正豁达，待人充满善意，受过他帮助的人可以说不计其数. 正因如此，这位有着崇高国际声望而平易近人的学者，受到了每一个认识他的人格外的爱戴与尊敬.

2019 年 5 月 12 日是吴文俊先生百年诞辰. 为了纪念这个特殊的日子，我们编辑了《吴文俊全集》，通过系统地收录、整理吴文俊先生的学术著作和论文，纪念吴先生的学术思想及学术成就. 全集共计 13 卷, 包括拓扑篇 4 卷、数学机械化篇 5 卷以及数学史、博弈论与代数几何、数学思想各一卷. 同时, 全集还设置了附卷, 收录吴文俊先生的同事、学生和其他社会各界人士发表过的与吴先生有关的各类文献资料.

最后, 我们对在全集编辑中给予帮助的各位同事表示衷心感谢. 感谢科学出版社在出版全集时认真细致的专业精神. 感谢国家出版基金对于全集出版的资助. 感谢相关出版与新闻机构在版权方面提供的帮助.

李邦河　高小山　李文林

2019 年 3 月

注: 2023 年, 《吴文俊全集》又加入教材卷 2 卷.

前　言

尽管博弈理念自古就有, 现代博弈论理论的建立应该从 1944 年大数学家约翰 • 冯 • 诺伊曼和经济学家奥斯卡 • 摩根斯坦合著的《博弈论与经济行为》出版作为开端, 并且在 1944 年到 1959 年期间形成了博弈论的基本理论体系. 这期间一众博弈论研究的巨擘们, 例如冯 • 诺伊曼、约翰 • 纳什、罗伊德 • 沙普利等等, 提出了博弈论主要的核心概念, 建立了博弈论的基本理论框架.

《博弈论讲义》一书是 1960 年出版的、我国第一本博弈论方面的教材. 这本教材由以吴文俊院士为首的一批数学家编著, 以中国科学院数学研究所第二室的集体名义出版. 当时我国的学术氛围, 强调学科发展要服务生产实践. 以华罗庚先生为代表的数学家纷纷投身于应用数学方法的研究与普及, 随后诞生的《优选法平话》和《统筹法平话》就是典型的代表. 相比于黄金分割法、线性规划等数学优化方面浅显易懂并且在现实中到处都有直接应用场景的数学方法, 博弈论是一个发展时间相对比较短、使用的数学工具更为复杂、在当时的实际应用场景不很直接的学科方向. 将博弈论作为一门学科, 去编写中文教材, 应该说在当时的氛围之下是非常高瞻远瞩的, 在国际上也是最早的博弈论教材之一.

尽管当时是把博弈论作为运筹学的一个分支, 事实上博弈论后期的发展及影响远远超过运筹学. 这主要是因为博弈论是研究相互对抗或合作的多个参与方的耦合优化问题, 与经济政策设计、多方智能决策等复杂问题有着天然的联系. 众所周知, 有约 20 位学者因经济学与博弈论的交叉研究获得诺贝尔经济学奖, 博弈论的重要性与影响由此可见一斑. 博弈论不仅成为社会科学研究的基础性工具, 也正在拓展到自然科学和工程科学. 在当前的人工智能和数字经济中, 博弈论更是其中的核心支柱学科之一. 作为主要研究对抗决策的数学理论, 可以预见博弈论也将在未来智能化战争中发挥重要作用.

《博弈论讲义》已经出版六十多年了, 这是一本在中国博弈论发展历史上有举足轻重地位的著作. 首先这是一本基于中国当时社会知识背景针对博弈论的“高端启蒙性”的教材. 正如本书当时的序言, 编著这本书的目的是“为高等学校提供新的教材”“向应用部门的同志介绍新的数学工具”. 著作编撰的前提也是“读者只要具备一般高等数学如代数、实变函数、概率论的初步知识, 就可以了解其内容和掌握其精神”. 在教材的具体编写中, 对每一块的内容, 都是先用简单的例子进行铺垫, 然后才给出严格的数学定义和相关定理的数学推导, 循序渐进, 循循善诱, 使得全书由浅入深. 其次这是一本“小而美”的著作, 跟博弈论的多数经典教材相比, 没有追求“大而全”, 但是博弈论中最重要的一些模型, 例如零和博弈、非合作博弈、合作博弈、联盟博弈、扩展型博弈都有覆盖. 从这种意义上看本书很类似于罗伯特・吉本斯教授 1992 年出版的经典博弈论教材《博弈论基础》(*A Primer in Game Theory*). 最后, 本书的编辑也对我国博弈论研究起到了直接推动作用. 实际上，本书的编辑者也是我国最早的博弈论研究者.

本书的领衔编写者吴文俊院士是中国博弈论研究的先驱者. 吴文俊院士是拓扑学研究的大家, 曾因为“吴示性类”与“吴示嵌类”等工作获得首届国家自然科学奖一等奖, 同时获得一等奖的分别是钱学森院士和华罗庚院士. 1958 年开始吴文俊院士对博弈论产生了兴趣, 1959 年初, 他就发表了我国第一篇博弈论研究论文《关于博弈理论基本定理的一个注记》. 1960 年, 在出版这本教材的同时, 他还在《数学通报》发表了一篇普及性文章《博弈论杂谈:（一）二人博弈》. 在这篇文章中, 他第一次明确提出“田忌赛马”的故事属于博弈论范畴, 使得田忌赛马成为介绍博弈论的一个经典案例. 1962 年, 吴文俊院士和他的学生江嘉禾先生在《中国科学》上发表了“Essential equilibrium points of n-person non-cooperative games”, 对于有限非合作博弈提出了本质均衡 (essential equilibrium) 的概念, 并给出了它的一个重要性质和存在性定理. 这是博弈论领域的一个深刻结果, 可以和诺贝尔奖获得者泽尔腾 (R. Selten) 1975 年提出的颤抖手均衡 (trembling hand equilibrium) 媲美, 是迄今为止中国科学家在博弈论领域取得的最具国际影响的成就之一. 吴文俊院士在博弈论领域杰出工作和深刻理解, 使得本书在 20 世纪 60 年代就有很高的起点.

六十多年来, 博弈论这门主要由数学家开创的学科突飞猛进, 取得了举世瞩目的成就, 不仅学科内容大大丰富, 而且相关知识的表述也有很多的进步. 我们今天重新出版这本书, 一方面是经典重印, 缅怀我国博弈论领域先驱者的业绩; 另一方面也希望读者能够从源头去了解博弈论在中国的发展. 为了方便读者更好地去阅读这本“小而美”的教材, 我们不厌其烦地再做几个说明.

1. 术语变化

这是我国第一部博弈论著作, 这里面很多术语的翻译跟现在的流行用法非常不一样. 但正是这种另类的遣词造句会让我们感受到一种特别的味道. 从书名我们可以看到, 本书的编著者把 Game Theory 是翻译成“对策论”还是“博弈论”是颇有踌躇的, 最后使用了《对策论（博弈论）讲义》作为书名. Game Theory 在中国的名称由最初的对策论变为博弈论, 可能就与当初这个踌躇有关. 事实上, 本书中对冯・诺伊曼和摩根斯坦的 *Theory of Game and Economic Behavior* 就直接翻译成《博弈论与经济行为》, 之所以最终选择对策论作为 Game Theory 中文的首选, 与当时的政治氛围有关, 认为是博弈掩盖了资本主义社会阶级斗争的实质. 况且使用对策论作为 Game Theory 的翻译也有一个显著优点, 即“对策”跟“决策”很对仗, 可以提醒读者对策论是决策科学的一个分支. 因此对策论这一用法后来在数学和运筹学领域沿用几十年, 直到今天很多时候学者还在使用“对策论”而非“博弈论”. 在重新出版本书时, 我们将书名改成更为简洁的《博弈论讲义》, 并且将原版中术语“对策”统一修订为“博弈”.

现在一般把 extensive form game 翻译成“扩展型博弈”, 而本书很特别地翻译为“阵地对策”. 值得注意的是, 本书对 extensive form game 的解读非常精彩, “应当指出, 阵地对策的英文名称——The game in extensive form (广义型对策)——不完全恰当. 因为实际上, 我们所谈到的不是把正规模型的概念进行某种推广而更加广泛; 正相反, 是它们的某种精确化和具体化.” 这是对正规型博弈与扩展型博弈关系的独到见解. 还有其他一些术语与现在有所不同, 比如把 payoff function 翻译成“赢得函数”而非“支付函数”, 把凸集的 vertex 翻译成“端点”而非“顶点”等等, 相信读者都可以很容易识别, 故没有修改.

2. 特殊传承

正如原版序言中所介绍的, 本书是苏联数学家沃罗比约夫教授 1960 年春在中国科学院数学研究所系统讲授博弈论基础上编著的, 取材大都来自沃罗比约夫教授在讲学时用的讲义. 本书开始所附照片就是沃罗比约夫教授与中国科学院数学研究所同行的合影.

我们知道, 现代博弈论有很强的体系性, 大多数重要结果都由欧美博弈论学家完成的, 一般也都用英文写作. 由于特殊的历史原因, 苏联学者用俄语写作完成的多数成果在当时并不为欧美学者所熟悉, 所以有其独特的风格. 沃罗比约夫是苏联博弈论的开拓者和奠基人之一, 培养了很多苏俄重要的博弈论学家. 1968 年以前, 苏联在博弈论方面的贡献可以参考 Takeuchi 和 Wesley 翻译的论文集①, 从中可以看出很多作者都是沃罗比约夫的学生; 1968 年以后的贡献可以参考 Driessen 等的著作②. 这本教材体现了沃罗比约夫教授是直接影响中国博弈论发展的第一代博弈论学家.

这种特殊的传承使得本书具有特别的意义. 尽管苏联的博弈论研究也是在冯•诺伊曼等开拓性工作的基础上进一步发展的, 苏联获取英文资料也相对容易、其博弈论研究跟欧美的博弈论研究并非完全独立演化, 但是在几十年的时间里有其相对独立的发展. 国际上已经对苏联博弈论学家的一些原创性研究成果给予了足够尊敬, 比如刻画合作博弈核非空的定理目前一般称为 Bondareva-Shapley 定理, 因为该定理由苏联博弈论学家 Bondareva 和美国博弈论学家 Shapley 分别于 1963

① Takeuchi K, Wesley E. Selected Russian Papers on Game Theory. 1968.

② Driessen T S, Laan G, Vasil'ev V A, Yanovskaya E B. Russian Contributions to Game Theory and Equilibrium Theory, 2006.

年和 1967 年独立发现. 同样, 吴文俊和江嘉禾关于本质均衡的工作的重要性也是在 20 世纪 80 年代后逐渐为西方学者所公认，详见本书附录《吴文俊关于纳什均衡稳定性的工作及其影响》。

3. 独特选题

本书对零和博弈与均衡计算给予了足够篇幅, 这与目前多数教科书的安排有显著区别. 本书四章中的前两章都用来介绍零和博弈, 后两章中介绍合作博弈（结盟对策）与应用也大致基于零和博弈. 这当然是时代背景决定的, 因为纳什的工作问世前博弈论学家大多围绕冯 • 诺伊曼创建的零和博弈与稳定集（本书第三章定义 2）展开研究. 零和博弈是博弈论最早被关注也最完善的内容, 目前的教科书一般介绍得比较简略, 所以本书介绍的更深入的内容, 特别是第二章“二人无限零和对策”, 对关心零和博弈的读者是一份很好的参考资料. 关于稳定集的内容, 自从 Lucas（1969）给出反例显示可能不存在[①], 学术界逐渐丧失了对其研究兴趣, 今天的教科书一般最多略微提及. 稳定集的作用已经完全被 Giles 和 Shapley 独立提出的核（core）所替代. 值得注意的是, 本书对纳什的工作给予了充分介绍, 也提到了 Giles 和 Shapley 等的工作, 充分显示出其学术前瞻性.

均衡计算方面, 本书不仅介绍了今天教科书大多会讲到的用线性规划对偶理论求解一个极大极小解, 还介绍了用矩阵法求出所有的解, 以及用微分方程法和迭代法求一个解. 零和博弈与对偶理论的等价性是非常美妙的理论, 今天多数运筹管理背景的博弈论教科书都会介绍. 而博弈论经典的教科书大多由经济学家完成, 为培养经济学毕业生服务, 经济学界传统上普遍不关注计算问题, 所以这些教科书一般不会介绍这么多均衡计算的内容, 仅止于介绍重复剔除劣策略、基于支撑集的枚举算法, 以及基于最优反应曲线的几何解法等. 在算法博弈论成长为博弈论的一个重要研究分支以及人工智能与博弈论深度融合的今天, 均衡计算（哪怕仅仅是零和博弈的均衡计算）正变得愈发重要, 这是本书能给读者提供特别价值的内容之一. 值得指出的是, 本书介绍的迭代法即目前一般所称的虚拟博弈（Fictitious Play）. 该理论由 Brown（1949）提出被 Robinson（1951）完善[②], 直到今天仍被大量引用, 并在热门的强化学习研究中有重要作用.

博弈论是一门主要以数学为工具的横断性学科, 迄今为止对经济学的发展起到了实质性推动作用. 可以说没有博弈论就没有今天的经济学, 博弈论的发展应该已经很好地完成了冯 • 诺伊曼为它设置的支撑现代经济学建立的使命. 不仅如此, 博弈论还在生物学、心理学、计算机科学、军事科学等学科以及几乎所有的社会科学里都发挥了重要作用, 但是所起的作用远没有它在经济学中的作用来得大. 今

① Lucas W F. The proof that a game may not have a solution. Transactions of the American Mathematical Society, 1969(137): 219-229.

② Robinson J. An iterative method of solving a game. Annals of Mathematics, 1951: 296-301.

天博弈论的核心内容, 除早期数学家的贡献外, 20 世纪七八十年代以后也主要来自经济学家. 但这不意味着将来也一定如此, 不意味着来自其他学科的学者不能做出更重要的研究成果.

在新一轮人工智能崛起以后, 博弈论在人工智能研究中发挥着愈来愈重要的作用. 计算机科学和人工智能领域的博弈论研究越来越重要, 例如通过深度学习与博弈论等方法的融合，在复杂决策问题上不断取得突破，如 AlphaGo、无人系统对抗等. 值得指出，吴文俊院士也是中国人工智能的先行者之一, 他在人工智能与博弈论这两个领域都做出了具有重要国际影响的原创性工作. 希望这样的垂范能对我国人工智能领域的博弈论研究起到鼓舞作用, 促进我国人工智能事业在当前跟跑、并跑的过程中实现超越.

本书不仅介绍博弈论的基础理论, 也十分关注其应用. 本书与早期的博弈论著作一样主要面向数学背景的读者, 非常注重所介绍内容的严谨性. 但是本书并没有忽略对模型的解释, 十分注重挖掘其现实意义和潜在应用, 理论与应用之间的关系分寸拿捏得非常精准. 关于理论与应用的关系, 本书还对比了博弈论与概率论这两门学科的历史, 有非常独到的分析. 通过引入大自然这个虚拟参与人, 本书在最后一节还介绍了博弈论在统计判断中的精彩应用. 由于当时的政治氛围的原因, 本书对博弈论给了一些政治方面的评述, 再版时删除了相关的内容.

曹志刚教授在本书的编写中提供了很多帮助，我们在此表示衷心感谢. 也感谢科学出版社专业的编辑工作.

高小山　杨晓光

2023 年 5 月

序

博弈论这门学科, 是近三十年来才发展起来的一门新兴的应用数学. 它反映了实际生活中一类较为广泛的现象. 近年来, 也受到我国科学界和实际工作者的重视. 今年春天, 中国科学院数学研究所请了苏联数学家尼・尼・沃罗比约夫(Н. Н. Воробьев) 教授, 来华就博弈论作系统的讲学. 学员大都是高等院校的教师, 也有实际部门的工作干部. 这次讲学活动, 对博弈论在我国的传播有一定的促进作用.

本书的目的, 也就在于希望为高等学校提供新的教材, 同时, 也向应用部门的同志介绍一种新的数学工具.

为此, 我们想做到使本书尽可能浅显易懂, 使之成为一本入门书. 估计, 读者只要具有一般高等数学如代数、实变函数、概率论的初步知识, 就可了解其内容和掌握其精神. 同时, 本书也为读者较为全面地介绍现代博弈论中的基本概念和面貌. 我们还竭力想将我们与实际部门接触的一点体会贯穿到书中去, 以表我们渴望解决实际问题的强烈愿望和要求.

特别应该提出的是, 对博弈论的研究, 必须坚持理论与实践相结合的发展道路, 使博弈论为生产服务, 为国家建设服务. 这是本书竭力想达到的要求. 但是, 由于我们还仅仅是开始, 深入实际应用部门还很少, 经验不多, 学习也不够, 所以, 还显得不够有力. 正是由于这样, 我们愿意和全国各地从事博弈论工作的或关心博弈论发展的同志们一起, 积极做好这一工作, 本书就算是一个开头吧! 诚恳地希望读者提出宝贵的意见.

本书是在沃罗比约夫专家来华讲学期间由学员集体编写的. 而在讲学结束后又由吴文俊、景淑良、唐述钊、王厦生、郑汉鼎、李为政、盛维廷、江嘉禾、江福湘等九人组成编审小组. 在编审过程中, 总的计划, 材料的选取, 各章内容的安排, 都经过集体的反复讨论和修改. 参加编审的同志大都是刚接触博弈论不久, 但是由于形势的鼓舞, 破除了迷信, 鼓足了革命干劲, 采取群众运动的方式在短期内完成了我国的第一本 “博弈论” 教材. 我们希望它的出版将会促进博弈论在我国的发展.

在本书拟订大纲时, 就得到了尼・尼・沃罗比约夫教授的热情指导和关怀. 而且, 书中的取材, 也大都来自沃罗比约夫教授在讲学时用的讲义. 所以, 我们特别应该感谢沃罗比约夫的无私帮助.

由于时间紧促, 很多同志又都是初次参加写书工作, 故难免有缺点甚至是错误之处. 请读者多提意见, 以便再版时改进.

编　者

1960 年 5 月 1 日

目　　录

绪论 ······ 1

第一章　二人有限零和博弈 ······ 8

§1　基本概念 ······ 8

1.1　二人有限零和博弈的定义 ······ 8

1.2　最优纯策略 ······ 10

1.3　混合策略与混合扩充 ······ 14

§2　矩阵博弈的解的存在性及其基本性质 ······ 17

2.1　解的存在性 ······ 17

2.2　解的性质 ······ 22

§3　矩阵博弈求解 ······ 30

3.1　求全体解的矩阵法 ······ 30

3.2　微分方程法 ······ 45

3.3　迭代法 ······ 52

§4　矩阵博弈与线性规划的关系 ······ 56

4.1　对偶规划问题 ······ 56

4.2　对偶规划与矩阵博弈的等价性 ······ 58

4.3　解矩阵博弈的线性规划法 ······ 60

第二章　二人无限零和博弈 ······ 64

§1　基本概念 ······ 64

§2　单位正方形上连续博弈的基本定理 ······ 70

2.1　连续博弈的基本定理 ······ 71

2.2　连续博弈的值和最优策略的性质 ······ 76

§3　单位正方形上的凸连续博弈 ······ 82

§4　单位正方形上的可离博弈 ······ 91

4.1　局中人的策略与欧氏空间中的点之间建立对应关系 ······ 93

4.2　在 U 空间与 W 空间中分别找出对应于第 1 和第 2 局中人的最优策略

的点 $\overline{u}$ 和 $\overline{w}$ ······ 94
4.3 例 ······ 98
§5 博弈的完全确定性 ······ 101
第三章 多人博弈 ······ 109
§1 不结盟博弈 ······ 109
1.1 引言 ······ 109
1.2 平衡局势 ······ 110
1.3 平衡局势的存在性 ······ 113
§2 结盟博弈 ······ 116
2.1 引言 ······ 116
2.2 特征函数 ······ 117
§3 合作博弈的解 ······ 122
附录 布劳佛不动点定理的证明 ······ 126
第四章 阵地博弈 ······ 130
§1 阵地博弈的定义 ······ 130
1.1 引言 ······ 130
1.2 术语和记号 ······ 131
1.3 阵地博弈的定义 ······ 135
§2 阵地博弈的正规化 ······ 136
2.1 阵地博弈的正规化 ······ 136
2.2 正规博弈化为阵地博弈 ······ 139
§3 具有完全信息的博弈 ······ 140
§4 具有完全记忆的博弈 ······ 143
4.1 混合策略 ······ 144
4.2 行为策略 ······ 146
4.3 具有完全记忆的博弈 ······ 149
§5 具有顺序记忆的博弈 ······ 155
5.1 顺序记忆的定义 ······ 155
5.2 简化策略 ······ 157
§6 几乎完全信息的博弈 ······ 166
§7 博弈和统计判决 ······ 170

7.1 引言 ························ 170
7.2 单式实验时的统计博弈 ························ 173
7.3 序贯博弈 ························ 174
附录 A 吴文俊关于纳什均衡稳定性的工作及其影响 ························ 180
附录 B Essential Equilibrium Points of *n*-Person Non-cooperative Games * ························ 186

绪　论

1. 博弈论研究的对象及其发展的历史

博弈论是现代数学中一个分支. 一般认为, 它是属于运筹学的一个学科. 虽然它的历史很短, 但由于它所研究的对象与生产实际及国防建设有密切的联系, 而且处理问题的方法又有明显的特色, 因而日益引起广泛的注意, 成为近年来数学中发展很快的一支.

博弈论所研究的主要对象是带有对抗性质的现象的模型. 这里, 把"博弈"理解成概型化了的斗争现象的模型. 而参加到这个现象中的"局中人"具有各种不同的利益和目的, 并且可以有某种办法实现其目的. 这里要说明三点:

(1) 这里, "局中人"除了可以理解为个人以外, 也可以理解为集体 (如球队), 交战的各方, 甚至也可以理解为在生存竞争条件下的生物种类. 在市场经济中, 也经常理解为自由竞争的公司. 此外, 有时把大自然和人看作一对"局中人"也是极有好处的.

(2) 各个局中人利益的不同, 绝不意味着这些利益都是彼此完全对抗的. 因此, 博弈论除了研究有对抗性利益的情况外, 也要研究局中人之间各种各样的协调的可能性. 如部分局中人之间行动的协调一致, 彼此交换情报, 或共同分配总赢得等.

(3) 博弈论的效力不仅表现在它研究了含有斗争性质的现象上, 而且只有当这现象中各方对他方行动或意图不完全了解时, 才真正显示出了博弈论的全部威力. 因为, 如果完全了解的话, 就可用其他数学工具来研究这些现象了. 博弈论的这个特点在某种意义上说, 也是使它能成为近代数学发展的一个新方向的原因之一. 我们可以按人们所研究的客观对象范围的逐步扩大来看数学的发展. 最初, 很自然地人们把数学用来研究已知的决定性的现象, 如微分方程、复变函数等. 随着社会生产及科学的发展, 人们扩大了数学研究的领域来研究已知的非决定性 (随机性) 现象, 如概率论、数理统计、信息论等. 但同时, 人们也看到还有些现象, 限于各种条件, 人们对于对方还不完全了解, 暂时还不能掌握其全部规律 (无论是决定性规律或随机性规律), 而人们又必须不断和它打交道, 于是人们就想要把数学应用领域也扩大到这类现象上来, 这就使得博弈论能作为数学的一个新分支而产生.

从博弈论产生、发展的历史中, 我们就可以更好地看清它所研究的对象, 以及这门学科的本质, 从而就可以正确地来估价这门学科.

在 19 世纪以及 20 世纪的前半叶, 绝大多数的数学工作都是直接或间接地与数学在物理、技术中的应用有关. 那时, 人们对有斗争性质的现象也想用老的、早已形成了的、典型的数学物理的工具或与其相近的数学分支的工具来研究. 例如, 兰切斯特 (Lanchester) 就曾应用微分方程来估计战争的结局, 这种估计是以参战诸方的力量对比为转移的. 但是由于所用的数学工具并不永远能够符合问题的本质, 所以这种尝试也就不能够相当完全地从各方面揭露出问题的复杂性. 因此, 就要建立另一些数学模型, 以便更适于用来研究新的一类现象.

同时, 在 19 世纪开始形成了研究随机现象的数学分支——概率论, 以及依靠于它的数理统计. 有了概率、统计的方法, 就急剧地扩大了数学的应用范围, 从而有可能建造和研究那些直到当时还未得到数量分析的一些现象的数学模型. "博弈" 的模型也就是在这种条件下开始被研究起来的.

用数学方法来研究与斗争有关的现象的第一次尝试就是 1912 年策梅洛 (E. Zermelo) 的《关于集合论在象棋博弈论中的应用》. 在这篇文章里, 确定了, 对象棋博弈来说, 以下三种着法必定存在一种: 不依赖于对方如何行动, 白方总取胜的着法, 或黑方总取胜的着法, 或是有一方总能保证达到和局的着法. 虽然对象棋博弈要指出实际上存在的究竟是哪种着法, 还是极困难的. 但是, 上述结果已经很不错了, 而且这种结果只有在每个局中人对所有局中人的过去的行动全都了解时才可能有的. 而在实际中, 也还常常碰到这种的斗争现象. 如军事斗争中, 作战双方彼此并不完全了解对方已有哪些准备和部署, 以及怎样的作战计划. 这时, 对任何一方都不可能有某种取胜的算法 (此处, 即作战计划). 因而, 在构造和研究这种模型时, 就必须借助于概率方法.

用概率方法来处理这类博弈是被博雷尔 (Borel)、冯 • 诺伊曼 (von Neumann), 施坦因豪斯 (Steinhaus) 以及卡尔玛 (Kalmar) 在其 20 世纪 20 年代的工作中发展起来的. 进一步研究博弈模型的有: 费希尔 (Fisher)、波赛尔 (Possel)、博雷尔、维雷 (Ville) 等人.

但是, 由于当时的研究对象主要是日常生活中的一些游戏 (如象棋、扑克等), 所以, 此后相当一段时期内, 博弈论几乎处于停顿的状态. 这点也与概率论的历史相仿. 它们都说明: 当研究的对象还仅仅是脱离生产实践的日常游戏时 (没有实际任务带动时), 数学的理论就不可能获得强大的生命力, 因而也不会具有一个完善的理论. 只有当与博弈相似的特点在人们实际活动中开始特别明显地表露出来的时候, "博弈现象" 才可能成为科学研究的对象. 直到第二次世界大战期间, 军事上、生产上、运输上都迫切地提出了许多问题: 像飞机如何侦察潜水艇的活动, 生产如何组织得更合理, 怎样的物资调运方案才是最优的, 等等. 这些问题都和 "博弈" 具有共同的特点, 于是 "博弈现象" 就开始成为许多数学家研究的对象, 并开展了一系列的研究. 到 1944 年, 冯 • 诺伊曼和摩根斯坦 (Morgenstern) 合著的《博弈论和经济行为》(*Theory of Games and Economic Behavior*) 一书出版了. 这本书在某种意义上可说是前人对博弈模型研究的总结，其中叙述了博弈的公理化定义，证明了有关博弈的许多定理，并且指出了今后进一步发展理论的途径，因而使得这方面的数学理论得到了某种完善化.

如果说在战争时期，博弈论的应用比较着重于军事问题的话，那么，它的应用范围在战后大大地扩展了，它有可能帮助人类来向大自然进行“博弈”(统计判决函数理论就是从这样一个观点出发的).

这样，一方面从人类实践中越来越多地提出类似博弈的问题来，另一方面，过去研究过的某些博弈理论也得到一定程度的完善，于是从 1944 年以后许多数学家开始紧张地研究博弈论，近代博弈论的一些极重要的结果多半是在那时以后得到的，因此我们可以认为第二次世界大战以前是博弈论发展的准备时期. 而第二次世界大战以后，则是博弈论正式作为一门数学的新分支，迅速发展的时期. 其中社会主义国家的博弈论学者，例如苏联的沃罗比约夫、波兰的秦巴 (Zieba)、米歇尔斯基 (Mycielski) 等也作出了不少重要的贡献. 而在近年来，博弈论在各国更得到越来越多的重视. 直到现在为止，它已经是一门具有相当多分支和成果的数学理论了.

从上述博弈论产生、发展的简短历史中，我们再一次清楚地看到，任何理论只有在人们实践中产生了对它的需要时，才会得到发展，博弈论也决不例外. 同时，也可看到“博弈”的实际背景应理解为概括了相当广泛的某一类现象的数学模型. 这就是近年来博弈论得以迅速发展的原因.

2. 博弈论导言

为了使读者在正式学习具体、个别的博弈理论之前对博弈论的整个概貌有所认识，我们认为有必要作为导言在这里讲述以下几个问题.

(1) 博弈的一些基本要素:

首先，由上述我们已知道，“博弈”是具有斗争性质的现象的数学模型，而赌博、下棋正好是博弈问题中最明显、最简单、最典型的模型. 尽管如此，但我们决不能把博弈论简单地理解为一种赌博、下棋的游戏理论.

为了使读者较容易地了解博弈问题的几个基本要素，我们就来讲一个最简单的游戏的例子.

假设有两个游戏者，每人都有若干根火柴，第一个人用左手或用右手握一根火柴，让第二个人猜究竟火柴在哪只手中. 如果猜到了，这根火柴就给第二个人，如果猜不到，第二个人就要付给第一人一根火柴. 这样就算游戏一回. 显然，两人的目的都是要使自己的火柴增多.

从这个最简单的博弈例子中，我们看到“局中人”这个要素是不可缺少的. 关于如何理解局中人前面已讲得不少了，现在要补充的一点就是: 要构成一个博弈，至少要有两个局中人，否则就没有斗争了.

另外，也可看到每个局中人为达到自己的目的，在每次游戏中都可有几种办法来行动 (此处第一人有两种办法，即把火柴握在左手及把火柴握在右手. 第二人同样也有两种办法，即猜左手及猜右手). 在博弈论中称这种办法为 "策略"，即第一、第二人分别都有两个 "策略". 因而，每个局中人在一局 (次) 博弈中都要有一个策略集合. 显然，这 "策略" 的概念也是博弈必不可少的基本要素之一. "策略" 这个术语也是从许多不同的具体对象中抽象出来的，因而，就可作极为广泛的理解：既可以是某一步的动作，也可以是事先拟定的整个行动计划. 如在农业中，人们为了与干旱作斗争，可以采取播种一定数量的某种抗旱的品种，也可以是拟定一个全年内何时、何地打多少口井，修多少个水库的计划. 又比如在军事中，策略可以是简单地决定在一个战役中采取进攻敌人最弱一路的策略，也可以是在战略上采用某种新式武器装备起来，并制订出一套训练掌握这种武器的人员及举行使用这种武器的战斗演习的计划等等. 再如，在工业上，为减少废品而斗争的产品检查员的策略，既可以是他根据抽样检查来接受或拒绝一批产品的行为，也可以是他根据抽样检查的结果来调节控制生产的一套方法. 当然，这里 "策略" 一词是数学上的术语，决不能与政治上的方针、政策等概念混为一谈.

在每个博弈中，每个局中人至少应有两个策略，所以我们所举的游戏的例子已是最简单的博弈了. 因为如果有一个局中人只有一个策略的话，那么整个博弈的结局就完全听凭别人摆布，换句话说，这个人就没有资格算作一个局中人了.

此外，"策略" 虽然可以作广泛的理解，但有一点是受到限制的，即策略必须是在一局博弈中贯彻始终的行动原则. 换句话说，就是当各个局中人在一局博弈中都选定了自己的一个策略后，这局的结果就被决定了. 因此，大家所选定的一组策略总起来就叫做一个 "局势". 如在我们所举的例子中，第一人用右手握火柴，第二人猜是右手，这一博弈策略就唯一地确定了博弈的一种结局，把它们放到一起就组成了一个局势. 每个博弈都有一个局势集合.

当局势既定之后，博弈的结果就被决定了，胜负也就立见分晓，这种结果我们可以描述如下：在每个局势下，每个局中人都从某个来源处取得一定数量的 "赢得"，可见这 "赢得" 实际上是全体局势集合上的函数. 所以，可以说，每个局中人都有自己的一个 "赢得函数". 这是博弈中最后一个，也是极重要的一个要素. 如我们的例子中，赢得函数是如下的：在第一人出右 (左) 手，第二人猜右 (左) 手的局势下第二人赢得一根火柴 (同时也就是第一人赢得负一根火柴，或说第一人 "输掉" 一根火柴). 在第一人出右 (左) 手，第二人猜左 (右) 手的局势下，第一人赢得一根火柴 (同时就是第二人 "输掉" 一根火柴). 这里，我们虽然采用 "赢得""输掉" 的字眼，但决不能理解为赌钱的输赢，而应理解为定量地描述博弈结局的一种自然的办法. 如与干旱进行斗争的博弈，其 "赢得" 就是农业大丰收，高额丰产的产量.

这样,“局中人”, 他们的 “策略” 集和 “赢得函数” 等概念就构成了博弈的三个基本的要素.

(2) 博弈论中现有的各种博弈类型:

博弈论历史虽短, 但发展到现在也有不少理论上的类型了. 它们大致如下:

整个博弈论中, 概括说来, 有静态博弈与动态博弈两大类. 静态博弈中又有不结盟博弈和结盟博弈两种. 不结盟博弈中又依局中人是 2 个或多个, 策略集有限或无限, 各人赢得函数之和恒为零或不恒为零等各种更细的模型. 如一般较多研究的有: 矩阵博弈 (二人有限零和博弈)、无限对抗博弈 (二人无限零和博弈)、多人有限零和博弈、多人有限非零和博弈等. 结盟博弈中有联合博弈与合作博弈两种, 其中有阵地博弈、随机博弈、微分博弈、生存博弈等等模型, 其中, 以矩阵博弈被研究探讨得最多, 理论上也较完整. 在借助于电子计算机条件下, 也可用来解决一些实际问题. 其他的对策模型被研究得还很不够, 有的还很难研究, 也就是说, 理论上还不够成熟. 当然离实际应用就更有段距离了. 苏联从 1955 年起就有人开始研究对策论了. 苏联数学家尼 • 尼 • 沃罗比约夫根据社会主义国家的情况, 对联合博弈进行了一些有成效的研究. 关于合作博弈, 现在也已有不同著者的许多文章来讨论了. 其中, 首先应该指出的是冯 • 诺伊曼, 也还应指出莎普利 (Shapley)、留斯 (Luce)、伯尔基 (Berge)、吉利斯 (Gillies) 及一些其他著者的文章. 近来人们对动态博弈的注意也有所增加.

(3) 博弈论在运筹学中的地位, 博弈论与数学其他学科的关系:

首先要说明博弈论在运筹学中的地位及它与运筹学其他分支的联系. 博弈论是运筹学中较大分支之一, 也是发展得较早的分支. 它有其特殊的研究领域, 也有较独特的研究方法. 故无论在运筹学中或在整个数学中都占有特殊的地位. 它与运筹学中的主要分支——数学规划论有着密切的联系. 首先, 矩阵博弈与线性规划是联系得非常紧密的两个理论, 又动态规划中若转而研究极小极大化问题时就是动态博弈了.

博弈论有其明确的研究对象, 也有其自己的主要目的: 找寻局中人的最优策略. 而其研究方法则可以是多种多样的. 因而它也就与较多的其他数学分支发生各种各样的联系. 其中, 首先应该指出的就是与概率论的关系极为密切. 虽然不能讲博弈论就是概率论的一个分支, 但至少可以说: 在博弈论的产生和发展中, 概率论起了巨大的作用; 其次, 统计判决函数理论就是在博弈论思想基础上发展起来的. 另外, 在解决各种博弈问题中又常用到代数、泛函、微分方程、拓扑等工具, 并要求其中某些部分理论给以发展. 因而, 看来博弈论今后的发展, 必定是和其他有关数学学科紧密相关, 互相促进地发展才可.

(4) 博弈论的实际应用及其今后正确发展道路问题:

我们既然知道博弈论研究的对象是概括了相当广泛一类现象的模型, 因而很自然地会想到其可以应用的领域也是相当广泛的. 但我们也应实事求是地要求它, 因为它毕竟还是处于其发展的初期阶段. 理论上还有很多不完善之处 (如一般在研究时, 都假设了各局中人都是很"理智"地进行博弈的. 而实际上总有些局中人不能很"理智"地进行博弈. 那么, 如何利用对方错误来进行博弈的问题就有待研究. 又一般总是把赢得函数定义为随机变量的数学期望, 并把局中人的目的认为只是求其最大. 但有些情况下, 随机变量的方差则更重要. 而后者在现有博弈论中则未得到研究. 如此等等). 另外, 把博弈论应用到实际中去的工作则做得更少了. 博弈论已经在经济上、军事上有一些应用. 对于博弈论在实际应用的可能性问题, 概括地说来, 在人们向大自然索取资源的斗争中, 在人们与自然灾害、疾病的斗争中, 在人们向未知知识领域探索的斗争中, 以及在同国内外敌人进行各种各样 (包括军事、外交、贸易等) 斗争中的某些技术性问题方面等都有着应用博弈论的可能性.

尽管博弈论实际应用的可能性在原则上是多么明显, 然而到现在为止, 它的进展却极慢. 这除了因其理论上的不足之外, 还有更为重要的原因, 就是很难把实际问题形成博弈的模型. 特别是当实际部门对它还不了解的时候.

更详细些说, 博弈论既然是用来研究在不完全知道他方行动或意图的条件下的斗争模型. 那么, 什么叫"不完全知道"呢? 确切些说, 就是, 一方面, 每个局中人必须要知道他方可能采取的策略的集合, 而且也要知道所有局中人的赢得函数都怎样的 (即大家采取了各种策略后的结果是怎样的). 所不知道的只是: 究竟他方要出的是哪个策略而已. 可见, 要想构成博弈模型, 还是要让每个局中人知道不少东西的. 对于局中人的策略集合一般说来还比较容易从事物本质分析中来看出. 但要想知道赢得函数却是非常困难的事. 因为要想切实知道赢得函数, 就只有从多次实践中 (从多次的类似的博弈中) 通过对他方的行动的观察积累经验, 一般地还要经过统计分析才可以得到. 显然, 这就需要在实际部门工作同志共同努力下, 并经过相当长时间才可. 但这也绝不是什么了不起的困难. 只要我们在党的领导下, 坚决贯彻科学为生产服务, 理论联系实际的方针, 与实际工作同志共同协作, 就一定能克服这困难的.

到现在为止, 据我们所能知道的博弈论的一些较有可能的实际应用方面有: 统计判决函数之用于工业生产中产品检验及质量控制中. 在军事国防、自动控制、信号接收、医治疾病、海洋捕鱼、农业抗灾、体育竞赛、地质勘探等问题上也有应用之可能性.

至于博弈论今后应如何发展的问题, 一方面应该迅速把已有的基本理论向广大群众传播. 另一方面, 又要结合党所指出的我国数学的发展方向, 以任务带学科来发展. 目前最需要的是将博弈论应用于实际问题. 只有在实践中才可看清它的哪些方面有用, 哪些方面需特别加以发展, 使理论研究有明确的方向和强大的动力, 因而也就会在解决实际问题过程中提出一些新的有用的模型, 并建立一套新的有用的理论. 这样, 博弈论才能在我国生根, 迅速发展壮大, 才能够真正起到它应有的作用, 很好地为国家建设服务, 成为人类向大自然开战的有力武器之一. 因而, 前景是十分美好的.

第一章 二人有限零和博弈

§1 基本概念

1.1 二人有限零和博弈的定义

在绪论中, 我们已经谈到博弈论所处理的模型是带有对抗性质的一些现象, 也提到虽然在现实世界中这种现象是相当多的, 但要用数学来模拟它们还是相当困难的, 只有在一些简单的情况中是比较容易处理的. 这一章正是用来讨论一种最简单的也是最典型的博弈——二人有限零和博弈. 在这种博弈中, 两个局中人的利益是完全相反的, 双方所处的地位真正是对抗的. 我们之所以说它是简单的, 无非是因为参与博弈的人既最少而且每个人又都只有有限个策略. 虽然如此, 但它的确反映了博弈模型的特点, 而且也的确对局中人的行为起了指导作用, 给出他们的最优策略, 因而说它是典型的.

可以设想这种模型在大面积农业生产上可能提供一定的参考价值. 譬如, 有某类作物的几种品种, 收获量高的品种不一定抗旱能力强, 而抗旱能力强的可能收获量不最高. 在气候情况不能准确预知时, 是选用单一的品种呢, 还是按某种比例来配搭几种品种呢? 我们可以把这个问题看成是人对大自然作斗争. 把尚未为我们所完全掌握的干旱程度的规律性当作大自然的策略, 而把作物的各种品种当作人的策略, 在这里我们之所以把人与大自然看成对抗博弈的两个局中人, 并不意味着大自然被认为是理智的, 她会从我们处刺探秘密选用策略, 而只是表示我们很稳扎稳打, 准备应付最坏的情况. 这样一来, 问题就化为去求人的最优策略. 这是一方面. 另一方面, 在理论上讲, 二人有限零和博弈也是研究得比较好的部分, 它是我们进一步讨论其他类型博弈的基础. 所以我们用了较多的篇幅来讨论这类博弈. 为了能很好地了解它的基本概念, 在这一节里我们先从一个概型化的例子出发.

例 1 设有两人进行一种游戏, 我们便称他们为第 1 局中人与第 2 局中人. 第 1 局中人手中有三张牌, 标上 α_1, α_2 与 α_3. 同样第 2 局中人也有标上 β_1, β_2 与 β_3 的三张牌. 这种游戏的规则是这样规定的: 双方先都不知道对方的出牌, 各自独立地出一张牌, 然后按照下列的表 (所谓赢得表):

	β_1	β_2	β_3
α_1	3	0	2
α_2	−4	−1	3
α_3	2	−2	−1

(1)

计算第 1 局中人所赢的分数与第 2 个局中人所输的分数. 例如第 1 人出牌 α_3 而第 2 局中人出牌 β_1, 那么第 1 人赢得 2 分而第 2 人输掉 2 分. 又例如第 1 人出 α_2 而第 2 人出 β_1, 这时第 1 人输掉 4 分而第 2 人赢 4 分, 如此等等. 这里我们看到每个人所赢得的分数都等于对方所输掉的分数, 也就是说双方利益正好相反. 虽然每个局中人都想获得最高的分数, 但是由于表 (1) 中的分数是由两个人的牌所决定的, 而不是单方所能控制的. 因此在这种情形下各人该如何"理智"地进行游戏便不是很简单的事了. 在这一节里, 我们正是要就例 1 来分析这个问题. 在进一步讨论之前, 让我们先给出一个抽象的模型.

设有两个人进行博弈, 他们分别称为第 1 局中人与第 2 局中人. 设第 1 局中人有 m **个纯策略** $\alpha_1, \alpha_2, \cdots, \alpha_m$, 并用 $\boldsymbol{S}_1$ 表示它们的集合:

$$\boldsymbol{S}_1 = \{\alpha_1, \alpha_2, \cdots, \alpha_m\}. \tag{2}$$

同样用 $\boldsymbol{S}_2$ 表示第 2 局中人的纯策略集:

$$\boldsymbol{S}_2 = \{\beta_1, \beta_2, \cdots, \beta_n\}. \tag{3}$$

局中人 1 从 $\boldsymbol{S}_1$ 中选取一个 α_i, 而同时局中人 2 从 $\boldsymbol{S}_2$ 中选一个 β_j, 这样博弈过程就告终止, 于是说我们得到一个**纯局势** (α_i, β_j). 由上可知对应于 $\boldsymbol{S}_1$ 和 $\boldsymbol{S}_2$ 我们一共有 mn 个纯局势. 关联着这些纯局势, 在进行博弈之前先给出一个矩阵 A:

$$\mathrm{A} = (a_{ij}), \tag{4}$$

在这里 A 的行数便等于第 1 局中人的策略个数, 而 A 的列数等于第 2 局中人的策略个数, 即 A 是一个 $m \times n$ 的矩阵, A 的元素 a_{ij} 便表示第 1 局中人的局势 (α_i, β_j) 出现之下的赢得, 而 $-a_{ij}$ 便表示在同一局势下第 2 局中人的赢得. 由于这个缘故, A 通常便称为博弈的**赢得矩阵**.

综合上列所述, 所谓给出一个博弈 Γ 便是给定了 $\boldsymbol{S}_1$, $\boldsymbol{S}_2$ 与 A. 因此可以把 Γ 表示成

$$\Gamma = \{\boldsymbol{S}_1, \boldsymbol{S}_2; \mathrm{A}\}. \tag{5}$$

由于博弈的参加者是两个人, 他们的纯策略个数都是有限的, 而两人的赢得之和等于零, 所以这种博弈 Γ 称为**二人有限零和博弈**. 由于当矩阵 A 给出后, 如果像

以上所约定的那样, 用行 (列) 的数目代表第 1 (第 2) 局中人的纯策略个数, 而用 $a_{ij}(-a_{ij})$ 代表第 1 (2) 局中人的赢得, 那么博弈也就因之确定, 所以 Γ 也称为具有赢得矩阵 A 的**矩阵博弈**. 最后, 由于两个局中人的赢得之和为零, 就表示双方利益是相冲突的, 所以 Γ 有时也称为**有限对抗博弈**.

用以上的术语, 例 1 所讲的游戏便是一个矩阵博弈, 两个人的纯策略便是标上 $\alpha_1, \alpha_2, \alpha_3$ 以及 $\beta_1, \beta_2, \beta_3$ 的牌, 而赢得矩阵是

$$\begin{pmatrix} 3 & 0 & 2 \\ -4 & -1 & 3 \\ 2 & -2 & -1 \end{pmatrix} \tag{6}$$

1.2　最优纯策略

在例 1 中我们提到要研究两个局中人如何 "理智地" 行动. 首先我们知道对于局中人来讲一个行动的有利程度是按照他所赢得的分数多少来衡量的. 因此我们所谓 "理智" 行为便表示: 一个局中人采取某种行动 (即选取某个纯策略) 时最不利的情况是什么, 而从这些最不利的情况中他要选择最为有利的一种情况. 换言之, 所谓 "理智" 我们可以理解成不心存侥幸的稳妥办法.

例如在例 1 中, 第 1 个局中人面临的各种情况是:

局中人 1 采用 α_1 时, 赢得为 3 分、0 分或 2 分. 最不利的情况是赢得为 0 分.

局中人 1 采用 α_2 时, 赢得为 -4 分、-1 分或 3 分. 最不利的情况是赢得为 -4 分.

局中人 1 采用 α_3 时, 赢得为 2 分、-2 分或 -1 分. 最不利的情况是赢得为 -2 分.

三个最不利的情况中以 "赢得为 0" 这情况为最有利的. 因此局中人 1 的 "理智" 行为是采用纯策略 α_1. 上面所讲的从各种最不利的情况中选一个最有利的这一事实, 如果用矩阵的元素大小来叙述的话, 就表示第 1 个局中人从各行中取出最小的数, 然后再从这些所得的数中取最大的一个数. 在我们的例子中便是

$$0 = \max_j \min_i a_{ij}. \tag{7}$$

同样, 第 2 局中人所面临的各种情况是:

采用 β_1 时, 赢得为 -3 分、4 分或 -2 分, 最不利的情况是赢得为 -3 分.

采用 β_2 时, 赢得为 0 分、1 分或 2 分, 最不利的情况是赢得为 0 分.

采用 β_3 时, 赢得为 -2 分、-3 分或 1 分, 最不利的情况是赢得为 -3 分.

这三个最不利的情况中以 "赢得为 0" 这个情况为最有利. 而这种选择也就是第 2 局中人从矩阵的各列中选最大的数 (即, 各元素改号后取最小的数), 然后再

由这些所得的数中取最小的一个 (即, 改号后取最大的一个). 在我们例中便是

$$0 = \max_j \min_i (-a_{ij}) = -\min_j \max_i a_{ij}. \tag{8}$$

而第 2 局中人的"理智"行动是采用纯策略 β_2. 这样一来, 当第 1 局中人选用纯策略 α_1 时, 他的赢得至少是 0 分, 而第 2 局中人选用 β_2 时, 他的输掉至多是 0. 另一方面矩阵 (6) 中对应于纯局势 (α_1, β_2) 的又正是 0. 因此, 当纯局势 (α_1, β_2) 出现时, 两个局中人的"理智"行为都实现了. 于是可以给出下列的

定义 1　设对于矩阵博弈 Γ:

$$\Gamma = \{\boldsymbol{S}_1, \boldsymbol{S}_2; \mathrm{A}\},$$

等式

$$\max_i \min_j a_{ij} = \min_j \max_i a_{ij} \tag{9}$$

成立, 则称这个公共值为博弈 Γ 的值, 记为 v_Γ. 而取得这个公共值的纯局势 $(\alpha_{i^*}, \beta_{j^*})$ 称为 Γ 在纯策略下的**解**, 而 α_{i^*} 与 β_{j^*} 分别称为第 1 局中人与第 2 局中人的**最优纯策略**.

现在我们便可以回答例 1 中所提出的问题了, 两个局中人都选用其最优纯策略才是理智的. 因此有必要去讨论最优纯策略存在的条件.

定理 1　矩阵博弈 $\Gamma = \{\boldsymbol{S}_1, \boldsymbol{S}_2; \mathrm{A}\}$ 有解的充要条件是: 存在一个纯局势 $(\alpha_{i^*}, \beta_{j^*})$ 使得对一切 $i = 1, \cdots, m, j = 1, \cdots, n$ 均有

$$a_{ij^*} \leqslant a_{i^*j^*} \leqslant a_{i^*j}. \tag{10}$$

证明　条件的充分性. 由不等式 (10) 的左边得到

$$\max_i a_{ij^*} \leqslant a_{i^*j^*},$$

又由 (10) 的右边得到

$$a_{i^*j^*} \leqslant \min_j a_{i^*j}.$$

合并上面两个不等式便得

$$\max_i a_{ij^*} \leqslant a_{i^*j^*} \leqslant \min_j a_{i^*j}. \tag{11}$$

因为

$$\min_j \max_i a_{ij} \leqslant \max_i a_{ij^*};$$

$$\min_j a_{i^*j} \leqslant \max_i \min_j a_{ij},$$

所以由 (11) 又得到

$$\min_j \max_i a_{ij} \leqslant a_{i^*j^*} \leqslant \max_i \min_j a_{ij}. \tag{12}$$

容易证明相反的不等式成立. 因此有

$$\max_i \min_j a_{ij} = a_{i^*j^*} = \min_j \max_i a_{ij}. \tag{13}$$

即, 博弈 Γ 是有解的, $(\alpha_{i^*}, \beta_{j^*})$ 是解, 而 $a_{i^*j^*}$ 是 Γ 的值.

条件的必要性. 设 $\min_j a_{ij}$ 在 $i = i^*$ 达到极大, 又 $\max_i a_{ij}$ 在 $j = j^*$ 达到极小, 即

$$\left.\begin{aligned} \min_j a_{i^*j} &= \max_i \min_j a_{ij} \\ \max_i a_{ij^*} &= \min_j \max_i a_{ij} \end{aligned}\right\}. \tag{14}$$

现在证明这样的 i^* 与 j^*. 便能满足 (10). 由于假设

$$\max_i \min_j a_{ij} = \min_j \max_i a_{ij},$$

所以由 (14) 得到

$$\min_j a_{i^*j} = \max_i a_{ij^*}.$$

于是

$$\max_i a_{ij^*} \leqslant a_{i^*j^*}.$$

因之对一切 $i = 1, \cdots, m$ 均有

$$a_{ij^*} \leqslant a_{i^*j^*}.$$

同样可证明对一切 $j = 1, \cdots, n$ 均有

$$a_{i^*j^*} \leqslant a_{i^*j}.$$

定理证完.

由矩阵博弈值的定义立刻得知: 如果博弈有值的话, 那么值是唯一的, 但是从定义中可看出取得这个值的纯局势 (α_i, β_j) 不必是唯一的, 例如赢得矩阵是

$$\begin{pmatrix} 6 & 5 & 6 & 5 \\ 1 & 4 & 2 & -1 \\ 8 & 5 & 7 & 5 \\ 0 & 2 & 6 & 2 \end{pmatrix} \tag{15}$$

的二人有限零和博弈, 下列两个局势

$$(\alpha_1, \beta_2) \quad 与 \quad (\alpha_3, \beta_4)$$

都取得博弈的值 5. 这样一来, 第 1 局中人便具有两个最优纯策略 α_1 与 α_3, 而第 2 局中人也具有两个最优纯策略 β_2 与 β_4. 从这个例子中我们可看出 (α_1, β_4) 与 (α_3, β_2) 也都是解. 一般地, 矩阵博弈的解也是具有上述两个性质. 容易证明如下:

性质 1°　无差别性. 即, 设 $(\alpha_{i'}, \beta_{j'})$ 与 $(\alpha_{i''}, \beta_{j''})$ 是博弈 Γ 的两个解, 那么

$$a_{i'j'} = a_{i''j''}.$$

性质 2°　可交换性. 即, 设 $(\alpha_{i'}, \beta_{j'})$ 与 $(\alpha_{i''}, \beta_{j''})$ 是博弈 Γ 的两个解, 那么

$$(\alpha_{i'}, \beta_{j''}) \quad 与 \quad (\alpha_{i''}, \beta_{j'}) \tag{16}$$

也都是解.

这两个性质就表明, 第 1 局中人采用构成解的一个纯策略时, 能保证他的赢得 v_Γ 不依赖于对方的纯策略, 正是由于这种缘故, 所以才称构成解的纯策略为最优的.

附带提一下, 对于二人有限非零和的博弈 (即两个局中人的策略集 $\boldsymbol{S}_1$ 与 $\boldsymbol{S}_2$ 仍然是有限的, 但他们的赢得不再是用一个矩阵来表示, 而是用两个矩阵来表示, 例如

第 1 局中人的赢得矩阵是

$$\begin{pmatrix} 2 & -1 \\ -1 & 1 \end{pmatrix}$$

第 2 局中人的赢得矩阵是

$$\begin{pmatrix} 1 & -1 \\ -1 & 2 \end{pmatrix}$$

这时当第 1 局中人用纯策略 α_1 第 2 局中人用纯策略 β_1 时, 第 1 局中人的赢得为 2 而第 2 局中人的赢得是 1. 这种博弈因此也称为双矩阵博弈.) 来讲, 即使存在两个纯局势 $(\alpha_{i'}, \beta_{j'})$ 与 $(\alpha_{i''}, \beta_{j''})$ 都满足定理 1 中的条件 (10), 但一般地讲它们就不再具有上列的两个性质.

在这一段的末了, 我们再举一个实际的例子.

例 2　设某机关在秋初便要决定冬季取暖用煤的储量. 在正常的冬季气温下要消耗 15 吨, 但在较暖与较冷的冬季就需要 10 吨与 20 吨. 假设煤的价格随着冬季寒冷程度而有所变动, 设在较暖的、正常的与较冷的冬季气温下分别为每吨 10 元、15 元与 20 元. 又在秋初煤的价格是每吨 10 元. 在没有关于当年冬季准确的气象预报的条件下, 该机关在秋初买进多少吨煤才较 "合理" 呢?

这样一个存储问题可以看成是一个博弈问题. 把采购员当作是第 1 局中人, 而大自然看成是第 2 局中人. 在这里大自然虽然不能看成是有 "理智" 的, 但不妨仍当作 "理智" 的局中人来处理, 只不过结果是近似的而已.

采购员有三个策略 (措施): 在秋初时买下 10 吨、15 吨与 20 吨, 分别记为 α_1, α_2 与 α_3. 大自然有三种策略 (冬季气温): 出现较暖的、正常的与较冷的冬季, 分别记为 β_1, β_2 与 β_3.

现在我们把该机关在冬季取暖用煤实际所耗费的钱 (即秋初存储时所花的钱与冬季不够时再补购所花的钱的总和) 作为第 1 局中人的赢得. 这样得到赢得矩阵如下:

$$\begin{array}{c} \\ 10\text{ 吨} \\ 15\text{ 吨} \\ 20\text{ 吨} \end{array} \begin{array}{c} \begin{array}{ccc} \text{较暖} & \text{正常} & \text{较冷} \end{array} \\ \begin{pmatrix} -100 & -175 & -300 \\ -150 & -150 & -250 \\ -200 & -200 & -200 \end{pmatrix} \end{array} \tag{17}$$

这个矩阵博弈有解 (α_3, β_3), 即第 1 局中人的最优纯策略是 α_3. 因此采购员最理智的办法是秋初时存储 20 吨.

这个结果与我们常识上的想法是一致的.

1.3　混合策略与混合扩充

在前一节里我们研究了矩阵博弈 Γ 的一种特殊情况:

$$\max_i \min_j a_{ij} = v = \min_j \max_i a_{ij}. \tag{18}$$

由于局中人能保证的赢得为

$$\max_i \min_j a_{ij} = v_1,$$

而局中人 2 保证至多输掉

$$\min_j \max_i a_{ij} = v_2.$$

因此一般地应有

$$v_1 = \max_i \min_j a_{ij} \leqslant a_{i^*j^*} \leqslant \min_j \max_i a_{ij} = v_2. \tag{19}$$

其中 i^* 是使 $\min_j a_{i^*j} = v_1$, 又 j^* 是使 $\max_i a_{ij^*} = v_2$ 的两个纯策略. 于是, 一般地说公式 (18) 不一定成立. 例如对于赢得矩阵

$$\begin{pmatrix} 3 & 6 \\ 5 & 4 \end{pmatrix} \tag{20}$$

而言:

$$v_1 = \max_i \min_j a_{ij} = 4, \text{ 而 } i^* = 2;$$

$$v_2 = \min_j \max_i a_{ij} = 5, \text{ 而 } j^* = 1.$$

这时

$$a_{21} = 5 > 4 = v_1.$$

这样, 局中人 2 输给局中人 1 的值 a_{21} 将较局中人 1 所预期获得的值 v_1 来得大. 因此, 纯策略 $\beta_{j^*} = \beta_1$ 实际上对局中人 2 来讲不能算是“最优的”. 又例如对于矩阵

$$\begin{pmatrix} 3 & 1 \\ 2 & 4 \end{pmatrix} \tag{21}$$

来讲, $v_1 = 2, i^* = 2$, 而 $v_2 = 3, j^* = 1$. 这时

$$a_{21} = 2 < 3 = v_2.$$

这样局中人 1 的赢得比局中人 2 所预期输掉的 v_2 来得少. 因此 $\alpha_{i^*} = \alpha_2$ 实际上对甲来讲并不是“最优的”.

这样一来, 在 $v_1 < v_2$ 的情形下, 局中人便不知该如何选取纯策略才合适. 为了克服这种困难, 我们需要把策略的概念推广. 当然这种推广要能得到比较自然的解释才行. 下列定义便是这样的.

定义 2　设矩阵博弈

$$\Gamma = \{\boldsymbol{S}_1, \boldsymbol{S}_2; \mathrm{A}\},$$

其中

$$\boldsymbol{S}_1 = \{\alpha_1, \cdots, \alpha_m\}, \quad \boldsymbol{S}_2 = \{\beta_1, \cdots, \beta_n\}, \quad \mathrm{A} = (a_{ij}).$$

$$m \text{ 维向量 } X = (x_1, \cdots, x_m), \quad x_i \geqslant 0, \quad \sum_1^m x_i = 1$$

与

$$n \text{ 维向量 } Y = (y_1, \cdots, y_n), \quad y_j \geqslant 0, \quad \sum_1^n y_j = 1$$

分别称为局中人 1 与 2 的**混合策略**.

这个定义事实上便是说明, 局中人 1 是以概率 x_i 取纯策略 α_i, 因之若设想 1 与 2 两个局中人无限多次地进行博弈 Γ 时, 他采用纯策略 $\alpha_1, \cdots, \alpha_m$ 的频率, 若仅进行一次博弈, 那么 X 可看成局中人 1 对各个纯策略的偏爱程度. 局中人 2 的混合策略也是同样地得到解释. 这样一来, 所谓局中人 1 (2) 的混合策略便是 $\boldsymbol{S}_1(\boldsymbol{S}_2)$ 上的**概率分布**. 以后有时把混合策略简称为策略.

这时, 纯策略便是混合策略的一种特殊情形, 局中人 1 的纯策略 α_i 便是以概率 1 取 α_i, 以概率 0 取其他纯策略时的混合策略.

在决定了混合策略 X 与 Y 之后, 纯局势 (α_i, β_j) 也便以概率 $x_i y_j$ 而出现, 于是局中人 1 在这样的混合策略之下的赢得, 便是数学期望值:

$$E(X, Y) = \sum_{i=1}^m \sum_{j=1}^n a_{ij} x_i y_j. \tag{22}$$

而这样选定的一对 (X, Y) 我们称为一个**混合局势**.

既然纯策略、赢得与纯局势等概念都有了推广, 因此便可给出下列的定义.

定义 3　设 $\Gamma = \{\boldsymbol{S}_1, \boldsymbol{S}_2; \mathrm{A}\}$ 是一个矩阵博弈. $X(Y)$ 是 $\boldsymbol{S}_1(\boldsymbol{S}_2)$ 上的概率分布. 又 $E(X, Y)$ 是第 1 局中人赢得 a_{ij} 的数学期望. 令

$$\boldsymbol{S}_1^* = \{X\}, \quad \boldsymbol{S}_2^* = \{Y\},$$

则称博弈 Γ^*:

$$\Gamma^* = \{\boldsymbol{S}_1^*, \boldsymbol{S}_2^*; E\} \tag{23}$$

是博弈 Γ 的**混合扩充**.

现在我们的企图便是: 对于博弈 Γ 而言, 当 $v_1 < v_2$ 时, 用 Γ^* 来取代 Γ 使得能有一个混合局势 (X^*, Y^*), 而对两个局中人来讲都认为是最好的. 这便是下一节所要讨论的内容.

§2　矩阵博弈的解的存在性及其基本性质

2.1　解的存在性

现在我们就依据博弈 Γ 的混合扩充

$$\Gamma^* = \{\boldsymbol{S}_1^*, \boldsymbol{S}_2^*; E\} \tag{1}$$

来讨论, 其中

$$\boldsymbol{S}_1^* = \{X\}, \quad X = (x_1, \cdots, x_m), \quad x_i \geqslant 0,$$
$$\sum_1^m x_i = 1;$$
$$\boldsymbol{S}_2^* = \{Y\}, \quad Y = (y_1, \cdots, y_n), \quad y_j \geqslant 0,$$
$$\sum_1^n y_j = 1;$$
$$E(X, Y) = \sum_{i,j} a_{ij} x_i y_j.$$

设两个局中人像以前一样仍是"理智"地进行博弈 Γ^*. 当局中人 1 采取混合策略 X 时, 他只能希望获得

$$\min_{Y \in \boldsymbol{S}_2^*} E(X, Y), \tag{2}$$

因此局中人 1 应选取 $X \in \boldsymbol{S}_1^*$ 使 (2) 式取最大值, 即局中人 1 保证自己的赢得不少于

$$\max_{X \in \boldsymbol{S}_1^*} \min_{Y \in \boldsymbol{S}_2^*} E(X, Y) = v_1. \tag{3}$$

同样对于局中人 2, 他的输掉至多是

$$\min_{Y \in \boldsymbol{S}_2^*} \max_{X \in \boldsymbol{S}_1^*} E(X, Y) = v_2. \tag{4}$$

首先我们注意 (3) 与 (4) 中的表达式是有意义的. 因为, $E(X,Y)$ 是在欧氏空间 $\boldsymbol{R}_{n+m}$ 内一个有界闭集$\left[\text{即由满足条件} \sum_1^m x_i=1, \sum_1^n y_j=1, x_i \geqslant 0(i=1,\cdots,m),\right.$ $\left. y_i \geqslant 0(j=1,\cdots,n) \text{所确定的点集}\right]$ 上的连续函数. 因之 $\min\limits_{Y\in \boldsymbol{S}_2^*} E(X,Y)$ 是 X 的连续函数, 于是 $\max\limits_{X\in \boldsymbol{S}_1^*}\min\limits_{Y\in \boldsymbol{S}_2^*} E(X,Y)$ 存在. 同样可证明 $\min\limits_{Y\in \boldsymbol{S}_2^*}\max\limits_{X\in \boldsymbol{S}_1^*} E(X,Y)$ 存在. 像前一节一样, 这里也有

$$v_1 \leqslant v_2. \tag{5}$$

因为, 设

$$\max_X \min_Y E(X,Y)=\min_Y E(X^*,Y), \tag{6}$$

$$\min_Y \max_X E(X,Y)=\max_X E(X,Y^*), \tag{7}$$

那么

$$v_1=\min_Y E(X^*,Y) \leqslant E(X^*,Y^*) \leqslant \max_X E(X,Y^*)=v_2.$$

定义 1 设 $\Gamma^*=\{\boldsymbol{S}_1^*,\boldsymbol{S}_2^*;E\}$ 是矩阵博弈 $\Gamma=\{\boldsymbol{S}_1,\boldsymbol{S}_2;\mathrm{A}\}$ 的混合扩充. 如果

$$\max_{X\in \boldsymbol{S}_1^*}\min_{Y\in \boldsymbol{S}_2^*} E(X,Y)=\min_{Y\in \boldsymbol{S}_2^*}\max_{X\in \boldsymbol{S}_1^*} E(X,Y), \tag{8}$$

便称这个公共值为博弈 Γ 的值, 记为 v_Γ. 而取得这个公共值的**混合局势** (X^*,Y^*) 称为 Γ **在混合策略下的解** (或简称为**解**), 而 X^* 与 Y^* 分别称为第 1 局中人与第 2 局中人的**最优策略**.

这一段主要是证明所谓矩阵博弈的基本定理.

定理 1 任何矩阵博弈 Γ 一定有解 (在混合扩充中的解).

为了证明这个定理我们先引进有关凸集的一些知识.

定义 2 设 $\boldsymbol{C}$ 是 m 维欧氏空间 $\boldsymbol{R}_m$ 中的点集, 若 r_1 与 r_2 是 $\boldsymbol{C}$ 的任两点, 则两点的连线也包含在 $\boldsymbol{C}$ 内, 即对于 $0\leqslant\lambda\leqslant 1$ 均有 $\lambda r_1+(1-\lambda)r_2\in \boldsymbol{C}$, 便称 $\boldsymbol{C}$ 是 $\boldsymbol{R}_m$ 内的一个**凸集**. 设 $(h_1,\cdots,h_m)\in \boldsymbol{R}_m$ 是一个定点, 又 $(\xi_1,\cdots,\xi_m)\in \boldsymbol{R}_m$ 是一个动点, 则

$$h_1\xi_1+\cdots+h_m\xi_m=h \tag{9}$$

称为 $\boldsymbol{R}_m$ 内的一个**超平面**.

引理 1　设 $\boldsymbol{K} \subset \boldsymbol{R}_m$ 是一个非空有界闭凸集, 又 $\boldsymbol{C} \subset \boldsymbol{R}_m$ 是一个闭凸集, 且 $\boldsymbol{K}$ 与 $\boldsymbol{C}$ 无公共点. 那么存在一个超平面 $h_1\xi_1 + \cdots + h_m\xi_m = h$ ($\xi_1, \cdots, \xi_m$ 是 $\boldsymbol{R}_m$ 中的流动坐标) 使得

$$h_1p_1 + \cdots + h_mp_m \begin{cases} > h, \text{ 对于一切 } (p_1, \cdots, p_m) \in \boldsymbol{K}, \\ < h, \text{ 对于一切 } (p_1, \cdots, p_m) \in \boldsymbol{C}. \end{cases}$$

证明　我们总可以找到一对点 $(k_1, \cdots, k_m) \in \boldsymbol{K}$, $(c_1, \cdots, c_m) \in \boldsymbol{C}$ 具有最短的距离. 如要 $\boldsymbol{C}$ 是空集, 那么我们取它为在 $\boldsymbol{K}$ 之外的一个点. 由于 $\boldsymbol{K}$ 与 $\boldsymbol{C}$ 没有公共点, 所以这个最短距离是正的. 现在我们证明由下式所规定的 h_i 与 h 便能构成所要求的超平面:

$$h_i = k_i - c_i \quad (i = 1, \cdots, m),$$

$$h = \frac{1}{2}\sum_{i=1}^{m}(k_i - c_i)(k_i + c_i).$$

设 $(k'_1, \cdots, k'_m) \in \boldsymbol{K}$ 是任意的一点. 由于 $\boldsymbol{K}$ 是凸集, 那么对于一切 $\lambda, 0 \leqslant \lambda \leqslant 1$, 均有

$$(\lambda k'_1 + (1-\lambda)k_1, \cdots, \lambda k'_m + (1-\lambda)k_m) \in \boldsymbol{K}.$$

因为 $(k_1, \cdots, k_m)$ 与 $(c_1, \cdots, c_m)$ 之间的距离最短, 所以对于一切 $\lambda, 0 \leqslant \lambda \leqslant 1$, 均有

$$\sum_{i=1}^{m}[(\lambda k'_i + (1-\lambda)k_i) - c_i]^2 \geqslant \sum_{i=1}^{m}(k_i - c_i)^2, \tag{10}$$

即

$$\lambda^2 \cdot \sum_{i=1}^{m}(-k'_i - k_i)^2 + 2\lambda\sum_{i=1}^{m}(k'_i - k_i)(k_i - c_i) \geqslant 0. \tag{11}$$

用 λ 除上列不等式两端并令 $\lambda \to 0$ 就给出

$$\sum_{i=1}^{m}(k'_i - k_i)(k_i - c_i) \geqslant 0. \tag{12}$$

于是

$$\sum_{i=1}^{m}h_ik'_i = \sum_{i=1}^{m}(k_i - c_i)k'_i \geqslant \sum_{i=1}^{m}k_i(k_i - c_i). \tag{13}$$

由于 $\sum_{i=1}^{m}(k_i-c_i)^2>0$, 所以

$$\sum_{i=1}^{m}k_i(k_i-c_i)>\sum_{i=1}^{m}c_i(k_i-c_i), \tag{14}$$

因而由 (14) 又得出

$$\sum_{i=1}^{m}k_i(k_i-c_i)>\frac{1}{2}\sum_{i=1}^{m}(k_i+c_i)(k_i-c_i)=h. \tag{15}$$

由 (13) 与 (15) 便得到

$$\sum_{i=1}^{m}h_ik_i'>h.$$

同样可证明对于任何 $(c_1',\cdots,c_m')\in\boldsymbol{C}$ 均有

$$\sum_{i=1}^{m}h_ic_i'<h.$$

引理证完.

定理 1 的证明 由于 (5), 只需证明

$$\min_{Y\in\boldsymbol{S}_2^*}\max_{X\in\boldsymbol{S}_1^*}E(X,Y)\leqslant\max_{X\in\boldsymbol{S}_1^*}\min_{Y\in\boldsymbol{S}_2^*}E(X,Y). \tag{16}$$

设 c 是满足条件

$$c<\min_{Y}\max_{X}E(X,Y) \tag{17}$$

的任一实数, 那么对于一切 $Y\in\boldsymbol{S}_2^*$ 均有

$$c<\max_{X}E(X,Y). \tag{18}$$

即, 对于每一个 $Y\in\boldsymbol{S}_2^*$ 均有一个 $X\in\boldsymbol{S}_1^*$ 使得

$$c<E(X,Y). \tag{19}$$

因为 $E(X,Y)=\sum_{i=1}^{m}x_iE(\alpha_i,Y)$, 所以由 (19) 又得知: 至少对于一个 $i(1\leqslant i\leqslant m)$ 能有

$$c<E(\alpha_i,Y).$$

即, 对于每个 $Y \in \boldsymbol{S}_2^*$, 有一个纯策略 $\alpha_i(1 \leqslant i \leqslant m)$ 使得

$$c < E(\alpha_i, Y).$$

把 $(E(\alpha_1, Y), \cdots, E(\alpha_m, Y))$ 看成 $\boldsymbol{R}_m$ 中的一个点, 那么对于一切 $Y \in \boldsymbol{S}_2^*$, 这样构成的点便是 $\boldsymbol{R}_m$ 内的一个集合 $\boldsymbol{K}, \boldsymbol{K}$ 中每个点至少有一个坐标 $> c$. 我们用 $\boldsymbol{C}$ 表示一切坐标均 $\leqslant c$ 的点的全体, 那么 $\boldsymbol{K}$ 与 $\boldsymbol{C}$ 没有公共点.

因为 $\boldsymbol{K}$ 是 $\boldsymbol{R}_n$ 中有界闭集 $\boldsymbol{S}_2^*$ 的连续线, 所以 $\boldsymbol{K}$ 是 $\boldsymbol{R}_m$ 中的有界闭集, $\boldsymbol{C}$ 显然是闭集. 其次, $\boldsymbol{K}$ 与 $\boldsymbol{C}$ 都是凸集. $\boldsymbol{C}$ 是凸集很显然, $\boldsymbol{K}$ 的凸性可根据 $E(\alpha_i, Y) = \sum\limits_{j=1}^{n} a_{ij} y_j$ 而得出. 这样 $\boldsymbol{K}$ 与 $\boldsymbol{C}$ 是满足引理的条件, 因此有一个超平面 $h_1\xi_1 + \cdots + h_m\xi_m = h$ 使

$$\sum_{i=1}^{m} h_i p_i \begin{cases} > h, & (p_1, \cdots, p_m) \in \boldsymbol{K}, \\ < h, & (p_1, \cdots, p_m) \in \boldsymbol{C}. \end{cases} \tag{20}$$

对于任何 $\alpha > 0$, $(c - \alpha, c, \cdots, c) \in \boldsymbol{C}$, 因之由 (20) 得出对于一切 α 均有

$$c \sum_{i=1}^{m} h_i - \alpha \cdot h_1 < h.$$

所以必定有 $h_1 \geqslant 0$. 类似地可证明 $h_i \geqslant 0$ $(i = 1, \cdots, m)$. 一个超平面的系数不能同时均为零. 因此由 $h_i \geqslant 0$ 得出 $\sum\limits_{i=1}^{m} h_i > 0$. 这样一来

$$\left(\frac{h_1}{\sum\limits_{i=1}^{m} h_i}, \cdots, \frac{h_m}{\sum\limits_{i=1}^{m} h_i} \right)$$

也是一个混合策略 $X \in \boldsymbol{S}_1^*$. 对于这个 X, 对一切 $Y \in \boldsymbol{S}_2^*$ 均有

$$E(X, Y) = \frac{h_1}{\sum\limits_{i=1}^{m} h_i} E(\alpha_1, Y) + \cdots + \frac{h_m}{\sum\limits_{i=1}^{m} h_i} E(\alpha_m, Y) > \frac{h}{\sum\limits_{i=1}^{m} h_i},$$

因为点 $(E(\alpha_1, Y), \cdots, E(\alpha_m, Y)) \in \boldsymbol{K}$.

同样, 由于 $(c, \cdots, c) \in \boldsymbol{C}$, 所以由 (20) 得出

$$h_1 c + \cdots + h_m c = c \sum_{i=1}^{m} h_i < h,$$

即 $\dfrac{h}{\sum\limits_{i=1}^{m} h_i} > c$. 因而对于上述的那个 X 有

$$E(X, Y) > 0 \text{ 对于一切 } Y \in \boldsymbol{S}_2^*.$$

即 $\min\limits_{Y} E(X, Y) > c$, 更有

$$\max_{X} \min_{Y} E(X, Y) > c.$$

由于 c 的任意性与 (17) 可以推得

$$\max_{X} \min_{Y} E(X, Y) \geqslant \min_{Y} \max_{X} E(X, Y).$$

否则, 即有

$$\max_{X} \min_{Y} E(X, Y) < \min_{Y} \max_{X} E(X, Y).$$

若令

$$c = \max_{X} \min_{Y} E(X, Y),$$

则如同上述一样, 也可证明 $\max\limits_{X} \min\limits_{Y} E(X, Y) > c$, 于是得出 $c > c$, 这是不可能的. 于是定理证完.

2.2 解的性质

像以前关于在纯策略中的解一样, 有下列的

定理 2 (X^*, Y^*) 是博弈 Γ 的解的充要条件是对于一切 $X \in \boldsymbol{S}_1^*$ 与一切 $Y \in \boldsymbol{S}_2^*$ 均有

$$E(X, Y^*) \leqslant E(X^*, Y^*) \leqslant E(X^*, Y). \tag{21}$$

定理的证明跟 §1 的定理 1 完全一样, 只不过把那里的 a_{ij} 换写成 $E(X, Y)$ 就行了.

也与以前一样, 在混合策略下的解仍然具有可交换性与无差别性.

根据 $E(X, Y)$ 的定义, 我们还可导出与 (21) 等价的条件. 即

定理 3 (X^*,Y^*) 是博弈 Γ 的解的充要条件是对于 $i=1,\cdots,m$ 与 $j=1,\cdots,n$ 均有

$$E(\alpha_i,Y^*)\leqslant E(X^*,Y^*)\leqslant E(X^*,\beta_j). \tag{21'}$$

现在我们证明条件 (21) 与 (21′) 的等价性. 设 (21) 成立, 那么由于纯策略 α_i 与 β_j 是混合策略 X 与 Y 的特例, 因而 (21′) 更加成立. 反之, 设 (21′) 成立. 因为

$$E(X,Y^*)=\sum_{i=1}^{m}E(\alpha_i,Y^*)x_i,$$

于是由 (21′) 得

$$E(X,Y^*)\leqslant E(X^*,Y^*)\sum_{i=1}^{m}x_i=E(X^*,Y^*). \tag{22}$$

同样由 $E(X^*,Y)=\sum\limits_{j=1}^{n}E(X^*,\beta_j)y_j$ 得出

$$E(X^*,Y)\geqslant E(X^*,Y^*). \tag{23}$$

合并 (22) 与 (23) 便得 (21).

定理 2 还可以叙述成:

定理 4 设 v_Γ 为矩阵博弈的值. X^* 与 Y^* 分别是局中人 1 与 2 的最优策略的充要条件是

$$v\leqslant E(X^*,Y),\ \text{对于任何}\ Y\in \boldsymbol{S}_2^*; \tag{24}$$

$$v\geqslant E(X,Y^*),\ \text{对于任何}\ X\in \boldsymbol{S}_1^*. \tag{25}$$

证明 由于证法完全类似, 我们只就第 1 局中人的情形来讨论.

设 X^* 是局中人 1 的最优策略, 若 Y^* 是局中人 2 的最优策略, 那么对于任何 $Y\in \boldsymbol{S}_2^*$ 均有

$$v_\Gamma=E(X^*,Y^*)\leqslant E(X^*,Y).$$

因而条件 (24) 的必要性得证. 现在证明它的充分性. 由定理 1 知 Γ 一定有解, 因之由定理 2 得知存在一个 (混合) 局势 (X',Y') 使得对一切的 $X\in \boldsymbol{S}_1^*$ 与 $Y\in \boldsymbol{S}_2^*$ 均有

$$E(X,Y')\leqslant E(X',Y')\leqslant E(X',Y), \tag{26}$$

且 $E(X',Y')=v$. 于是对于 $\boldsymbol{S}_1^*$ 中的一个特定的 X^* 有

$$E(X^*,Y')\leqslant E(X',Y'). \tag{27}$$

而另一方面由条件 (24) 又得出

$$E(X^*,Y')\geqslant v=E(X',Y'). \tag{28}$$

合并 (27) 与 (28) 便得到

$$E(X^*,Y')\leqslant E(X',Y')\leqslant E(X^*,Y'),$$

因之

$$E(X',Y')=E(X^*,Y'). \tag{29}$$

于是由 (26), (24) 与 (28) 又得知

$$E(X,Y')\leqslant E(X^*,Y')\leqslant E(X^*,Y),$$

对一切 $X\in\boldsymbol{S}_1^*$ 与一切 $Y\in\boldsymbol{S}_2^*$ 均成立. 即, (X^*,Y') 是一个解, 因之 X^* 是局中人 1 的一个最优策略, 证完.

由于 $\beta_j\in\boldsymbol{S}_2\subset\boldsymbol{S}_2^*$, 所以当 X^* 是局中人 1 的一个最优策略时, 对一切 $j=1,\cdots,n$ 均有

$$E(X^*,\beta_j)\geqslant v.$$

由于 $E(X^*,\beta_j)=\sum\limits_{i=1}^m a_{ij}x_i^*\geqslant v$, $X^*=(x_1^*,\cdots,x_m^*)$, 所以得到

推论 1　设给出 $\Gamma=\{\boldsymbol{S}_1,\boldsymbol{S}_2;\mathrm{A}\}$, $\boldsymbol{S}_1=\{\alpha_1,\cdots,\alpha_m\}$, $\boldsymbol{S}_2=\{\beta_1,\cdots,\beta_n\}$, $\mathrm{A}=(a_{ij})$. 又设 v 是 Γ 的解 (在混合策略下), 则不等式组

$$\begin{cases}\sum\limits_{i=1}^m a_{ij}x_i\geqslant v\ (j=1,\cdots,n),\\ x_i\geqslant 0,\\ \sum\limits_{i=1}^m x_i=1\end{cases} \tag{30}$$

的解 $(x_1^*,\cdots,x_m^*)$ 是局中人 1 的最优策略. 而不等式组

$$\begin{cases}\sum_{j=1}^{n} a_{ij}y_j \leqslant v\ (i=1,\cdots,m),\\ y_j \geqslant 0,\\ \sum_{j=1}^{n} y_j = 1\end{cases} \tag{31}$$

的解 $(y_1^*,\cdots,y_n^*)$ 是局中人 2 的最优策略.

推论 2 设 (X^*,Y^*) 是博弈 Γ 的解, 则

$$\max_{1\leqslant i\leqslant m} E(\alpha_i,Y^*) = \min_{1\leqslant j\leqslant n} E(X^*,\beta_j) = v.$$

证明 由推论 1 得知, 对一切 j, $1\leqslant j\leqslant n$ 均有

$$v \leqslant E(X^*,\beta_j),$$

因此

$$v \leqslant \min_{1\leqslant j\leqslant n} E(X^*,\beta_j).$$

再证明上面不等式中不等号不成立. 假设

$$v < \min_{1\leqslant j\leqslant n} E(X^*,\beta_j),$$

那么对于一切 j 均有

$$v < E(X^*,\beta_j),$$

因而

$$v = v\sum_{j=1}^{n} y_j^* = \sum_{j=1}^{n} vy_j^* < \sum_{j=1}^{n} E(X^*,\beta_j)y_j^* = E(X^*,Y^*).$$

这与 (X^*,Y^*) 是一个解相矛盾, 因此 $v = \min_{1\leqslant j\leqslant n} E(X^*,\beta_j)$. 同样可证明

$$v = \max_{1\leqslant i\leqslant m} E(\alpha_i,Y^*).$$

以上所讲的一些性质可以用来求矩阵博弈的解. 最后, 我们再举出几个简单的定理, 对于博弈的求解是有用的.

定理 5　设有两个矩阵博弈:

$$\Gamma = \{\boldsymbol{S}_1, \boldsymbol{S}_2; (a_{ij})\},$$

$$\Gamma' = \{\boldsymbol{S}_1, \boldsymbol{S}_2; (a_{ij} + L)\},$$

其中 L 是常数, 则

$$v_{\Gamma'} = v_\Gamma + L,$$

$$\mathfrak{S}_{\Gamma'} = \mathfrak{S}_\Gamma,$$

其中 $\mathfrak{S}_\Gamma$ 与 $\mathfrak{S}_{\Gamma'}$ 分别表示 Γ 与 Γ' 的解的集合.

读者可自证之.

由这个定理得知, 对于任一矩阵博弈我们总能假设它的值为正, 而并不丧失普遍性.

定理 6　设 $X^* \in \boldsymbol{S}_1^*$ 与 $Y^* \in \boldsymbol{S}_2^*$ 分别是局中人 1 与 2 的最优策略. 若对于某个 i 有

$$E(\alpha_i, Y^*) < v,$$

则对应的 $x_i^* = 0$. 同样, 若对于某个 j 有

$$E(X^*, \beta_j) > v,$$

则对应的 $y_j^* = 0$.

读者自证之.

定义 3　设给出矩阵博弈

$$\Gamma = \{\boldsymbol{S}_1, \boldsymbol{S}_2; \mathrm{A}\}, \quad \boldsymbol{S}_1 = \{\alpha_1, \cdots, \alpha_m\}, \quad \boldsymbol{S}_2 = \{\beta_1, \cdots, \beta_n\},$$

$$\mathrm{A} = (a_{ij}).$$

如果对于一切 $j, 1 \leqslant j \leqslant n$ 均有

$$a_{i^\circ j} \geqslant a_{k^\circ j},$$

则称局中人 1 的纯策略 α_{i° 优超于 α_{k°. 同样, 若对于一切的 $i, 1 \leqslant i \leqslant m$ 均有

$$a_{ij^\circ} \leqslant a_{il^\circ},$$

则称局中人 2 的纯策略 β_{j° 优超于 β_{l°.

定理 7　设 $\Gamma=\{\boldsymbol{S}_1,\boldsymbol{S}_2;\mathrm{A}\}$ 是一个矩阵博弈, 其中 $\boldsymbol{S}_1=\{\alpha_1,\cdots,\alpha_m\}$, $\boldsymbol{S}_2=\{\beta_1,\cdots,\beta_n\}$, $\mathrm{A}=(a_{ij})$, 如果 α_1 为其余的纯策略 $\alpha_{i^\circ}(1<i^\circ\leqslant m)$ 之一所优超, 由 Γ 可得到一个新的矩阵博弈 Γ':

$$\Gamma'=\{\boldsymbol{S}_1',\boldsymbol{S}_2;\mathrm{A}'\},\quad \boldsymbol{S}_1'=\{\alpha_2,\cdots,\alpha_m\},$$

$$a_{ij}'=a_{ij}\quad\begin{pmatrix} i=2,\cdots,m\\ j=1,\cdots,n\end{pmatrix}.$$

则有 1° $v_{\Gamma'}=v_\Gamma$.

2° Γ' 中局中人 2 的最优策略便是 Γ 中 2 的最优策略.

3° 若 $(x_2^*,\cdots,x_m^*)$ 是 Γ' 中局中人 1 的最优策略, 则 $(0,x_2^*,\cdots,x_m^*)$ 是 Γ 中局中人 1 的最优策略.

证明　为确定起见, 设 α_1 为 α_2 所优超:

$$a_{2j}\geqslant a_{1j},\quad j=1,\cdots,n.$$

设 v 是博弈 Γ' 的值, 又 $(x_2^*,\cdots,x_m^*)$ 是 Γ' 中第 1 局中人的最优策略, 而 $(y_1^*,\cdots,y_n^*)$ 是 Γ' 中第 2 局中人的最优策略. 于是由定理 3 得知

$$\sum_{j=1}^n a_{ij}y_j^*\leqslant v,\quad i=2,\cdots,m;\tag{32}$$

$$v\leqslant\sum_{i=2}^m a_{ij}x_i^*,\quad j=1,\cdots,n.\tag{33}$$

因此要证明结论 1°, 2°, 3°, 只要证明

$$\sum_{j=1}^n a_{ij}y_j^*\leqslant v,\quad i=1,2,\cdots,m;\tag{34}$$

$$v\leqslant\sum_{i=2}^m a_{ij}x_i^*+a_{1j}\cdot 0,\quad j=1,\cdots,n,\tag{35}$$

其中 (34) 显然由 (32) 得知它成立. 现在证明 (33) 成立. (33) 中对于 $i=2,\cdots,m$ 就是 (29), 于是只要证明

$$\sum_{j=1}^n a_{1j}y_j^*\leqslant v$$

即可. 根据 (28) 得知

$$\sum_{j=1}^{n} a_{1j} y_j^* \leqslant \sum_{j=1}^{n} a_{2j} y_j^* \leqslant v.$$

于是定理证完.

推论 3 在上述定理中若 α_1 不是为纯策略 α_{i° 之一所优超, 而是为 $\alpha_{i^\circ}(1 < i^\circ \leqslant m)$ 的某个凸线性组合所优超, 定理的结论仍然成立.

类似地, 对于第 2 局中人便是把优超于其他列的 (或其他列的凸线性组合) 某一列去掉.

现在我们举一个简单的例子来说明这种方法.

例 1 设赢得矩阵为

$$\mathrm{A} = \begin{pmatrix} 3 & 4 & 0 & 3 & 0 \\ 5 & 0 & 2 & 5 & 9 \\ 7 & 3 & 9 & 5 & 9 \\ 4 & 6 & 8 & 7 & 4 \\ 6 & 0 & 8 & 8 & 3 \end{pmatrix}.$$

求这个矩阵博弈的解.

解 第 4 行优超于第 1 行;

第 3 行优超于第 2 行.

因此去掉第 1 行与第 2 行得到新的赢得矩阵:

$$\mathrm{A}_1 = \begin{pmatrix} 7 & 3 & 9 & 5 & 9 \\ 4 & 6 & 8 & 7 & 4 \\ 6 & 0 & 8 & 8 & 3 \end{pmatrix}.$$

对于 A_1, 第 3 列优超于第 1 列;

第 4 列优超于第 2 列;

第 5 列优超于 $\frac{1}{3}$ (第 1 列) $+\frac{2}{3}$ (第 2 列).

因此去掉第 3 列、第 4 列与第 5 列得到

$$\mathrm{A}_2 = \begin{pmatrix} 7 & 3 \\ 4 & 6 \\ 6 & 0 \end{pmatrix}.$$

这时第 1 行优超于第 3 行, 又去掉第 3 行便得

$$A_4 = \begin{pmatrix} 7 & 3 \\ 4 & 6 \end{pmatrix}.$$

对于 A_4 应用定理 4 的推论 1, 这时 (30) 与 (31) 两组不等式便是

$$\begin{cases} 7x_3 + 4x_4 \geqslant v, \\ 3x_3 + 6x_4 \geqslant v, \\ x_3 + x_4 = 1, \\ 0 \leqslant x_3 \leqslant 1, \\ 0 \leqslant x_4 \leqslant 1, \end{cases} \qquad \begin{cases} 7y_1 + 3y_2 \leqslant v, \\ 4y_1 + 6y_2 \leqslant v, \\ y_1 + y_2 = 1, \\ 0 \leqslant y_1 \leqslant 1, \\ 0 \leqslant y_2 \leqslant 1. \end{cases}$$

然后就左右两组不等式的前两个不等式中, 把 "$\leqslant$" 与 "$\geqslant$" 换成 "$=$" 与 "$>$" 以及 "$=$" 与 "$<$". 这样一共可得到 2^4 种情形, 然后逐种考虑之.

首先, 研究满足

$$\begin{cases} 7x_3 + 4x_4 = v, \\ 3x_3 + 6x_4 = v, \\ x_3 + x_4 = 1, \end{cases} \qquad \begin{cases} 7y_1 + 3y_2 = v, \\ 4y_1 + 6y_2 = v, \\ y_1 + y_2 = 1 \end{cases}$$

的非负解. 求得解是

$$x_3^* = \frac{1}{3}, \quad x_4^* = \frac{2}{3}, \quad y_1^* = \frac{1}{2}, \quad y_2^* = \frac{1}{2}, \quad v = 5.$$

于是矩阵博弈 Γ_A 的解是

$$X^* = \left(0, 0, \frac{1}{3}, \frac{2}{3}, 0\right);$$

$$Y^* = \left(\frac{1}{2}, \frac{1}{2}, 0, 0, 0\right);$$

$$v_\Gamma = 5.$$

最后我们再指出, 如果将 "$\geqslant$" 都换成 "$=$", 把 "$\leqslant$" 都换成 "$=$", 但求不出满足方程组的非负解的话, 那么这时便得在原方程组中把其中一个换成不等式来考虑求解, 这时便要利用定理 6.

§3 矩阵博弈求解

对一门应用数学的分支来说, 求解乃是十分重要的工作. 既要能求, 也要能求得好, 求得快.

对博弈求解, 也和其他数学一样, 可以由两个方面来进行. 一个是求出全部的解. 一般说求, 一个局中人采用不同的策略, 可以有不同的赢得, 只要列出了全部最优策略加以足够的分析, 就有可能挑出一个最大限度地符合局中人的意图来. 所以, 能求出全部的解是十分重要的. 但是, 这方面的工作, 即使在最简单的情况下, 就涉及大量的计算, 令人厌烦或者是不可能当场求出解来. 在另一方面, 对于某些类的博弈, 如本章和下章所讲的博弈说来, 只要求出一个解来, 对大多数实际目的而言是绰绰有余的. 这虽未能求全解, 但问题的解可能比较简单地得到了. 因而, 就提出了至少要求出一个解的方向.

顺便指出, 对于矩阵博弈具有唯一解的博弈的赢得矩阵, 在 $m \cdot n$ 维欧氏空间是开的且处处稠密于 $m \times n$ 阶矩阵的集合, 其中 $m \times n$ 是赢得矩阵的阶①. 因此具有唯一解的博弈是常见的. 下面我们分别就这两个方面来讨论.

3.1 求全体解的矩阵法

在讲求解方法之前, 先来研究最优策略集的一些性质.

定理 1 设给出矩阵博弈 Γ_{A} 其赢得矩阵为 $\mathrm{A} = (a_{ij})_{i=1,\cdots,m;j=1,\cdots,n}$, $\boldsymbol{T}_1(\Gamma)$ 和 $\boldsymbol{T}_2(\Gamma)$ 分别是局中人 1 和 2 的最优策略集, 则 $\boldsymbol{T}_1(\Gamma)$ 和 $\boldsymbol{T}_2(\Gamma)$ 是非空、有界、闭、凸集.

证明 (1) 非空: 由 §2 定理 1 即得.

(2) 有界性: 首先策略集是有界的而最优策略集是其中一部分, 那么当然是有界的.

(3) 闭的: 设 $X_r = (x_1^{(r)}, \cdots, x_m^{(r)}) \in \boldsymbol{T}_1(\Gamma)_{r=1,2,\cdots}$ 且 $\lim\limits_{r\to\infty} X_r = X_0$, 那么必有

$$\lim_{r\to\infty} x_i^{(r)} = x_i^{(0)}, \quad i = 1, 2, \cdots, m.$$

于是由于

$$x_i^{(r)} \geqslant 0, \quad \sum_{i=1}^{m} x^{(r)} = 1$$

① Bohnenblush H F, Karlin S, Shapley L S. Solution of discrete two person games. Contributions to the theory of games: I Princeton, 1950.

和

$$\sum_{j=1}^{n} a_{ij} y_j^{(0)} \leqslant \sum_{i=1}^{m}\sum_{j=1}^{n} a_{ij} x_i^{(r)} y_j^{(r)} \leqslant \sum_{i=1}^{m} a_{ij} x_i^{(r)},$$

$$i=1,\cdots,m; j=1,\cdots,n,$$

其中

$$Y^0=(y_1^{(0)},\cdots,y_n^{(0)})\in \boldsymbol{T}_2(\Gamma).$$

令 $r\to\infty$, 则有

$$x_i^{(0)}\geqslant 0,\quad \sum_{i=1}^{m} x_i^{(0)}=1$$

和

$$\sum_{j=1}^{n} a_{ij} y_j^{(0)} \leqslant \sum_{i=1}^{m}\sum_{j=1}^{n} a_{ij} x_i^{(0)} y_j^{(0)} \leqslant \sum_{i=1}^{m} a_{ij} x_i^{(0)},$$

$$i=1,\cdots,m; j=1,\cdots,n.$$

由 §2 定理 3 得

$$X_0=(x_1^{(0)},\cdots,x_m^{(0)})\in \boldsymbol{T}_1(\Gamma).$$

因此 $\boldsymbol{T}_1(\Gamma)$ 是闭的.

同样对于 $\boldsymbol{T}_2(\Gamma)$ 也可以用类似上面的方法证明, $\boldsymbol{T}_2(\Gamma)$ 是闭的.

(4) 凸性: 设 $X_1=(x_1^{(1)},\cdots,x_m^{(1)})$ 和 $X_2=(x_1^{(2)},\cdots,x_n^{(2)})$ 属于 $\boldsymbol{T}_1(\Gamma)$, 则

$$x_i^{(1)}\geqslant 0,\quad \sum_{i=1}^{m} x_i^{(1)}=1;$$

$$x_i^{(2)}\geqslant 0,\quad \sum_{i=1}^{m} x_i^{(2)}=1$$

和

$$\sum_{j=1}^{n} a_{ij} y_j^{(0)} \leqslant \sum_{i=1}^{m}\sum_{j=1}^{n} a_{ij} x_i^{(1)} y_j^{(0)} \leqslant \sum_{i=1}^{m} a_{ij} x_i^{(1)};$$

$$\sum_{j=1}^{n} a_{ij} y_j^{(0)} \leqslant \sum_{i=1}^{m} \sum_{j=1}^{n} a_{ij} x_i^{(2)} y_j^{(0)} \leqslant \sum_{i=1}^{n} a_{ij} x_i^{(2)}.$$

其中 $Y^0 = (y_1^{(0)}, \cdots, y_n^{(0)}) \in \boldsymbol{T}_2(\Gamma)$.

设

$$X_0 = (x_1^{(0)}, \cdots, x_m^{(0)}) = \lambda(x_1^{(1)}, \cdots, x_m^{(1)}) + (1-\lambda)(x_1^{(2)}, \cdots, x_m^{(2)}),$$

其中 $0 \leqslant \lambda \leqslant 1$, 则

$$x_i^{(0)} \geqslant 0;$$

$$\sum x_i^{(0)} = 1;$$

$$\sum a_{ij} y_i^{(0)} \leqslant \sum_{i=1}^{n} \sum_{j=1}^{n} a_{ij} x_i^{(0)} y_j^{(0)} \leqslant \sum_{i=1}^{m} a_{ij} x_i^{(0)}.$$

由此, $X_0 = (x_1^{(0)}, \cdots, x_m^{(0)}) \in \boldsymbol{T}_1(\Gamma)$. 所以 $\boldsymbol{T}_1(\Gamma')$ 是凸的.

同样可证明 $\boldsymbol{T}_2(\Gamma)$ 也是凸的. 定理证毕.

由上面定理知 $\boldsymbol{T}_1(\Gamma)$ 和 $\boldsymbol{T}_2(\Gamma)$ 是非空有界闭凸集, 因此有必要进一步讨论凸集的一些性质.

定义 1 设 $\boldsymbol{S}$ 是 m 维欧氏空间中的凸集, 如果不存在这样的 $X_1, X_2 \in \boldsymbol{S}$, $X_1 \neq X_2$ 使得

$$X = \lambda X_1 + (1-\lambda) X_2,$$

此处 $0 < \lambda < 1$, 则说 X 是凸集 $\boldsymbol{S}$ 的一个端点. $\boldsymbol{S}$ 的全体端点集记作 $\boldsymbol{K}(\boldsymbol{S})$.

定义 2 设 $\boldsymbol{R}$ 是 m 维欧氏空间中的点集, 对于一切包含 $\boldsymbol{R}$ 的凸集的交集则叫做点集 $\boldsymbol{R}$ 的凸包, 并记作 $[\boldsymbol{R}]$.

推论 1 如果 $\boldsymbol{R}$ 是有限个点的集合, 则 $\boldsymbol{R}$ 的凸包 $[\boldsymbol{R}]$ 与这有限个点的凸线性组合的全体相重合.

证明 设 $\boldsymbol{R} = \{X_1, \cdots, X_r\}$, 其凸线性组合的全体记为 $[X_1, \cdots, X_r]$. 首先 $[X_1, \cdots, X_r]$ 是包含 $\boldsymbol{R}$ 的凸集, 所以 $[X_1, \cdots, X_r] \supset [\boldsymbol{R}]$; 其次由于 $[\boldsymbol{R}]$ 是包含 $X_1, \cdots, X_r$ 的凸集, 故 $[\boldsymbol{R}]$ 必包含 $X_1, \cdots, X_r$ 的一切凸线性组合, 所以 $[X_1, \cdots, X_r] \subset [\boldsymbol{R}]$. 于是 $[X_1, \cdots, X_r] = [\boldsymbol{R}]$.

引理 1 非空、有界、闭、凸集 $\boldsymbol{S}$ 等于其端点集 $\boldsymbol{K}(\boldsymbol{S})$ 的凸包的闭包 $[\boldsymbol{K}(\boldsymbol{S})]$.

证明 因 $\boldsymbol{K}(\boldsymbol{S}) \subset \boldsymbol{S}$, 且 $\boldsymbol{S}$ 是凸的, 故 $[\boldsymbol{K}(\boldsymbol{S})] \subset \boldsymbol{S}$. 又因 $\boldsymbol{S}$ 是闭的, 因此有

$$\overline{[\boldsymbol{K}(\boldsymbol{S})]} \subset \boldsymbol{S}.$$

另一方面, 如果有一点 $X^{(0)} \in \boldsymbol{S}$ 而 $X^{(0)} \notin \overline{[\boldsymbol{K}(\boldsymbol{S})]}$, 由 §2 引理 1 知, 有一超平面 $P: a \cdot X = c$ 使得 $aX^{(0)} > c$ 而对于全体 $Y \in \overline{[\boldsymbol{K}(\boldsymbol{S})]}$ 有 $a \cdot Y < c$. 由于 $\boldsymbol{S}$ 是有界、闭的, 故存在一个 X^* 使得

$$a \cdot X^* = \max_{X \in \boldsymbol{S}} aX = c^*,$$

那么, 得超平面

$$\boldsymbol{P}^* : aX = c^*$$

使对于所有的 $X \in \boldsymbol{S}$ 有

$$aX \leqslant c^*$$

和对于全体 $Y \in \overline{[\boldsymbol{K}(\boldsymbol{S})]}$ 有

$$a \cdot Y < c^*.$$

由于有 $X^* \in \boldsymbol{S}$, $X^* \in \boldsymbol{P}^*$ 以及 $\boldsymbol{S}$ 的有界闭凸性和 $\boldsymbol{P}^*$ 的闭凸性, 故

$$\boldsymbol{S}_1 = \boldsymbol{P}^* \cap \boldsymbol{S}$$

是非空有界闭凸的.

对 $\boldsymbol{S}_1$ 我们再指出两点性质:

(1) 一切非空有界闭凸集必有端点.

(2) $\boldsymbol{S}_1$ 的端点必是 $\boldsymbol{S}$ 的端点.

先证明 (1).

设 $\boldsymbol{T}$ 为任一非空有界闭凸集, 则必有一点 $X_0 \in \boldsymbol{T}$ 使得

$$(X_0, X_0) = \max_{X \in \boldsymbol{T}} (X, X)^{①}.$$

如果 X_0 不是 $\boldsymbol{T}$ 的端点, 则有 $X_1 \neq X_2$, $X_1 \in \boldsymbol{T}$, $X_2 \in \boldsymbol{T}$ 使得

$$X_0 = \lambda_0 X_1 + (1 - \lambda_0) X_2,$$

其中 $0 < \lambda_0 < 1$.

考虑函数

$$\begin{aligned} f(\lambda) &= (\lambda X_1 + (1-\lambda) X_2, \lambda X_1 + (1-\lambda) X_2) \\ &= \lambda^2 (X_1 - X_2, X_1 - X_2) + 2\lambda (X_1 - X_2, X_2) + (X_2, X_2), \end{aligned}$$

① 设 $X = (x_1, \cdots, x_n)$, $Y = (y_1, \cdots, y_n)$ 则 $(X, Y) = x_1 y_1 + \cdots + x_n y_n$.

而

$$f(0) = (X_2, X_2); \quad f(1) = (X_1, X_1).$$

由 $X_1 \neq X_2$, 因此 (X_1, X_1) 和 (X_2, X_2) 中必有一个大于 (X_0, X_0), 这与 $(X_0, X_0) = \max\limits_{X \in \boldsymbol{T}}(X, X)$ 相矛盾. 所以 X_0 必须是 $\boldsymbol{T}$ 的端点.

再证明 (2). 设 $X \in \boldsymbol{S}_1 \cap \boldsymbol{S}$, 即

$$aX = c^*.$$

如果 X 不是 $\boldsymbol{S}$ 的端点, 则有 $X_1, X_2 \in \boldsymbol{S}$, $X_1 \neq X_2$ 及 $0 < \lambda < 1$ 使得

$$X = \lambda X_1 + (1 - \lambda) X_2.$$

由于同时有

$$aX_1 \leqslant c^*$$

和

$$aX_2 \leqslant c^*,$$

故必同时有

$$aX_1 = c^*$$

和

$$aX_2 = c^*.$$

故得出 X_1, $X_2 \in \boldsymbol{S}_1$. 所以, 若 X 不是 $\boldsymbol{S}$ 的端点, 则 X 也不是 $\boldsymbol{S}_1$ 的端点. 换言之, 如果 X 是 $\boldsymbol{S}_1$ 的端点, 则必 X 也是 $\boldsymbol{S}$ 的端点.

由此, $\boldsymbol{S}_1$ 的两个性质说明了, $\boldsymbol{S}$ 中至少有一个端点 $X \in \boldsymbol{S}_1 \cap \boldsymbol{K}(\boldsymbol{S})$ 使得

$$aX = c^*.$$

但是, 由 $X \in \boldsymbol{K}(\boldsymbol{S})$ 也必 $X \in \overline{[\boldsymbol{K}(\boldsymbol{S})]}$, 故又有

$$aX < c^*.$$

于是得出矛盾, 因此

$$\boldsymbol{S} \subset \overline{[\boldsymbol{K}(\boldsymbol{S})]},$$

从而

$$[\boldsymbol{K}(\boldsymbol{S})] = \boldsymbol{S}.$$

推论 2　如果非空有界闭凸集有有限多个端点, 则该凸集可由其端点的凸线性组合的全体来表示.

既然矩阵博弈的最优策略集 $\boldsymbol{T}_1(\Gamma)$ 和 $\boldsymbol{T}_2(\Gamma)$ 是非空有界闭的凸集合, 那么我们就只需设法求出它们的端点就行了. 下面定理给出求端点的方法.

定理 2　给出矩阵博弈 Γ, 其赢得矩阵为

$$\mathrm{A}=\begin{pmatrix} a_{11} & \cdots & a_{1n} \\ \vdots & & \vdots \\ a_{m1} & \cdots & a_{mn} \end{pmatrix}$$

又设

$$X=(x_1,\cdots,x_n)\in\boldsymbol{T}_1(\Gamma),\quad Y=(y_1,\cdots,y_n)\in\boldsymbol{T}_2(\Gamma),$$

则 $X\in\boldsymbol{K}(\boldsymbol{T}_1(\Gamma))$, $Y\in\boldsymbol{K}(\boldsymbol{T}_2(\Gamma))$ 的充分必要条件是: 矩阵 A 中存在一个非降秩的子方阵 B, 使得

$$X_{\mathrm{B}}=\frac{J_r\mathrm{B}^{-1}}{J_r\mathrm{B}^{-1}J_r^{\mathrm{T}}},\quad Y_{\mathrm{B}}=\frac{\mathrm{B}^{-1}J_r^{\mathrm{T}}}{J_r\mathrm{B}^{-1}J_r^{\mathrm{T}}},\quad v=\frac{1}{J_r\mathrm{B}^{-1}J_r^{\mathrm{T}}},\tag{1}$$

其中 X_{B} 表示 X 中去掉那些与不参加构成子方阵 B 的行所对应的分量后所得向量, Y_{B} 表示 Y 中去掉那些与不参加构成子方阵 B 的列所对应的分量后所得到的向量, J_r 表示分量全是 1 的 r 维行向量, r 是 B 的阶数, B^{-1} 是 B 的逆方阵, J_r^{T} 表示 J_r 的转置列向量.

证明　由 §2 定理 5 不妨假设博弈 Γ 的值 $v_\Gamma\neq 0$.

充分性: 如果存在满足条件 (1) 的满秩子方阵 B, 那么, 根据 (1) 写出 X_{B} 和 Y_{B} 再对 X_{B} 和 Y_{B} 添加一些取值为零的分量, 它们分别对应于 A 中不参加构成 B 的行和列的位置, 得到向量 X 和 Y, 不妨假设构成 B 的行和列都在 A 的左上角, 那么就有

$$X=(x_1,\cdots,x_r,0,\cdots,0),$$

$$Y=(y_1,\cdots,y_r,0,\cdots,0),$$

其中 $(x_1,\cdots,x_r)=X_{\mathrm{B}}$, $(y_1,\cdots,y_r)=Y_{\mathrm{B}}$. 下面证明 X 和 Y 分别是 $\boldsymbol{T}_1(\Gamma)$ 和 $\boldsymbol{T}_2(\Gamma)$ 的端点.

如果 $X\notin\boldsymbol{K}(\boldsymbol{T}_1(\Gamma))$, 则有 $U=(u_1,\cdots,u_m)\in\boldsymbol{T}_1(\Gamma)$ 和 $W=(w_1,\cdots,w_m)$ $\in\boldsymbol{T}_1(\Gamma)$, $U\neq W$ 使得

$$X=\frac{1}{2}(U+W),$$

即

$$x_k = \frac{1}{2}(u_i + w_i) \quad (i = 1, \cdots, m).$$

这时因为 $x_i = 0$ $(r < i \leqslant m)$, 所以

$$u_i = w_i = 0 \quad (r < i \leqslant m).$$

因此

$$\sum_{i=1}^{r} a_{ij} u_i = \sum_{i=1}^{n} a_{ij} u_i \geqslant v \quad (j = 1, 2, \cdots, r);$$

$$\sum_{i=1}^{r} a_{ij} w_i = \sum_{i=1}^{n} a_{ij} w_i \geqslant v \quad (j = 1, 2, \cdots, r).$$

另一方面, 由 (1) 有

$$X_{\mathrm{B}} \cdot \mathrm{B} = \frac{J_r \mathrm{B}^{-1} \mathrm{B}}{J_r \mathrm{B}^{-1} J_r^{\mathrm{T}}} = \frac{J_r}{J_r \mathrm{B}^{-1} J_r^{\mathrm{T}}} = v J_r,$$

即

$$\sum_{i=1}^{r} a_{ij} x_i = v \quad (j = 1, \cdots, r).$$

用 $x_i = \dfrac{1}{2}(u_i + w_i)$ 代入得

$$\sum_{i=1}^{r} a_{ij} u_i + \sum_{i=1}^{r} a_{ij} w_i = 2v \quad (j = 1, \cdots, r).$$

再考虑到 $\sum\limits_{i=1}^{r} a_{ij} u_i \geqslant v$ 和 $\sum\limits_{i=1}^{r} a_{ij} w_i \geqslant v$ 而得

$$\sum_{i=1}^{r} a_{ij} u_i = v \quad 和 \quad \sum_{i=1}^{r} a_{ij} w_i = v \quad (j = 1, 2, \cdots, r),$$

即

$$\sum a_{ij}(u_i - w_i) = 0 \quad (j = 1, \cdots, r).$$

而 $u_i - v_i$ $(i = 1, \cdots, r)$ 不全为 0, 上式表示 B 的列向量线性相关, 这与 B 是非降秩的假设相矛盾. 所以 $X \in \boldsymbol{K}(\boldsymbol{T}_1(\Gamma))$. 同样可证 $\boldsymbol{Y} \in \boldsymbol{K}(\boldsymbol{T}_2(\Gamma))$.

"必要性": 设给出 $X \in \boldsymbol{K}(\boldsymbol{T}_1(\Gamma))$ 和 $Y \in \boldsymbol{K}(\boldsymbol{T}_2(\Gamma))$, 下面来具体构造 A 的一个满秩的子方阵 B 使得 (1) 式成立. 下面用 $\mathrm{A}_{r\cdot}$ 表示矩阵 A 的第 i 行, $\mathrm{A}_{\cdot j}$ 表示矩阵 A 的第 j 列.

第一步: 我们根据给出的 X 和 Y 来构造子矩阵 B. 为此把矩阵 A 的行分成下列三类:

当 $x_i > 0$ 时 $\mathrm{A}_{i\cdot}$ 属于第一类行. 由 §2 定理 6 必有

$$\mathrm{A}_{i\cdot} Y^{\mathrm{T}} = v_\Gamma.$$

当 $x_i = 0$, 且 $\mathrm{A}_{i\cdot} Y^{\mathrm{T}} = v_\Gamma$ 时, $\mathrm{A}_{i\cdot}$ 属于第二类行.

当 $x_i = 0$, 且 $\mathrm{A}_{i\cdot} Y^{\mathrm{T}} < v_\Gamma$ 时, $\mathrm{A}_{i\cdot}$ 属于第三类行.

同样把 A 的列也分成三类:

当 $y_j > 0$ 时, $\mathrm{A}_{\cdot j}$ 属于第一类列. 这时显然有

$$X\mathrm{A}_{\cdot j} = v_\Gamma.$$

当 $y_j = 0$, 且 $X\mathrm{A}_{\cdot j} = v_\Gamma$ 时, $\mathrm{A}_{\cdot j}$ 属于第二类列.

当 $y_j = 0$, 且 $X\mathrm{A}_{\cdot j} > v_\Gamma$ 时, $\mathrm{A}_{\cdot j}$ 属于第三类列.

取这样一些行的集合 $\boldsymbol{U}$ 使得

(1) $\boldsymbol{U}$ 包括全体第一类行而不包含第三类行.

(2) 如果第二类行 $\mathrm{A}_{i\cdot} \in \boldsymbol{U}$, 则 $\mathrm{A}_{i\cdot}$ 不能写成 $\boldsymbol{U}$ 中其他行的线性组合.

同样取出 A 的一些列使得

(1) 包含所有的第一类列而不包含第三类列.

(2) 其中的第二类列不能写成其他列的线性组合.

由上述的行和上述的列构成 A 的一个子矩阵 B, 不妨设 B 位于左上角, 其阶为 $r \times s$, 于是 B 可写成

$$\mathrm{B} = \begin{pmatrix} a_{11} & \cdots & a_{1r} \\ \vdots & & \vdots \\ \hline \vdots & & \vdots \\ a_{r1} & \cdots & a_{rs} \end{pmatrix}$$

第二步: 证明 B 是非降秩的方阵.

如果 B 的行向量线性相关, 则存在非零向量

$$G_{\mathrm{B}}=(g_1,g_2,\cdots,g_r)\neq(0,\cdots,0)$$

使得

$$G_{\mathrm{B}}\cdot \mathrm{B}_{\cdot j}=0\quad(j=1,2,\cdots,s).$$

设 m 维向量 $G=(g_1,\cdots,g_r,0,\cdots,0)$, 于是

$$G\cdot \mathrm{A}_{\cdot j}=0\quad(j=1,2,\cdots,s).$$

又由于 $G_{\mathrm{B}}\mathrm{B}Y_{\mathrm{B}}^{\mathrm{T}}=G_{\mathrm{B}}J_r^{\mathrm{T}}v_\Gamma$ 及 $G_{\mathrm{B}}\mathrm{B}Y_{\mathrm{B}}^{\mathrm{T}}=0$, 故 $G_{\mathrm{B}}J_r^{\mathrm{T}}v_\Gamma=0$, 但 $v_\Gamma\neq 0$, 所以 $G_{\mathrm{B}}J_r^{\mathrm{T}}=0$, 即

$$g_1+g_2+\cdots+g_r=0.$$

并且对于第二类行的 i 有

$$g_i=0.$$

因为如果 $g_i\neq 0$, 则由

$$g_1a_{1j}+g_2a_{2j}+\cdots+g_ra_{rj}+0a_{r+1j}+\cdots+0a_{mj}=0\quad(j=1,2,\cdots,s)$$

得到

$$a_i=\frac{1}{g_i}(g_1a_{1j}+\cdots+g_{i-1}a_{i-1j}+g_{i+1}a_{i+1j}+\cdots+g_ra_{rj})\quad(j=1,2,\cdots,s),$$

即

$$\mathrm{A}_{i\cdot}=\frac{1}{g_i}(g_1\mathrm{A}_{1\cdot}+\cdots+g_{i-1}\mathrm{A}_{i-1\cdot}+g_{i+1}\mathrm{A}_{i+1\cdot}+\cdots+g_r\mathrm{A}_{r\cdot}).$$

这与 B 的构成相矛盾.

作 m 维向量

$$X_\alpha=X+\alpha G=(x_1+\alpha g_1,\cdots,x_r+\alpha g_r,0,\cdots,0).$$

由于对于第一类的行 $x_i>0$, 而对于第二类行有 $g_i=0$, 故只要取 $|\alpha|$ 足够小就能使

$$x_i+\alpha g_i\geqslant 0\quad(i=1,2,\cdots,m).$$

又由于 $\sum_{i=1}^{r} g_i = 0$, 故

$$\sum_{i=1}^{m}(x_i + \alpha g_i) = \sum_{i=1}^{m} x_i + \alpha \sum_{i=1}^{r} g_i = \sum_{i=1}^{m} x_i = 1.$$

下面证明 $X_\alpha \in \boldsymbol{T}_1(\Gamma)$.

对于一切构成 B 的列有

$$X_\alpha \mathrm{A}_{\cdot j} = X\mathrm{A}_{\cdot j} + \alpha G\mathrm{A}_{\cdot j} = v_\Gamma.$$

对于不参加构成 B 的第二类列有

$$\mathrm{A}_{\cdot j} = \sum_{k=1}^{s} \lambda_k \mathrm{A}_{\cdot k},$$

因此

$$X_\alpha \mathrm{A}_{\cdot j} = X\mathrm{A}_{\cdot j} + \alpha G\mathrm{A}_{\cdot j} = v_\Gamma + \alpha \sum_{k=1}^{s} \lambda_k G\mathrm{A}_{\cdot k} = v_\Gamma.$$

对于第三类列有 $X\mathrm{A}_{\cdot j} > v_\Gamma$, 因此只要取 α 足够小就有

$$X_\alpha \mathrm{A}_{\cdot j} = X\mathrm{A}_{\cdot j} + \alpha G\mathrm{A}_{\cdot j} \geqslant v_\Gamma.$$

由 §2 定理 4 得当 α 足够小时, $X_\alpha \in \boldsymbol{T}_1(\Gamma)$. 同样可证

$$X_{-\alpha} = X - \alpha G \in \boldsymbol{T}_1(\Gamma).$$

但

$$\frac{1}{2}(X_\alpha + X_{-\alpha}) = X,$$

因此 $X \notin \boldsymbol{K}(\boldsymbol{T}_1(\Gamma))$, 这与假设 $X \in \boldsymbol{K}(\boldsymbol{T}_1(\Gamma))$ 矛盾. 所以 B 的行向量线性无关. 同样可证 B 的列向量也线性无关, 由此必须 $r = s$, 且 B 是满秩的方阵.

第三步: 对于以上所得之非降秩子方阵 B 有

$$X_\mathrm{B}\mathrm{B} = X\mathrm{A}_{\cdot j} J_r = v_\Gamma J_r,$$

而

$$1 = X_\mathrm{B} J_r^\mathrm{T} = X_\mathrm{B}\mathrm{B}\mathrm{B}^{-1} J_r^\mathrm{T} = vJ_r\mathrm{B}^{-1} J_r^\mathrm{T},$$

所以

$$v_\Gamma = \frac{1}{J_r \mathrm{B}^{-1} J_r^{\mathrm{T}}},$$

因此

$$X_{\mathrm{B}} = \frac{J_r \mathrm{B}^{-1}}{J_r \mathrm{B}^{-1} J_r^{\mathrm{T}}}.$$

用类似的方法可得

$$Y_{\mathrm{B}} = \frac{\mathrm{B}^{-1} J_r^{\mathrm{T}}}{J_r \mathrm{B}^{-1} J_r^{\mathrm{T}}}.$$

根据上述定理我们可以求出任意给定矩阵博弈的全体最优策略. 步骤如下:

(1) 首先找出矩阵 A 的所有满秩子方阵 B 并对每一个这样的 B 按照公式 (1) 和 (2) 算出 $X_{\mathrm{B}}, Y_{\mathrm{B}}$ 和 v_Γ, 再对 X_{B} 和 Y_{B} 添加一些等于 0 的分量, 它们相应于 A 中未参加构成子矩阵 B 的行和列的位置得到 X 和 Y.

(2) 检验 X 和 Y 是否是策略向量并进一步检验 X, Y 是否是最优策略. 如果是最优策略, 那么根据定理 2 知这些 X 和 Y 都是最优策略集的端点, 并且包括了最优策略集的全体端点. 这样我们就得到了最优策略集 $\boldsymbol{T}_1(\Gamma)$ 和 $\boldsymbol{T}_2(\Gamma)$ 的端点集 $\boldsymbol{K}(\boldsymbol{T}_1(\Gamma))$ 和 $\boldsymbol{K}(\boldsymbol{T}_2(\Gamma))$.

(3) 因为矩阵 A 的子方阵只有有限多个, 所以 $\boldsymbol{K}(\boldsymbol{T}_1(\Gamma))$ 和 $\boldsymbol{K}(\boldsymbol{T}_3(\Gamma))$ 也只有有限多个策略. 根据定理 1 知最优策略集 $\boldsymbol{T}_1(\Gamma)$ 和 $\boldsymbol{T}_2(\Gamma)$ 等于这有限个端点最优策略的凸线性组合的全体. 设 $\boldsymbol{K}(\boldsymbol{T}_1(\Gamma)) = \{X_1^*, \cdots, X_r^*\}$, $\boldsymbol{K}(\boldsymbol{T}_2(\Gamma)) = \{Y_1^*, \cdots, Y_S^*\}$, 则

$$\boldsymbol{T}_1(\Gamma) = \{\alpha_1 X_1^* + \cdots + \alpha_r X_r^* = X\}, \quad \alpha_t \geqslant 0, \quad \sum_{i=1}^{r} \alpha_i = 1;$$

$$\boldsymbol{T}_2(\Gamma) = \{\beta_1 Y_1^* + \cdots + \beta_s Y_s^* = Y\}, \quad \beta_i \geqslant 0, \quad \sum_{i=1}^{s} \beta_i = 1.$$

从上面容易看出, 矩阵博弈或者具有唯一的解, 或者真有无穷多个解. 下面我们举两个例子来说明上面的方法.

例 1　设矩阵博弈 Γ_{A} 的矩阵为

$$\mathrm{A} = \begin{pmatrix} 1 & 2 & 4 \\ 4 & 2 & 1 \end{pmatrix}.$$

A 有三个非降秩的子方阵

$$\mathrm{B}_1=\begin{pmatrix}1&2\\4&2\end{pmatrix},\quad \mathrm{B}_2=\begin{pmatrix}1&4\\4&1\end{pmatrix},\quad \mathrm{B}_3=\begin{pmatrix}2&4\\2&1\end{pmatrix}.$$

我们分别加以讨论. 先讨论 B_1:

$$\mathrm{B}_1=\begin{pmatrix}1&2\\4&2\end{pmatrix},\quad \mathrm{B}_1^{-1}=\begin{pmatrix}-\dfrac{1}{3}&\dfrac{1}{3}\\\dfrac{2}{3}&-\dfrac{1}{6}\end{pmatrix},$$

$$v_{\mathrm{B}_1}=\frac{1}{J_2\mathrm{B}^{-1}J_2^{\mathrm{T}}}=2;$$

$$X_{\mathrm{B}_1}=\left(\frac{2}{3},\frac{1}{3}\right);\quad Y_{\mathrm{B}_1}=(0,1).$$

由于 B_1 是由 A 划去第三列而得, 故 Y_{B_1} 添加第三个分量 0 得

$$X_1=\left(\frac{2}{3},\frac{1}{3}\right);\quad Y_1=(0,1,0).$$

显然 X_1 和 Y_1 是策略向量, 并且

$$X_1\mathrm{A}_{\cdot 1}=\frac{2}{3}\times 1+\frac{1}{3}\times 4=2=v_{\mathrm{B}_1},$$

$$\mathrm{A}_{1\cdot}Y_1^{\mathrm{T}}=2=v_{\mathrm{B}_1};$$

$$X_1\mathrm{A}_{\cdot 2}=\frac{2}{3}\times 2+\frac{1}{3}\times 2=2=v_{\mathrm{B}_1},$$

$$\mathrm{A}_{2\cdot}Y_1^{\mathrm{T}}=2=v_{\mathrm{B}_1};$$

$$X_1\mathrm{A}_{\cdot 3}=\frac{2}{3}\times 4+\frac{1}{3}\times 1=\frac{9}{3}=3>v_{\mathrm{B}_1},$$

故

$$X_1\in\boldsymbol{T}_1(\Gamma);\quad Y_1\in\boldsymbol{T}_2(\Gamma);\quad v_\Gamma=v_{\mathrm{B}_1}=2.$$

所以

$$X_1=\left(\frac{2}{3},\frac{1}{3}\right)\in\boldsymbol{K}(\boldsymbol{T}_1(\Gamma));$$

$$Y_1 = (0,1,0) \in \boldsymbol{K}(\boldsymbol{T}_2(\Gamma)).$$

再讨论 B_2:

$$B_2 = \begin{pmatrix} 1 & 4 \\ 4 & 1 \end{pmatrix}, \quad B_2^{-1} = \begin{pmatrix} -\dfrac{1}{15} & \dfrac{4}{15} \\ \dfrac{4}{15} & -\dfrac{1}{15} \end{pmatrix},$$

$$v_{B_2} = \frac{15}{6} = \frac{5}{2};$$

$$X_{B_3} = \left(\frac{1}{2}, \frac{1}{2}\right); \quad Y_{B_2} = \left(\frac{1}{2}, \frac{1}{2}\right);$$

$$X_2 = \left(\frac{1}{2}, \frac{1}{2}\right); \quad Y_2 = \left(\frac{1}{2}, 0, \frac{1}{2}\right).$$

显然 X_2 和 Y_2 是策略向量, 但

$$X_2 \cdot A_{.1} = \frac{5}{2} = v_{B_2}; \quad A_{1.}Y_2^{T} = \frac{5}{2} = v_{B_2};$$

$$X_2 \cdot A_{.2} = 2 < v_{B_2}; \quad A_{2.}Y_2^{T} = \frac{5}{2} = v_{B_2};$$

$$X_2 \cdot A_{.3} = \frac{5}{2} = v_{B_2},$$

故

$$X \notin \boldsymbol{T}_1(\Gamma); \quad Y \notin \boldsymbol{T}_2(\Gamma).$$

最后讨论 B_3:

$$B_3 = \begin{pmatrix} 2 & 4 \\ 2 & 1 \end{pmatrix}, \quad B_3^{-1} = \begin{pmatrix} -\dfrac{1}{6} & \dfrac{4}{6} \\ \dfrac{2}{6} & -\dfrac{2}{6} \end{pmatrix},$$

$$X_{B_3} = v_{B_1} = 2;$$

$$X_{B_3} = \left(\frac{1}{3}, \frac{2}{3}\right); \quad Y_{B_3} = (1,0);$$

$$X_3 = \left(\frac{1}{3}, \frac{2}{3}\right); \quad Y_3 = (0,1,0).$$

显然 X_3 和 Y_3 是策略向量, 并且

$$X_3\mathrm{A}_{\cdot 1}=\frac{9}{3}=3>2,\quad \mathrm{A}_{1\cdot}Y_3^{\mathrm{T}}=2;$$
$$X_3\mathrm{A}_{\cdot 2}=\frac{6}{3}=2,\quad \mathrm{A}_{2\cdot}Y_3^{\mathrm{T}}=2;$$
$$X_3\mathrm{A}_{\cdot 3}=\frac{6}{3}=2,$$

故

$$X_3\in \boldsymbol{T}_1(\Gamma);\quad Y_3\in \boldsymbol{T}_2(\Gamma);\quad v_\Gamma=2.$$

所以

$$X_3=\left(\frac{1}{3},\frac{2}{3}\right)\in \boldsymbol{K}(\boldsymbol{T}_1(\Gamma));$$
$$Y_3=(0,1,0)\in \boldsymbol{K}(\boldsymbol{T}_2(\Gamma)).$$

从上面计算我们得到

$$\boldsymbol{K}(\boldsymbol{T}_1(\Gamma))=\left\{X_1=\left(\frac{2}{3},\frac{1}{3}\right),X_3=\left(\frac{1}{3},\frac{2}{3}\right)\right\};$$
$$\boldsymbol{K}(\boldsymbol{T}_2(\Gamma))=\{Y=(0,1,0)\}.$$

于是

$$\boldsymbol{T}_1(\Gamma)=\left\{\lambda X_1+(1-\lambda)X_3=\left(\lambda\frac{2}{3}+(1-\lambda)\frac{1}{3},\lambda\frac{1}{3}+(1-\lambda)\frac{2}{3}\right)\right\},\quad 0\leqslant\lambda\leqslant 1;$$

$$\boldsymbol{T}_2(\Gamma)=\{Y=(0,1,0)\}.$$

例 2　设矩阵博弈 Γ_{A} 的矩阵为

$$\mathrm{A}=\begin{pmatrix}-1 & 1 & 1\\ 2 & -2 & 2\\ 5 & 5 & -5\end{pmatrix}.$$

这个矩阵的全部子方阵是

$$\mathrm{B}_1=\begin{pmatrix}-1 & 1 & 1\\ 2 & -2 & 2\\ 5 & 5 & -5\end{pmatrix},\quad \mathrm{B}_2=\begin{pmatrix}-1 & 1\\ 2 & 2\end{pmatrix},$$
$$\mathrm{B}_3=\begin{pmatrix}1 & 1\\ -2 & 2\end{pmatrix},\quad \mathrm{B}_4=\begin{pmatrix}-1 & 1\\ 5 & 5\end{pmatrix},$$

$$\mathrm{B}_5=\begin{pmatrix}1 & 1\\ 5 & -5\end{pmatrix},\qquad \mathrm{B}_6=\begin{pmatrix}2 & 2\\ 5 & 5\end{pmatrix},$$
$$\mathrm{B}_7=\begin{pmatrix}2 & 2\\ 5 & -5\end{pmatrix},\quad \mathrm{B}_8=\begin{pmatrix}-1 & 1\\ 2 & -2\end{pmatrix},$$
$$\mathrm{B}_9=\begin{pmatrix}-1 & 1\\ 5 & -5\end{pmatrix},\quad \mathrm{B}_{10}=\begin{pmatrix}-2 & 2\\ 5 & -5\end{pmatrix},$$

其中 $\mathrm{B}_8,\mathrm{B}_9,\mathrm{B}_{10}$ 为降秩的, 故不必考虑. 下面来分别考察前面 7 个子矩阵.

$$\mathrm{B}_1=\begin{pmatrix}-1 & 1 & 1\\ 2 & -2 & 2\\ 5 & 5 & -5\end{pmatrix},\quad \mathrm{B}_1^{-1}=\begin{pmatrix}0 & \frac{1}{4} & \frac{1}{10}\\ \frac{1}{2} & 0 & \frac{1}{10}\\ \frac{1}{2} & \frac{1}{4} & 0\end{pmatrix},$$

$$v_{\mathrm{B}_1}=\frac{10}{17};$$

$$X_{\mathrm{B}_2}=\left(\frac{10}{17},\frac{5}{17},\frac{2}{17}\right);\quad Y_{\mathrm{B}_2}=\left(\frac{7}{34},\frac{12}{34},\frac{15}{34}\right).$$

不难验算 $X=X_{\mathrm{B}_1}$ 和 $Y=Y_{\mathrm{B}_1}$ 是策略向量, 并且

$$X\mathrm{A}_{\cdot 1}=\frac{10}{17},\quad \mathrm{A}_{1\cdot}Y^{\mathrm{T}}=\frac{10}{17};$$
$$X\mathrm{A}_{\cdot 2}=\frac{10}{17},\quad \mathrm{A}_{2\cdot}Y^{\mathrm{T}}=\frac{10}{17};$$
$$X\mathrm{A}_{\cdot 3}=\frac{10}{17},\quad \mathrm{A}_{3\cdot}Y^{\mathrm{T}}=\frac{10}{17};$$

故

$$X\in \boldsymbol{T}_1(\Gamma);\quad Y\in \boldsymbol{T}_2(\Gamma);$$
$$v_\Gamma=v_{\mathrm{B}_1}=\frac{10}{17}.$$

$$\mathrm{B}_2=\begin{pmatrix}-1 & 1\\ 2 & 2\end{pmatrix},\quad \mathrm{B}_2^{-1}=\begin{pmatrix}-\frac{2}{4} & \frac{1}{4}\\ \frac{2}{4} & \frac{1}{4}\end{pmatrix},$$

$$v_{\mathrm{B}_2}=2\neq v_\Gamma.$$

根据 v_Γ 的唯一性, 所以 B_2 可以不必再讨论.

$$\mathrm{B}_3 = \begin{pmatrix} 1 & 1 \\ -2 & 2 \end{pmatrix}, \quad \mathrm{B}_3^{-1} = \begin{pmatrix} \dfrac{2}{4} & -\dfrac{1}{4} \\ \dfrac{2}{4} & \dfrac{1}{4} \end{pmatrix},$$

$$v_{\mathrm{B}_3} = 1 \neq v_\Gamma.$$

所以对于 B_3 也不必再讨论了.

$$\mathrm{B}_4 = \begin{pmatrix} -1 & 1 \\ 5 & 5 \end{pmatrix}, \quad \mathrm{B}_4^{-1} = \begin{pmatrix} -\dfrac{5}{10} & \dfrac{1}{10} \\ \dfrac{5}{10} & \dfrac{1}{10} \end{pmatrix},$$

$$v_{\mathrm{B}_4} = \frac{2}{10} \neq v_\Gamma.$$

故 B_4 同样不必考虑. 一直检查下去, 我们发现 B_5, B_6, B_7 都不会得到最优策略来.

于是我们断言博弈 Γ_A 只有一个解, 即

$$X = \left(\frac{10}{17}, \frac{5}{17}, \frac{2}{17}\right), \quad Y = \left(\frac{7}{34}, \frac{12}{34}, \frac{15}{34}\right),$$

博弈的值 $v_\Gamma = \dfrac{10}{17}$.

最后我们还要指出, 对定理 2 可以推广而用于双矩阵博弈. 但是相应定理的证明和具体的计算要比矩阵博弈更加繁复得多 [①].

3.2 微分方程法

在这一段中, 我们转向对博弈至少求出一个解的方法. 博弈的矩阵是一个斜对称的方阵

$$\mathrm{B} = \begin{pmatrix} b_{11} & \cdots & b_{1n} \\ \vdots & & \vdots \\ \hdashline \vdots & & \vdots \\ b_{n1} & \cdots & b_{nn} \end{pmatrix},$$

其中

$$b_{ij} = -b_{ji} \quad (i, j = 1, 2, \cdots, n).$$

① Воробьев Н Н. Ситуации равновесия в биматричных играх, Теория Вероятн. и ее Примен. 3 № 3. 1958.

我们简称为对称博弈 Γ_{B}, 我们来指出关于对称博弈的一个特殊性质.

引理 2 如果矩阵博弈 Γ_{B} 的矩阵 B 是斜对称的, 则 $\boldsymbol{T}_1(\Gamma_{\mathrm{B}})=\boldsymbol{T}_2(\Gamma_{\mathrm{B}})$ 以及 $v_{\Gamma_{\mathrm{B}}}=0$.

证明 设 $X\in\boldsymbol{T}_1(\Gamma)$, $Y\in\boldsymbol{T}_2(\Gamma)$, 则

$$X\mathrm{B}_{\cdot j}\geqslant X\mathrm{B}Y^{\mathrm{T}}\geqslant \mathrm{B}_{i\cdot}Y^{\mathrm{T}}\quad (i=1,2,\cdots,n;j=1,2,\cdots,n).$$

由于 B 的斜对称性, 故有

$$X\mathrm{B}_{\cdot j}=-\mathrm{B}_{j\cdot}X^{\mathrm{T}};\quad \mathrm{B}_{i\cdot}Y^{\mathrm{T}}=-Y\mathrm{B}_{\cdot j};$$

$$X\mathrm{B}Y^{\mathrm{T}}=-Y\mathrm{B}X^{\mathrm{T}}.$$

代入上式即得

$$Y\mathrm{B}_{\cdot i}\geqslant Y\mathrm{B}X^{\mathrm{T}}\geqslant \mathrm{B}_{j}X^{\mathrm{T}}\quad (i=1,2,\cdots,n;j=1,2,\cdots,n),$$

即

$$Y\in\boldsymbol{T}_1(\Gamma),\quad X\in\boldsymbol{T}_2(\Gamma),$$

所以

$$\boldsymbol{T}_1(\Gamma)=\boldsymbol{T}_2(\Gamma).$$

又由 $\boldsymbol{T}_1(\Gamma)$ 和 $\boldsymbol{T}_2(\Gamma)$ 的可交换性得

$$X\in\boldsymbol{T}_1(\Gamma),\quad X\in\boldsymbol{T}_2(\Gamma),$$

故

$$v_{\Gamma_{\mathrm{B}}}=X\mathrm{B}X^{\mathrm{T}}=-X\mathrm{B}X^{\mathrm{T}}=-v_{\Gamma_{\mathrm{B}}}.$$

所以 $v_{\Gamma_{\mathrm{B}}}=0$, 引理证毕.

引理 2 说明, 若 X 为局中人 1 的最优策略, 亦必是局中人 2 的最优策略. 反之, 亦然.

现在来考虑对称博弈 Γ_{B} 的解.

设局中人任意选取策略 $X=(x_1,\cdots,x_n)$.

设

$$u_k=\sum_{j=1}^{n}b_{kj}x_j\quad (k=1,2,\cdots,n).$$

由 §2 定理 3 知, 如果对于所有的 k 都有 $u_k=0$ 时, 则 X 乃是局中人 1 的最优策略, 由引理 2 知 X 也是局中人 2 的最优策略. 如果对于某一个 k 使得

$u_k \neq 0$, 则 X 对于局中人 1,2 都不是最优策略. 如果对于某个 k 使得 $u_k > 0$. 那么局中人 1, 为了增加其赢得, 必然博弈策略 X 进行改变, 改变的倾向, 自然与 u_k 有关. 作函数

$$\varphi(u_k) = \max\{0, u_k\} \quad (k = 1, 2, \cdots, n), \tag{2}$$

表示局中人 1 对 X 中第 k 个分量改变的倾向. 即是说, x_k 的改变与 $\varphi(u_k)$ 有关. 我们将 X 看成时间 t 的函数, 并用微分方程来描述局中人 1 博弈策略 X 的变换, 因而导致我们讨论下面的微分方程组

$$\frac{dx_k(t)}{dt} = \varphi(u_k(t)) - \varPhi(X(t))x_k(t) \quad (k = 1, 2, \cdots, n), \tag{3}$$

并满足下面的初始条件:

$$\left.\begin{array}{r} x_k(0) \geqslant 0 \\ \displaystyle\sum_{k=1}^{n} x_k(0) = 1 \end{array}\right\}, \tag{4}$$

其中

$$\varPhi(X) = \sum_{k=1}^{n} \varphi(u_k).$$

不难检查在初始条件 (4) 下微分方程组 (3) 有唯一的连续解 $x_k(t)$ $(k = 1, \cdots, n)$.

我们来讨论, 当 $t \to \infty$ 时, 解 $(x_1(t), x_2(t), \cdots, x_n(t))$ 的渐近性质, 具体地, 就是解 $(x_1(t), \cdots, x_n(t))$ 的极限点的性质. 下面来讨论这些性质.

(1) $x_k(t) \geqslant 0, t \geqslant 0$.

证明　如果在某时刻 $t' \geqslant 0$, $x_k(t') = 0$, 则

$$\frac{dx_k(t')}{dt} = \varphi(u_k) \geqslant 0,$$

即 $x_k(t)$ 在 t' 附近不减, 由于 $x_k(t)$ 的连续性, 因而 $x_k(t) \geqslant 0$.

(2) $\displaystyle\sum_{k=1}^{n} x_k(t) = 1, t \geqslant 0$.

证明　把 (3) 式对 k 相加得

$$\frac{d\sum x_k(t)}{dt} = \sum_{k=1}^{n} \varphi(u_k) - \sum_{k=1}^{n} \varPhi(X)x_k(t)$$

$$= \Phi(X) - \Phi(X)\sum_{k=1}^{n} x_k(t)$$

$$= \Phi(X)\left(1-\sum_{k=1}^{n} x_k(t)\right),$$

即

$$\frac{\dfrac{d}{dt}\displaystyle\sum_{k=1}^{n} x_k(t)}{1-\displaystyle\sum_{k=1}^{n} x_k(t)} = \Phi(X),$$

或

$$\frac{d}{dt}\ln\left|1-\sum_{k=1}^{n} x_k(t)\right| = -\Phi(X) \leqslant 0.$$

由于 $\Phi(X) \geqslant 0$, 故函数 $\ln\left|1-\sum_{k=1}^{n} x_k(t)\right|$ 是下降的, 因此函数 $\left|1-\sum_{k=1}^{n} x_k(t)\right|$ 也是下降的, 但当 $t=0$ 时 $\left|1-\sum_{k=1}^{n} x_k(t)\right| = 0$, 故 $t>0$ 时仍有 $\left|1-\sum_{k=1}^{n} x_k(t)\right| = 0$, 即

$$\sum x_k(t) = 1.$$

(3) 设 $X^{(\infty)} = (x_1^{(\infty)}, \cdots, x_n^{(\infty)})$ 是解 $X(t) = (x_1(t), \cdots, x_n(t))$ 当 $t\to\infty$ 时的一个极限点, 则

$$\sum b_{kj}x_j^{(\infty)} \leqslant 0.$$

证明　由性质 (1) 和 (2) 知解的集合 $\{X(t) = (x_1(t), \cdots, x_n(t))\}$ 是有界的, 因此至少存在一个极限点 $X^\infty(x_1^\infty, \cdots, x_n^\infty)$.

对于 $X(t) = (x_1(t), \cdots, x_n(t))$, 如果 $\sum b_{kj}x_j(t) > 0$, 即

$$\varphi(u_k) = u_k > 0,$$

则

$$\frac{d}{dt}\varphi(u_k) = \sum_{l=1}^{n} b_{kl}\frac{dx_l(t)}{dt} = \sum_{l=1}^{n} b_{kl}\varphi(u_l) - \Phi(X)\varphi(u_k);$$

$$\frac{d}{dt}\varphi^2(u_k) = 2\sum_{k=1}^{n} b_{kl}\varphi(u_k)\varphi(u_l) - 2\Phi(X)\varphi^2(u_k).$$

对 k 求和再利用 B 的斜对称性得

$$\frac{d}{dt}\psi(X) = -2\Phi(X)\psi(X),$$

其中

$$\psi(X) = \sum_{k=1}^{n}[\varphi(u_k)]^2.$$

另外用布尼亚可夫斯基不等式, 不难证明有下面不等式

$$\sqrt{\psi(X)} \leqslant \Phi(X) \leqslant \sqrt{n\psi(X)}.$$

因为 $\Phi(X)$ 和 $\psi(X)$ 均大于 0, 所以 $\psi(X)$ 是下降函数, 因此

$$\frac{d}{dt}\psi(X) \leqslant -2(\psi(X))^{\frac{3}{2}}.$$

积分得

$$(\psi(X))^{-\frac{1}{2}} \leqslant t + (\psi(X^0))^{-\frac{1}{2}},$$

其中

$$X^{(0)} = X(0),$$

即

$$\psi(X) \leqslant \frac{\psi(X^{(0)})}{[1 + t\sqrt{\psi(X^{(0)})}]^2}.$$

令 $t \to \infty$, 则 $\psi(X(t)) \to 0$, 由于 $\psi(X) = \sum \varphi^2(u_k)$, 故对于所有的 k 有

$$\varphi(u_k) \to 0,$$

即

$$\sum_{j=1}^{n} b_{kj}x_j^{(\infty)} \leqslant 0.$$

从性质 (1), (2) 和 (3) 知, 微分方程 (3) 的解 $(x_1(t), \cdots, x_n(t))$ 的任一极限点 $X^{(\infty)} = (x_1^{(\infty)}, \cdots, x_n^{(\infty)})$ 是博弈 Γ_{B} 中局中人 1 的一个最优策略. 由引理 2 知,

X^{∞} 也是局中人 2 的最优策略. 因而, 关于求对称博弈 Γ_{B} 的一个解的问题, 就化为求微分方程 (3) 的解的问题了. 即是下面的

定理 3 在初始条件

$$x_k(0) \geqslant 0 \quad (k=1,2,\cdots,n),$$

$$\sum_{k=1}^{n} x_k(0) = 1$$

下, 微分方程组

$$\frac{d}{dt}x_k(t) = \varphi(v_k) - \Phi(X)x_k(t) \quad (k=1,2,\cdots,n)$$

的连续解 $X(t) = (x_1(t),\cdots,x_n(t))\ (i=1,2,\cdots,n)$ 的任一极限点 X^{∞} 都是对称博弈 Γ_{B} 中局中人的最优策略. 其中

$$\mathrm{B} = (b_{ij}) \quad (i,j=1,2,\cdots,n; b_{ij} = -b_{ji});$$

$$u_k = \mathrm{B}_k X^{\mathrm{T}};$$

$$\varphi(u_k) = \max\{0, u_k\};$$

$$\Phi(X) = \sum_{k=1}^{n} \varphi(u_k).$$

对上述微分方程组进行数值积分, 就可以就任意给出的精确程度求出博弈 Γ 的一个最优策略. 上面方法虽只能应用于对称博弈, 但是对任意的矩阵博弈 Γ_{A} 也是适用的. 因为它们都可化为一个对称博弈 Γ_{B}, 而 Γ_{A} 的最优策略可由 Γ_{B} 的最优策略得出. 把博弈对称化的方法很多①, 下面我们仅介绍一种方法.

给出矩阵博弈 Γ_{A}, 其矩阵为

$$\mathrm{A} = \left(\begin{array}{ccc} a_{11} & \cdots & a_{1n} \\ \vdots & & \vdots \\ \hdashline \vdots & & \vdots \\ a_{m1} & \cdots & a_{mn} \end{array}\right)$$

构造另外一个矩阵博弈 Γ_{B}, 其矩阵为

① Gale D, Kuhn H W, Tucker A W. On symmetric games. In Contributions to the Theory of Games (AM-24), Volume I (pp. 81-88). Princeton University Press, 2016.

$$B=\begin{pmatrix} a_{11}-a_{11}, a_{12}-a_{11}, \cdots, a_{1n}-a_{11}, \cdots, a_{11}-a_{m1}, a_{12}-a_{m1}, \cdots, a_{1n}-a_{m1} \\ a_{11}-a_{12}, a_{12}-a_{12}, \cdots, a_{1n}-a_{12}, \cdots, a_{11}-a_{m2}, a_{12}-a_{m2}, \cdots, a_{1n}-a_{m2} \\ \hdashline a_{11}-a_{1n}, a_{12}-a_{1n}, \cdots, a_{1n}-a_{1n}, \cdots, a_{11}-a_{mn}, a_{12}-a_{mn}, \cdots, a_{1n}-a_{mn} \\ \hdashline a_{m1}-a_{11}, a_{m2}-a_{11}, \cdots, a_{mn}-a_{11}, \cdots, a_{m1}-a_{m1}, a_{m2}-a_{m1}, \cdots, a_{mn}-a_{m1} \\ a_{m1}-a_{12}, a_{m2}-a_{12}, \cdots, a_{mn}-a_{12}, \cdots, a_{m1}-a_{m2}, a_{m2}-a_{m2}, \cdots, a_{mn}-a_{m2} \\ \hdashline a_{m1}-a_{1n}, a_{m2}-a_{1n}, \cdots, a_{mn}-a_{1n}, \cdots, a_{m1}-a_{mn}, a_{m2}-a_{mn}, \cdots, a_{mn}-a_{mn} \end{pmatrix}$$

显见 B 是 $m \cdot n \times m \cdot n$ 的斜对称方阵.

博弈 Γ_B 可这样设想: 局中人 I_1 和局中人 II_1 在进行的博弈为 Γ_A, 这时局中人 I_1 的纯策略集为 $\boldsymbol{S}_1 = \{1, 2, 3, \cdots, m\}$, 用 i_1 表示某一个纯策略, 局中人 II_1 的纯策略集为 $\boldsymbol{S}_2 = \{1, 2, \cdots, n\}$, 用 j_1 表示其中某个纯策略. 同时, 虚构一个博弈 Γ_{-A^T}. 局中人为 I_2 和 II_2, 这时局中人 I_2 的纯策略集为 $\boldsymbol{S}_2 = \{1, 2, \cdots, n\}$, 用 j_2 表示其中某个纯策略, 局中人 II_2 的纯策略集为 $\boldsymbol{S}_1 = \{1, 2, \cdots, m\}$, 用 i_2 表示其中某个纯策略. 并认为博弈 Γ_A 与 Γ_{-A^T} 是博弈 Γ_B I_1 和 I_2 当作一组局中人 I, 局中人 I 和 II_2 当作另一组局中人 II, 这时局中人 I 的策略集为

$$\begin{aligned} \boldsymbol{S}_1 \times \boldsymbol{S}_2 &= \{(i_1, j_2) | i_1 = 1, 2, \cdots, m; j_2 = 1, 2, \cdots, n\} \\ &= \{(1,1), (1,2), \cdots, (1,n), \cdots, (m,1), \cdots, (m,n)\}; \end{aligned}$$

局中人 II 的纯策略集为

$$\begin{aligned} \boldsymbol{S}_2 \times \boldsymbol{S}_1 &= \{(i_2, j_1) | i_2 = 1, \cdots, m; j_1 = 1, \cdots, n\} \\ &= \{(1,1), \cdots, (1,n), \cdots, (m,1), \cdots, (m,n)\}. \end{aligned}$$

其赢得矩阵为 B. 当局中人 I 取纯策略 $(i_1 j_2)$、局中人 II 取纯策略 $(i_2 j_1)$ 时局中人 I 的赢得为

$$a_{i_1 j_1} a_{i_2 j_2}.$$

II 的赢得为

$$-a_{i_1 j_1} + a_{i_2 j_2}.$$

现在我们来看怎样由 Γ_B 的最优策略算出 Γ_A 的最优策略.

设 $(x_{11}, x_{12}, \cdots, x_{mn})$ 是对称博弈 Γ_B 的最优混合策略, 则

$$\sum_{\substack{i_1=1,\cdots,m \\ j_2=1,\cdots,n}} x_{i_1 j_2}(a_{i_1 j_1} - a_{i_2 j_2}) \geqslant 0,$$

即

$$\sum_{\substack{i_1=1,\cdots,m\\ j_2=1,\cdots,n}} x_{i_1j_2}a_{i_1j_2} \geqslant \sum_{\substack{i_1=1,\cdots,m\\ j_2=1,\cdots,n}} x_{i_1j_2}a_{i_2j_2},$$

$$\sum_{i_1=1,\cdots,m}\left(\sum_{j_2=1,\cdots,n} x_{i_1i_2}\right)a_{i_1j_1} \geqslant \sum_{j_2=1,\cdots,n}\left(\sum_{i_1=1,\cdots,m} x_{i_1j_2}\right)a_{i_2j_2}.$$

令

$$\sum_{j_2=1}^{n} x_{i_1j_2} = x_{i_1};\quad \sum_{i_1=1}^{m} x_{i_1j_2} = y_{j_2},$$

则

$$\sum_{i_1=1}^{m} x_{i_1}a_{i_1j_1} \geqslant \sum_{j_2=1}^{n} y_{j_2}a_{i_2j_2}.$$

换写一下即得

$$\sum_{i=1}^{m} x_i a_{ij} \geqslant \sum_{j=1}^{n} y_j a_{ij}\quad (i=1,\cdots,m;j=1,2,\cdots,n).$$

由 §2 定理 3 知 $(x_1,x_2,\cdots,x_m)$ 和 $(y_1,y_2,\cdots,y_n)$ 分别是博弈 Γ_{A} 的最优策略.

3.3 迭代法

这个方法的主要想法是: 两个局中人反复进行博弈 Γ_{A} 多次, 每次博弈后, 双方都根据在前面已经进行的若干次博弈中所赢得的数目, 然后来确定在下一次博弈中所采取的纯策略. 下面举例来说明.

设矩阵博弈 Γ_{A} 其赢得矩阵如下:

	β_1	β_2	β_3
α_1	-1	1	1
α_2	2	-2	2
α_3	5	5	-5

其中 $\alpha_1,\alpha_2,\alpha_3$ 是局中人 I 的纯策略; β_1,β_2,β_3 是局中人 II 的纯策略, 表中数目是在相应纯策略下局中人 I 的赢得; 也就是局中人 II 的输掉.

第一步: 设局中人 I 取纯策略 α_1, 这时局中人 II 所可能的输掉是

	β_1	β_2	β_3
α_1	-1	1	1

即如果局中人 II 取纯策略 β_1, 则 II 输掉 -1, 如果取 β_2 则输掉 1, 取 β_3 则输掉 1.

设局中人 II 取纯策略 β_1, 这时局中人 I 的所有可能的赢得是

	α_1	α_2	α_3
β_1	-1	2	5

即当局中人 I 取纯策略 α_1, 时, 局中人 I 赢得 -1, 当取 α_2 时赢得 2, 取 α_3 时赢得 5.

根据上面分析, 局中人 I 取纯策略 α_3 时赢得最大; 局中人 II 取纯策略 β_1 时输掉最小, 故在第二次博弈时局中人 I 将取纯策略 α_3; 局中人 II 将取纯策略 β_1.

第二步: 局中人 I 取 α_3; 局中人 II 取 β_1, 这时局中人 II 的可能的输掉是

	β_1	β_2	β_3
α_3	5	5	-5

局中人 I 的可能的赢得是

	α_1	α_2	α_3
β_1	-1	2	5

两次博弈局中人 II 和局中人 I 的可能的输掉和赢得总和分别是

	β_1	β_2	β_3
α_1	-1	1	1
α_3	5	5	-5
总和	4	6	-4

	α_1	α_2	α_3
β_1	-1	2	5
β_1	-1	2	5
总和	-2	4	10

这时局中人 II 取 β_3 时输掉最小, 因此在下一次博弈时将取 β_3; 局中人 I 取 α_3 时赢得最大, 因此在下次博弈时将取 α_3. 这样一直进行下去. 为了方便起见写成下面的表 (表 1-1).

表 1-1

局数	I 所取的纯策略	II 所取的纯策略	I 赢得总和			II 输掉总和		
			α_1	α_2	α_3	β_1	β_2	β_3
1	α_1	β_1	-1	2	5	-1	1	1
2	α_3	β_1	-2	4	10	4	6	-4
3	α_3	β_3	-1	6	5	9	11	-9
4	α_2	β_3	0	8	0	11	9	-7
5	α_2	β_3	1	-10	-5	13	7	-5
6	α_2	β_3	2	12	-10	15	5	-3
7	α_2	β_3	3	14	-15	17	3	-1
8	α_2	β_3	4	16	-20	19	1	1
9	α_2	β_2	5	14	-15	21	-1	3
10	α_2	β_2	6	12	-10	23	-3	5
11	α_2	β_2	7	10	-5	25	-5	7
12	α_2	β_2	8	8	0	27	-7	9
13	α_1	β_2	9	6	5	26	-6	10
14	α_1	β_2	10	4	10	25	-5	11
15	α_1	β_2	11	2	15	24	-4	12
16	α_3	β_2	12	0	20	29	1	7
17	α_3	β_2	13	-2	25	34	6	2
18	α_3	β_3	14	0	20	39	11	-3
19	α_3	β_3	15	2	15	44	16	-8
20	α_1	β_3	16	4	10	43	17	-7
21	α_1	β_3	17	6	5	42	18	-6
22	α_1	β_3	18	8	0	41	19	-5
23	α_1	β_3	19	10	-5	40	20	-4
24	α_1	β_3	20	12	-10	39	21	-3
25	α_1	β_3	21	14	-15	38	22	-2
26	α_1	β_3	22	16	-20	37	23	-1
27	α_1	β_3	23	18	-25	26	24	0
28	α_1	β_3	24	20	-30	35	25	$+1$
29	α_1	β_3	25	22	-35	34	26	$+2$
30	α_1	β_3	26	24	-40	33	27	3

从表 1-1 看出, 在 30 局博弈中局中人 I 取纯策略 α_1 15 次, α_2 9 次, α_3 6 次, 而取纯策略 $\alpha_1, \alpha_2, \alpha_3$ 的频率, 分别是 $\frac{15}{30}, \frac{9}{30}, \frac{6}{30}$, 表示为向量

$$X_{30} = \left(\frac{15}{30}, \frac{9}{30}, \frac{6}{30}\right) = \left(\frac{1}{2}, \frac{3}{10}, \frac{1}{5}\right).$$

局中人 II 取纯策略 β_1 2 次, β_2 9 次, β_3 19 次, 那么取纯策略 $\beta_1, \beta_2, \beta_3$ 的频率分别为 $\frac{2}{30}, \frac{9}{30}, \frac{19}{30}$, 表示为向量

$$Y_{30} = \left(\frac{2}{30}, \frac{9}{30}, \frac{19}{30}\right) = \left(\frac{1}{15}, \frac{3}{10}, \frac{19}{30}\right).$$

把 X_{30} 和 Y_{30} 与本章 3.1 节的例 2 所得的最优策略比较看出 X_{30}, Y_{30} 与 $X_{\mathrm{B}_1}, Y_{\mathrm{B}_1}$ 相近似. 我们可以想到当博弈无限进行下去时 X_t 和 Y_t 将趋于最优策略.

总括上述如下: 第一局让局中人 I 和 II 任选取纯策略 i_1 和 j_1. 假设上述博弈已经进行了 t 局, 这时局中人 I 所取的纯策略序列是

$$i_1, i_2, \cdots, i_t.$$

局中人 II 所取的纯策略序列是

$$j_1, j_2, \cdots, j_t.$$

在第 $t+1$ 步时局中人 I 取纯策略 i_{t+1}, 使得

$$\sum_{k=1}^{t} a_{i_{t+1}j_k} = \max_i \sum_{k=1}^{t} a_{lj_k}.$$

局中人 II 取纯策略 j_{t+1}, 使得

$$\sum_{k=1}^{t} a_{i_k j_{t+1}} = \min_j \sum_{k=1}^{t} a_{i_k j}.$$

局中人每一步都这样选择策略, 就好像他预测对手今后所遵循的混合策略, 就是他在前面的博弈过程中所积累的纯策略的频率一样. J.Robinson① 证明了

$$\lim_{t\to\infty} \min_j X_t \mathrm{A}_{\cdot j} = \lim_{t\to\infty} \max_i \mathrm{A}_{i\cdot} Y_t^{\mathrm{T}} = v_\Gamma,$$

① Robinson J. An iterative method of solving a games. Ann. of Math., 1951, 54 (1051): 296-301.

其中

$$X_t = \left(\frac{t_1'}{t}, \frac{t_2'}{t}, \cdots, \frac{t_m'}{t}\right);$$

$$Y_t = \left(\frac{t_1'}{t}, \frac{t_2''}{t}, \cdots, \frac{t_n'}{t}\right),$$

t_i' 为 $i_1, i_3, \cdots, i_t$ 中纯策略 i 出现的次数, t_3' 为 $j_1, \cdots, j_t$ 中纯策略 j 所出现的次数. 换句话说, 即

$$\lim_{t\to\infty} X_t \quad 和 \quad \lim_{t\to\infty} Y_t$$

是局中人 I 和 II 的最优策略.

Shapiro① 证明了第 t 步迭代的误差的数量级不超过 $t^{-\frac{1}{n+m}}$. 怎样加速上述迭代法的收敛速度是一个值得探讨的问题, 至少, 迭代过程可以这样来进行. 第一局: 局中人 I 先任取一个纯策略 i_1, 这时局中人 II 取纯策略 j_1, 使得 $a_{i_1j_1} = \min\limits_j a_{i_1j}$.

第二局: 局中人 I 取纯策略 i_2 使 $a_{i_2j_1} = \max\limits_i a_{ij}$, 局中人 II 取 j_2 使得 $\sum\limits_{k=1}^{2} a_{i_kj_2} = \sum\limits_{k=1}^{2} a_{i_kj}$. 这样交叉地进行迭代, 当然其收敛要比前一种迭代要快一些. 上述迭代方法虽然收敛很慢, 但是运算倒是很简单, 很有利于运用机器来进行.

最后, 我们还想指出, 上述迭代法只需稍加推广可以用来计算多人博弈 “平衡局势” (平衡局势的定义到第三章再讲).

§4 矩阵博弈与线性规划的关系

4.1 对偶规划问题

为了介绍线性规划的一般概念, 我们从一个具体例子开始.

假定某工厂有两台机床甲、乙, 制造三种不同的产品 A、B、C. 两台机床制造每件产品所需的时间各不相同, 每台机床一天的工作时间有不同的限制, 每件产品的价值也不一样. 我们用下面的表来表示这些数据.

现在要问应该如何分配这两台机床的任务, 使产品的价值最大?

我们假定机床甲制造 A, B, C 三种产品的时间分别是 x_1, x_2, x_3, 机床乙制造 A, B, C 三种产品的时间分别是 x_4, x_5, x_6.

① Shapiro H N. Note on a computation method in the theory of games. Comm Pure and Appl. Math., 1958, 4 (1058): 588–593.

于是产品 A 就有 $\dfrac{x_1}{c_{11}}+\dfrac{x_4}{c_{21}}$ 件;

产品 B 就有 $\dfrac{x_2}{c_{12}}+\dfrac{x_5}{c_{22}}$ 件;

产品 C 就有 $\dfrac{x_3}{c_{13}}+\dfrac{x_6}{c_{23}}$ 件.

<table>
<tr><td rowspan="3">产品</td><td colspan="2">机床</td><td rowspan="3">每件产品价值</td></tr>
<tr><td>甲</td><td>乙</td></tr>
<tr><td colspan="2">单位产品所需时间</td></tr>
<tr><td>A</td><td>c_{11}</td><td>c_{21}</td><td>a</td></tr>
<tr><td>B</td><td>c_{12}</td><td>c_{22}</td><td>b</td></tr>
<tr><td>C</td><td>c_{13}</td><td>c_{23}</td><td>c</td></tr>
<tr><td>机床一天的最长工作时间</td><td>α</td><td>β</td><td></td></tr>
</table>

因此我们的问题就是要使总产值

$$S=a\left(\frac{x_1}{c_{11}}+\frac{x_4}{c_{21}}\right)+b\left(\frac{x_2}{c_{12}}+\frac{x_5}{c_{22}}\right)+c\left(\frac{x_3}{c_{13}}+\frac{x_6}{c_{23}}\right)$$

达到最大, 其中工作时间 x_i 应满足

$$\begin{cases} x_1+x_2+x_3\leqslant\alpha, \\ x_4+x_5+x_6\leqslant\beta, \end{cases}\quad x_i\geqslant 0,\quad i=1,2,\cdots,6.$$

我们可以把这类问题归结成一般的数学问题. 求满足约束条件:

$$\begin{cases} \displaystyle\sum_{j=1}^{n}a_{ij}x_j\leqslant b_i, \quad i=1,2,\cdots,m, \\ x_j\geqslant 0 \end{cases}$$

的解 x_i, 使目标函数

$$S=\sum_{j=1}^{n}c_jx_j$$

达到极大, 这就是一般的线性规划问题.

我们把下面这样两个线性规划

$$\begin{cases} \text{I. 求 } \max CV \text{ 其中 } V \text{ 满足 } AV \leqslant B,\ V \geqslant 0; \\ \text{II. 求 } \min UB \text{ 其中 } U \text{ 满足 } UA \geqslant C,\ U \geqslant 0. \end{cases}$$

其中, A 是 $m \times n$ 阶矩阵, C, U 分别是 m, n 维行向量, V, B 分别是 m, n 维列向量. 称为对偶规划.

如果有向量 U_0, X_0 分别满足约束条件:

$$AV_0 \leqslant B, \quad V_0 \geqslant 0; \quad U_0 A \geqslant C, \quad U_0 \geqslant 0,$$

则称向量 U_0, V_0 为对偶规划的可行解.

对于可行解我们有两个主要定理[①]:

定理 1 (对偶定理)　在对偶规划问题中, 可行解 V_0 是对偶规划的解的充分必要条件是存在可行解 U_0 使 $CV_0 \geqslant U_0 B$ (或 $CV_0 = U_0 B$).

定理 2 (存在定理)　对偶的两个规划问题同时有解的充分必要条件是两个规划问题都有可行解.

4.2　对偶规划与矩阵博弈的等价性

定理 3　任给一个对偶规划, 其系数矩阵是 A, 约束向量是 B 和 C, 作矩阵博弈 Γ_{K},

$$\mathrm{K} = \begin{pmatrix} 0 & \mathrm{A} & -B \\ -\mathrm{A}^{\mathrm{T}} & 0 & C^{\mathrm{T}} \\ B^{\mathrm{T}} & -C & 0 \end{pmatrix},$$

如 Γ_{K} 的最优策略是 (U, V^{T}, t) $(t > 0)$, 则对偶规划的解是

$$V^0 = \frac{V}{t}, \quad U^0 = \frac{U}{t}.$$

证明　K 是斜对称矩阵, 故 Γ_{K} 的值为零, 且两个局中人的最优策略相同. 若 (U, V^{T}, t) 是最优策略, 由定义

$$(U, V^{\mathrm{T}}, t) \begin{pmatrix} 0 & \mathrm{A} & -B \\ -\mathrm{A}^{\mathrm{T}} & 0 & C^{\mathrm{T}} \\ B^{\mathrm{T}} & -C^{\mathrm{T}} & 0 \end{pmatrix} \leqslant v_{\Gamma_{\mathrm{K}}} = 0 \leqslant \begin{pmatrix} 0 & \mathrm{A} & -B \\ -\mathrm{A}^{\mathrm{T}} & 0 & C^{\mathrm{T}} \\ B^{\mathrm{T}} & -C & 0 \end{pmatrix} \begin{pmatrix} U \\ V^{\mathrm{T}} \\ t \end{pmatrix}$$

① Kuhn H W, Tucker A W. Linear inequalities and related systems. Princeton: Princeton University Press: 346.

即满足下列不等式

$$\begin{cases} \text{(i) } AV \leqslant Bt; \\ \text{(ii) } UA \geqslant tC; \\ \text{(iii) } UB \leqslant CV. \end{cases}$$

若 $t>0$, 将 (i), (ii), (iii) 式用 t 除, 且取 $V^0=\dfrac{V}{t}$, $U^0=\dfrac{U}{t}$. 上三式变成:

(i) $\mathrm{A}V^0 \leqslant B$;

(ii) $U^0\mathrm{A} \geqslant C$;

(iii) $U^0B < CV^0$.

$V^0 \geqslant 0$, $U^0 \geqslant 0$ 是显然的, 于是 (i), (ii) 就说明 V^0, U^0 是可行解; (iii) 式说明是这对对偶规划的解.

实际上, 不但如此. 对于对偶规划的任一组解 V^0, U^0, 都可以取

$$t=\frac{1}{\left(1+\sum_i u_i^0+\sum_j v_j^0\right)}>0,$$

使 (tV^0, tV^0, t) 是 Γ_{K} 的最优策略.

从上面的叙述中, 可以看出: 任给一个对偶规划都可以找一个矩阵博弈与它等价. 也就是说对偶规划问题可以归结为一个矩阵博弈. 反过来, 矩阵博弈也可以用对偶规划来解决, 例如下面所提出的矩阵博弈的值的存在性问题, 就可以用对偶规划来解决.

定理 4　*每个矩阵博弈恒有值和最优策略.*

证明　设有矩阵博弈 Γ_{P}, 显然, 不失一般性, 我们可以假定 P 的元素全为正. 作这样的对偶规划:

$$\begin{cases} \text{I. 求 } \max CV \text{ 其中 } V \text{ 满足 } PV \leqslant B,\ V \geqslant 0; \\ \text{II. 求 } \min UB \text{ 其中 } U \text{ 满足 } UP \geqslant C,\ U \geqslant 0. \end{cases}$$

这里

$$B^{\mathrm{T}}=(1,1,\cdots,1);\quad C=(1,1,\cdots,1).$$

显然, 我们只要取 $V=0$, U 的每个分量都相当大, 就是这个对偶规划的可行解. 于是由定理 2, 对偶规划有解. U^0, V^0 满足

(i) $U^0P \geqslant (1,1,\cdots,1)$;

(ii) $PV^0 \leqslant (1,1,\cdots,1)^{\mathrm{T}}$;

(iii) $CV^0 = U^0B$,

即

$$\sum_j v_j^0 = \sum_i u_i^0.$$

由 (i) 可知 $U^0 \neq 0$, 故 $\sum\limits_i u_i^0 \neq 0$, 取

$$\begin{cases} v = \dfrac{1}{\sum\limits_i u_i^0} = \dfrac{1}{\sum\limits_j v_j^0} \\ x_i^0 = vu_i^0 \\ y_j^0 = vv_j^0 \end{cases}$$

显然, $X^0 = (x_1^0,\cdots,x_n^0)$, $Y^0 = (y_1^0,\cdots,y_m^0)$ 是 Γ_{P} 的两个局中人的最优策略, v 是 Γ_{P} 的值.

4.3 解矩阵博弈的线性规划法

由矩阵博弈与对偶规划的等价性证明过程得出, 任何一个矩阵博弈均可以化成一个对偶规划. 利用对偶规划的解, 来求矩阵博弈的解和博弈的值.

下面, 我们还将讨论, 任何一个矩阵博弈也可以化成一个线性规划的问题来求解.

由 §2 定理 4 的推论 1 和推论 2 知, 对于任给一个矩阵博弈 Γ_{A}: $\mathrm{A} = (a_{ij})$ $(i = 1,\cdots,m; j = 1,\cdots,n)$. 求局中人 1 的最优策略就是找向量 $X = (x_1,x_2,\cdots,x_m)$ 满足

$$\begin{cases} \sum\limits_{i=1}^m a_{ij}x_i \geqslant v, \quad j = 1,2,\cdots,n, \\ \sum\limits_{i=1}^m x_i = 1, \\ x_i \geqslant 0, \quad i = 1,2,\cdots,m, \end{cases}$$

其中 v 是博弈 Γ_{A} 的值, 即 $v = \max\limits_{X\in \boldsymbol{S}_i} \min\limits_{1\leqslant j\leqslant n} \sum a_{ij}x_i$, 由 §2 定理 4 不妨设 $v > 0$.

作变换

$$x_i' = \frac{x_i}{v} \quad (i = 1, 2, \cdots, m).$$

这样上述条件变成

$$\begin{cases} \sum_{i=1}^{m} a_{ij} x_i' \geqslant 1, \quad j = 1, \cdots, n, \\ \sum_{i=1}^{m} x_i' = \frac{1}{v}, \\ x_i' \geqslant 0, \quad i = 1, \cdots, m, \end{cases}$$

其中

$$v = \max_{x \in S_2'} \min_{1 \leqslant j \leqslant n} \sum a_{ij} x_i.$$

这就变成线性规划问题: 求满足约束条件

$$\begin{cases} \sum_{i=1}^{n} a_{ij} x_i' \geqslant 1, \\ x_i' \geqslant 0, \end{cases} \quad i = 1, 2, \cdots, m$$

的解 $x_i'(i = 1, 2, \cdots, m)$, 并且使目标函数

$$\sum x_i'$$

达到极小.

类似地, 对于局中人 2 的最优策略也可化为下述线性规划: 求满足约束条件

$$\begin{cases} \sum_{j=1}^{n} a_{ij} y_j' \leqslant 1, \quad i = 1, 2, \cdots, m, \\ y_j \geqslant 0 \end{cases}$$

的解 y_j', 并且使目标函数

$$\sum_{j=1}^{n} y_j'$$

达到极大. 其中 $y_j' = \dfrac{y_j}{v}$, $v = \min_{Y \in S_2'} \max_{1 \leqslant i \leqslant m} \sum a_{ij} y_j$.

例 1　求矩阵博弈 Γ_{A}, 其赢得矩阵为

$$\mathrm{A}=\begin{pmatrix} 2 & 0 & 2 \\ 0 & 3 & 1 \\ 1 & 2 & 1 \end{pmatrix}$$

的解.

把它化成二个线性规划问题:

I. 求满足约束条件

$$\begin{cases} 2y_1+2y_3 \leqslant 1, \\ 3y_2+y_3 \leqslant 1, \\ y_1+2y_2+y_3 \leqslant 1, \\ y_j \geqslant 0 \end{cases}$$

的解 y_i, 并且使目标函数

$$S=y_1+y_2+y_3$$

达到极大. 用单形方法可解得

$$y_1=y_2=y_3=\frac{1}{4},$$

于是矩阵博弈的值

$$v=\frac{1}{S}=\frac{4}{3}.$$

局中人 2 的最优策略为

$$y_1^*=\frac{1}{3}, \quad y_2^*=\frac{1}{3}, \quad y_3^*=\frac{1}{3}.$$

II. 求满足约束条件

$$\begin{cases} 2x_1+x_3 \geqslant 1, \\ 3x_2+2x_3 \geqslant 1, \\ 2x_1+x_2+x_3 \geqslant 1, \\ x_i \geqslant 0 \end{cases}$$

的解 x_1, 并且使目标函数

$$S = x_1 + x_2 + x_3$$

达到极小. 用单形方法可解得

$$x_1 = \frac{1}{4}, \quad x_2 = 0, \quad x_3 = \frac{2}{4},$$

于是局中人 1 的最优策略为

$$x_1^* = \frac{1}{3}, \quad x_2^* = 0, \quad x_3^* = \frac{2}{3}.$$

第二章　二人无限零和博弈

§1　基 本 概 念

直到现在为止, 我们所考虑过的只是局限于有限博弈的情形, 也就是局中人的策略是有限的集合, 然而实际生活中常常遇到以及从博弈理论的观点来看必须考虑局中人的策略是无限集合的情形. 例如, 某个生产队种小麦高产试验田, 土肥工管等可以由生产队给予最佳条件, 但大自然的气候 (如风、日光等) 和小麦的收成有关, 那么每亩地要播多少种子量 (最好的种子) 才能使单位产量最高呢? 这种情况可以看作是人类向大自然作斗争, 尽管大自然不是什么能思考和有理智的生物, 但是由于我们对大自然的规律性不是完全了解和掌握, 所以还是可以看作一个对策, 局中人是生产队与大自然. 由于单位面积的产量不仅取决于种子的多少, 还与大自然的气候有关, 因而每亩可采用的播种量可以视为是无限多样的, 这样我们就遇到了策略是无限集合的博弈问题了. 又例如飞机侦察潜水艇问题: 设某潜水艇从海域 A 到海域 B 的直线距离内进行活动, 假定它在活动过程中至少露出水面换气一次, 至于在距离 AB 内哪一点上露出水面对它最有利 (即不被飞机侦察到), 这就是潜水艇需要考虑的问题, 因为 AB 之间的点是无限多的, 所以潜水艇的策略也是无限多的, 对飞机来讲情形也是如此, 即飞机可采用的策略也是无限多的. 因此, 我们有必要来建立关于无限博弈的数学理论, 这就是本章将要详细讨论的问题.

二人无限零和博弈 Γ 像第一章表示为

$$\Gamma = \{\boldsymbol{S}_1, \boldsymbol{S}_2; H\},$$

其中 $\boldsymbol{S}_1, \boldsymbol{S}_2$ 至少有一个是无限集合.

首先我们讨论二人无限零和博弈的最优策略问题. 其次着重叙述单位正方形上的博弈的值及最优策略, 这里当赢得函数是连续时证明了解的存在性, 但是直到现在还没有一般求解的方法, 对于那些具有特殊类型的例如当赢得函数是连续的、凸的和可离的情形, 我们将介绍它的求解方法. 最后对一般无限对抗博弈我们也进行了初步的讨论而放在本章之末了.

在无限对抗博弈 Γ 中, 和以前讨论一样, 如果局中人 1 选取纯策略 $\alpha_{i^*} \in \boldsymbol{S}_1$ 使得他的赢得不少于 $\inf\limits_{\beta_j \in \boldsymbol{S}_2} H(\alpha_{i^*}, \beta_j)$, 因此当他充分考虑之后, 他应当选取这样

的纯策略 α_{i^*} 使得 $\inf\limits_{\beta_j\in \boldsymbol{S}_2} H(\alpha_i,\beta_j)$ 达到最大 (如果可能的话), 这时他能够期望他的赢得至少为 $\max\limits_{\alpha_i\in \boldsymbol{S}_1}\inf\limits_{\beta_j\in \boldsymbol{S}_2} H(\alpha_i,\beta_j)$, 同样地, 对于局中人 2, 当他充分考虑之后, 他可以选取这样的纯策略 β_{j^*} 使得他可期望他的输掉至多为 $\min\limits_{\beta_j\in \boldsymbol{S}_2}\sup\limits_{\alpha_i\in \boldsymbol{S}_1} H(\alpha_i,\beta_j)$, 于是在双方都是很理智的情况下, 局中人 1 应当选取纯策略 α_{i^*} 以保证他的赢得不少于 $\max\limits_{\alpha_i\in \boldsymbol{S}_1}\inf\limits_{\beta_j\in \boldsymbol{S}_2} H(\alpha_i,\beta_j)$, 因为他知道当对方采用纯策略 β_{j^*} 时使他的赢得不会超过 $\max\limits_{\alpha_i\in \boldsymbol{S}_1}\inf\limits_{\beta_j\in \boldsymbol{S}_2} H(\alpha_i,\beta_j)$, 同样地, 局中人 2 应当选取纯策略 β_{j^*} 以保证他的输掉不多于 $\min\limits_{\beta_j\in \boldsymbol{S}_2}\sup\limits_{\alpha_i\in \boldsymbol{S}_1} H(\alpha_i,\beta_j)$, 因为他考虑到当对方采用纯策略 α_{i^*} 时使他的输掉不会少于 $\min\limits_{\beta_j\in \boldsymbol{S}_2}\sup\limits_{\alpha_i\in \boldsymbol{S}_1} H(\alpha_i,\beta_j)$, 因此在这种情况下, 当纯局势 $(\alpha_{i^*},\beta_{j^*})$ 实现时, 博弈的结果应当使得双方都感到满意.

定义 1 设对于无限对抗博弈 Γ

$$\Gamma=\{\boldsymbol{S}_1,\boldsymbol{S}_2;H\},$$

量 $\max\limits_{\alpha_i\in \boldsymbol{S}_1}\inf\limits_{\beta_j\in \boldsymbol{S}_2} H(\alpha_i,\beta_j)$, $\min\limits_{\beta_j\in \boldsymbol{S}_2}\sup\limits_{\alpha_i\in \boldsymbol{S}_1} H(\alpha_i,\beta_j)$ 均存在且相等, 即

$$\max_{\alpha_i\in S_1}\inf_{\beta_j\in \boldsymbol{S}_2} H(\alpha_i,\beta_j)=\min_{\beta_j\in \boldsymbol{S}_2}\sup_{\alpha_i\in \boldsymbol{S}_1} H(\alpha_i,\beta_j), \tag{1}$$

则称这个公共值为博弈 Γ 的值, 记为 v_Γ, 而取得这个公共值的纯局势 $(\alpha_{i^*},\beta_{j^*})$ 称为 Γ 在纯策略下的解, 而 α_{i^*} 与 β_{j^*} 分别称为第一局中人与第 2 局中人的最优纯策略. Γ 在纯策略下解的集合用 $\mathfrak{S}_\Gamma$ 表示.

定理 1 二人无限对抗博弈具有解的充要条件是

$$H(\alpha_i,\beta_{j^*})\leqslant H(\alpha_{i^*},\beta_{j^*})\leqslant H(\alpha_{i^*},\beta_j).$$

证明 必要性: 设 (1) 的左端在 $\alpha_i=\alpha_{i^*}$ 时达到极大, 即

$$\max_{\alpha_i}\inf_{\beta_j} H(\alpha_i,\beta_j)=\inf_{\beta_j} H(\alpha_{i^*},\beta_j),$$

而右端在 $\beta_j=\beta_{j^*}$ 时达到极小, 即

$$\min_{\beta_j}\sup_{\alpha_i} H(\alpha_i,\beta_j)=\sup_{\alpha_i} H(\alpha_i,\beta_{j^*}),$$

所以

$$\sup_{\alpha_i} H(\alpha_i,\beta_{j^*})=\inf_{\beta_j} H(\alpha_{i^*},\beta_j).$$

但

$$\sup_{\alpha_i} H(\alpha_i, \beta_{j^*}) \geqslant H(\alpha_{i^*}, \beta_{j^*}) \geqslant \inf_{\beta_j} H(\alpha_{i^*}, \beta_j),$$

所以

$$\sup_{\alpha_i} H(\alpha_i, \beta_{j^*}) = H(\alpha_{i^*}, \beta_{j^*}) = \inf_{\beta_j}, H(\alpha_{i^*}, \beta_j).$$

由此推出

$$H(\alpha_i, \beta_{j^*}) \leqslant H(\alpha_{i^*}, \beta_{j^*}) \leqslant H(\alpha_{i^*}, \beta_j).$$

现在来证明充分性: 设

$$H(\alpha_i, \beta_{j^*}) \leqslant H(\alpha_{i^*}, \beta_{j^*}) \leqslant H(\alpha_{i^*}, \beta_j),$$

则

$$\sup_{\alpha_i} H(\alpha_i, \beta_{j^*}) = H(\alpha_{i^*}, \beta_{j^*}) = \inf_{\beta_j} H(\alpha_{i^*}, \beta_i). \tag{2}$$

由于 (2) 式左端是 β_j 的函数的某个值, 而右端是 α_i 的函数的某个值, 因而

$$\inf_{\beta_j} \sup_{\alpha_i} H(\alpha_i, \beta_j) \leqslant H(\alpha_{i^*}, \beta_{j^*}) \leqslant \sup_{\alpha_i} \inf_{\beta_j} H(\alpha_i, \beta_j). \tag{3}$$

由已知的极大极小不等式, (3) 式的右端不能超过左端, 所以

$$\inf_{\beta_j} \sup_{\alpha_i} H(\alpha_i, \beta_j) = H(\alpha_{i^*}, \beta_{j^*}) = \sup_{\alpha_i} \inf_{\beta_j} H(\alpha_i, \beta_j),$$

与 (2) 式比较得

$$\inf_{\beta_j} \sup_{\alpha_i} H(\alpha_i, \beta_j) = \sup_{\alpha_i} H(\alpha_i, \beta_{j^*});$$

$$\sup_{\alpha_i} \inf_{\beta_j} H(\alpha_i, \beta_j) = \inf_{\beta_j} H(\alpha_{i^*}, \beta_j).$$

这就表明 (3) 式的上下确界均可达到, 因而可换成极大与极小, 故

$$\min_{\beta_j} \sup_{\alpha_i} H(\alpha_i, \beta_j) = \max_{\alpha_i} \inf_{\beta_j} H(\alpha_i, \beta_j) = H(\alpha_{i^*}, \beta_{j^*}).$$

定理证毕.

无限对抗博弈在纯策略中具有最优策略的情况，实际上是比较少见的，因此有必要考虑混合策略的问题.

这里我们将只考虑策略集 $\boldsymbol{S}_1$ 与 $\boldsymbol{S}_2$ 都是闭区间 $[0,1]$ 的情形，称这种博弈为单位正方形上的博弈，这里对 $\boldsymbol{S}_1$ 与 $\boldsymbol{S}_2$ 有所限制是不难理解的，因为如果 $\boldsymbol{S}_1$ 与 $\boldsymbol{S}_2$ 是任意给的两个闭区间，那么只需借助映象就可以得到一个博弈，其策略集便都变成闭区间 $[0,1]$，这样就化为一个单位正方形上的博弈了.

例 1　考虑这样一个单位正方形上的博弈：局中人 1 从 $[0,1]$ 里取一个数 x，而局中人 2 也独立地从 $[0,1]$ 里取一个数 y，并且规定此时局中人 2 要付给局中人 1 以 $H(x,y):H(x,y)=2x^2-y^2$. 这个博弈是很简单的，我们可以立刻知道局中人的最优策略：局中人 1 希望 $H(x,y)$ 极大化，所以它要取 $x=1$，相反地，局中人 2 希望 $H(x,y)$ 极小化，所以它也要取 $y=1$，于是支付数目为

$$H(x,y)=H(1,1)=1,$$

这里博弈的值为 1，局势 $(1,1)$ 为其解.

必须注意可能有这样的误解，以为单位正方形上的博弈的混合策略就是对闭区间 $[0,1]$ 上的每一个数给出一个对应的概率，因为可能有这种情形，随机选择这个区间的每一个数，其概率都取为零，并且纵然像这样的两种随机方法对于某个特定的数，对应的概率都是零，但是它们仍然是可以不同的.

为了说明单位正方形上博弈的混合策略，我们引进分布函数的概念.

把局中人在 $[0,1]$ 上任选的一个数 ξ 看成随机变量，x 是 $[0,1]$ 上的任一实数，“ξ 取不大于 x 的值”这一事件的概率就定义为随机变量 ξ 的分布函数在 x 的值：

$$P(\xi\leqslant x)=F(x).$$

并且为了以后方便起见，还规定 $F(0)=0$.

例 2　$$F(x)=\begin{cases}\dfrac{1}{2}x, & \text{当 } 0\leqslant x\leqslant\dfrac{1}{2},\\[2mm] \dfrac{3}{2}x-\dfrac{1}{2}, & \text{当 } \dfrac{1}{2}<x\leqslant 1.\end{cases}\quad\text{(参看图 1)}$$

例 3　$$F(x)=\begin{cases}0, & \text{当 } 0\leqslant x<\dfrac{1}{4},\\[2mm] \dfrac{1}{2}, & \text{当 } \dfrac{1}{4}\leqslant x<\dfrac{1}{2},\\[2mm] 1, & \text{当 } \dfrac{1}{2}\leqslant x\leqslant 1.\end{cases}\quad\text{(参看图 2)}$$

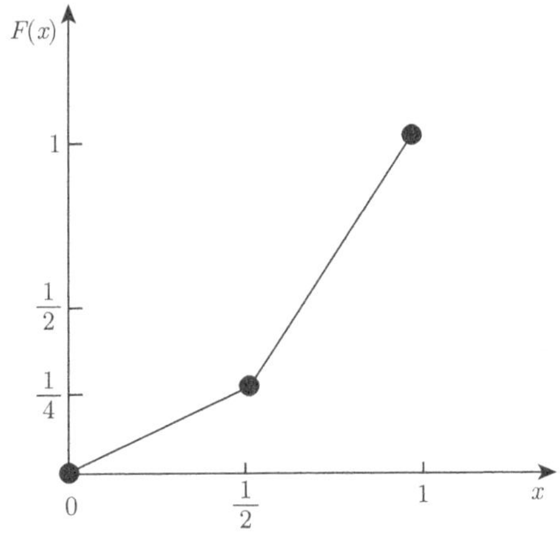

图 1

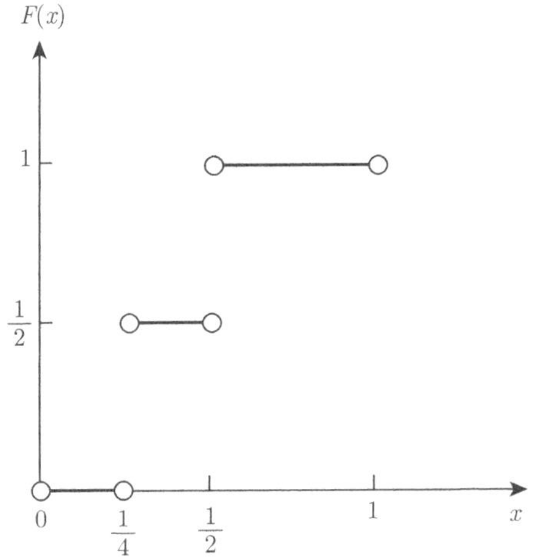

图 2

显见所有这些分布函数都经过点 $(0,0)$ 及 $(1,1)$, 而且例 3 中在 $x=\dfrac{1}{4}$ 及 $x=\dfrac{1}{2}$ 处各有一跳跃而形成了两个阶梯的阶梯函数. 在以后, 我们将以 $I_c(x)$ 表示只在 $x=c$ 处有一个跳跃的分布函数.

还要注意分布函数除了像上面包含一组直线段的形式外, 也可能像图 3 的曲线形式.

不难证明上面定义的分布函数 $F(x)$ 有下面的性质:

1° $F(0)=0$, $F(1)=1$.

2° 对于在 $[0,1]$ 内的任一 x, $F(x)$ 是个非负实数.

3° 在闭区间 $[0,1]$ 上, $F(x)$ 是不减的函数.

4° 在开区间 $(0,1)$ 内, $F(x)$ 是右方连续的.

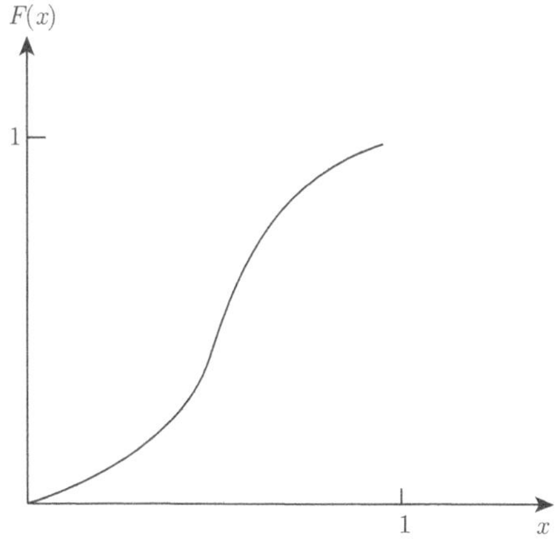

图 3

由概率论的已知知识, 我们知道这些条件就唯一地确定某现象的分布函数, 以后我们就称满足上述条件的函数为分布函数, 这样今后要验证一个函数是否为分布函数, 就不必描述出它所代表的随机现象, 只需验证它定义在 $[0,1]$ 上非负, 不减, $F(0)=0$, $F(1)=1$ 及在 $(0,1)$ 内是**右方**连续即可.

由上面看到对取值于 $[0,1]$ 中的随机变量要作描述, 分布函数便是一个重要的工具, 因此, 我们可以认为所谓局中人 1 与局中人 2 的混合策略, 便是他们分别所采用的分布函数.

现在我们来讨论在混合策略下, 单位正方形上博弈的赢得如何表示.

设单位正方形上博弈的赢得函数是 H, 局中人 1 借助于分布函数 F 在 $[0,1]$ 上随机地选取 x, 局中人 2 借助于分布函数 G 仅 $[0,1]$ 上随机地选取 y, 于是当 y 固定而 x 按 $F(x)$ 分布时, $H(x,y)$ 的数学期望便是

$$\int_0^1 H(x,y)dF(x).$$

当 y 是按 $G(y)$ 分布时, 则上列积分的数学期望便定义为局中人 1 在双方混合策略为 $F(x)$ 与 $G(y)$ 时的赢得:

$$\int_0^1 \left[\int_0^1 H(x,y)dF(x)\right] dG(y),$$

或简写为

$$\int_0^1\int_0^1 H(x,y)dF(x)dG(y).$$

令

$$H(F,G)=\int_0^1\int_0^1 H(x,y)dF(x)dG(y).$$

由于这是二人零和博弈, 于是局中人 2 的期望便是 $-H(F,G)$, 当 $H(x,y)$ 在单位正方形 $[0,1;0,1]$ 上连续时就有

$$\begin{aligned}H(F,G)&=\int_0^1\int_0^1 H(x,y)dF(x)dG(y)\\&=\int_0^1\int_0^1 H(x,y)dG(y)dF(x).\end{aligned}$$

用 $\boldsymbol{D}$ 表示分布函数的集合, 如果

$\max\limits_{F\in\boldsymbol{D}}\min\limits_{G\in\boldsymbol{D}}H(F,G),\ \min\limits_{G\in\boldsymbol{D}}\max\limits_{F\in\boldsymbol{D}}H(F,G)$ 都存在时, 我们令

$$v_1=\max_{F\in\boldsymbol{D}}\min_{G\in\boldsymbol{D}}H(F,G);$$

$$v_2=\min_{G\in\boldsymbol{D}}\max_{F\in\boldsymbol{D}}H(F,G).$$

可以看出局中人 1 确实能选出这样一个分布函数 F 使它的赢得不少于 v_1, 同时局中人 2 确实能选出这样一个分布函数 G 使它的支付不超过 v_2, 当 $v_1=v_2$ 时, 就定义这个共同的值为单位正方形上博弈的值, 我们用 v 来表示它, 而取得这个值 v 的分布函数 $F_0(x),G_0(y)$ 分别称为第一局中人与第二局中人的最优策略, 并把 (F_0,G_0) 称为博弈 Γ 的解.

§2　单位正方形上连续博弈的基本定理

前一节里我们已经引入了单位正方形上博弈的值的概念, 很自然地就会提出这样的问题, 单位正方形上的博弈在什么情况下有值或有解. 本节将对具有连续赢得函数的在单位正方形上的博弈进行讨论.

单位正方形上的博弈, 如果赢得函数 $H(x,y)$ 是单位正方形上 x,y 的二元连续函数, 则这类博弈称为单位正方形上的连续对策, 今后简称连续博弈.

2.1　连续博弈的基本定理

为了证明连续博弈的基本定理, 我们首先来证明下面的引理.

引理 1　设 $f(x)$ 是闭区间 $[0,1]$ 上的连续函数, 则

(i) $\max\limits_{F\in \boldsymbol{D}}\int_0^1 f(x)dF(x)$ 存在, 且 $\max\limits_{F\in \boldsymbol{D}}\int_0^1 f(x)dF(x)=\max\limits_{0\leqslant x\leqslant 1} f(x)$.

(ii) $\min\limits_{F\in \boldsymbol{D}}\int_0^1 f(x)dF(x)$ 存在, 且 $\min\limits_{F\in \boldsymbol{D}}\int_0^1 f(x)dF(x)=\min\limits_{0\leqslant x\leqslant 1} f(x)$.

式中 $\boldsymbol{D}$ 是所有分布函数的集合.

证明　因为 $f(x)$ 在闭区间 $[0,1]$ 上连续, 故 $\max\limits_{0\leqslant x\leqslant 1} f(x)$ 存在.

设当 $x=x_0$ 时, $\max\limits_{0\leqslant a\leqslant 1} f(x)=f(x_0)$, 于是对闭区间 $[0,1]$ 上的任一 x, 有

$$f(x)\leqslant f(x_0).$$

因此

$$\int_0^1 f(x)dF(x)\leqslant \int_0^1 f(x_0)dF(x)=f(x_0);$$

$$\sup_{F\in \boldsymbol{D}}\int_0^1 f(x)dF(x)\leqslant f(x_0). \tag{1}$$

又因

$$\sup_{F\in \boldsymbol{D}}\int_0^1 f(x)dF(x)\geqslant \int_0^1 f(x)dI_{x_0}(x)=f(x_0). \tag{2}$$

比较 (1) 和 (2), 得

$$\sup_{F\in \boldsymbol{D}}\int_0^1 f(x)dF(x)=\int_0^1 f(x)dI_{x_0}(x),$$

即 $\int_0^1 f(x)dF(x)$ 在 $F(x)=I_{x_0}(x)$ 时达到极大, 故

$$\max_{F\in \boldsymbol{D}}\int_0^1 f(x)dF(x)$$

存在, 且

$$\max\int_0^1 f(x)dF(x)=\max_{0\leqslant x\leqslant 1} f(x).$$

引理的第一部分证毕, 同理可证明其第二部分.

定理 1 (基本定理) 设 $H(x,y)$ 是连续博弈的赢得函数, 则

$$v_1=\max_{F\in\boldsymbol{D}}\min_{G\in\boldsymbol{D}}\int_0^1\int_0^1 H(x,y)dF(x)dG(y)$$

和

$$v_2=\min_{G\in\boldsymbol{D}}\max_{F\in\boldsymbol{D}}\int_0^1\int_0^1 H(x,y)dF(x)dG(y)$$

存在且相等.

证明 首先来证明 v_2 存在, 并按下面步骤进行.

1° 证明 $\max\limits_{F\in\boldsymbol{D}}\int_0^1\int_0^1 H(x,y)dF(x)dG(y)\left(或\ \max\limits_{F\in\boldsymbol{D}}\int_0^1\int_0^1 H(x,y)dG(y)dF(x)\right)$ 存在且存下确界.

因为 $H(x,y)$ 是单位正方形上关于 x,y 的二元连续函数, 故对任何分布函数 $G(y)$, 积分 $\int_0^1 H(x,y)dG(y)$ 是闭区间 $[0,1]$ 上关于 x 的一个连续函数. 由引理 1 即得

$$\max_{F\in\boldsymbol{D}}\int_0^1\int_0^1 H(x,y)dG(y)dF(x)\ 存在, 且$$

$$\max_{F\in\boldsymbol{D}}\int_0^1\int_0^1 H(x,y)dG(y)dF(x)=\max_{0\leqslant x\leqslant 1}\int_0^1 H(x,y)dG(y). \tag{3}$$

设当 $x=x_0$ 时 (3) 式右端达到极大, 则

$$\begin{aligned}\max\int_0^1\int_0^1 H(x,y)dG(y)dF(x)&=\int_0^1 H(x_0,y)dG(y)\\&\geqslant\int_0^1\left[\min_{0\leqslant x\leqslant 1}\min_{0\leqslant y\leqslant 1}H(x,y)\right]dG(y)\\&=\min_{0\leqslant x\leqslant 1}\min_{0\leqslant y\leqslant 1}H(x,y).\end{aligned}$$

式右端与 $G(y)$ 无关, 因此其左端有下界, 故有下确界, 设其下确界是 μ, 即

$$\mu=\inf_{G\in\boldsymbol{D}}\max_{F\in\boldsymbol{D}}\int_0^1\int_0^1 H(x,y)dG(y)dF(x). \tag{4}$$

2° 证明下确界 μ 可以达到.

由下确界的定义可知, 对于任一 $G_0(y) \in \boldsymbol{D}$, 有

$$\mu \leqslant \max_{F \in \boldsymbol{D}} \int_0^1 \int_0^1 H(x, y) dG_0(y) dF(x). \tag{5}$$

另外又得知, 存在分布函数序列 $G_1(y), G_2(y), \cdots, G_n(y), \cdots$, 使

$$\mu = \lim_{n \to \infty} \max_{F \in \boldsymbol{D}} \int_0^1 \int_0^1 H(x, y) dG_n(y) dF(x). \tag{6}$$

根据海利 (Helly) 的一个定理, 在序列 $G_1(y), \cdots, G_n(y), \cdots$ 中可取一子序列收敛于一个分布函数 $G_0(y)$ [对于 $G_0(y)$ 的所有连续点而言], 至多改变记号, 可建议此子序列为 $G_1(y), \cdots, G_n(y), \cdots$.

又设 $x = \overline{x}$ 时,

$$\max_{0 \leqslant x \leqslant 1} \int_0^1 H(x, y) dG_0(y) = \int_0^1 H(\overline{x}, y) dG_0(y).$$

又因

$$\lim_{n \to \infty} \int_0^1 H(\overline{x}, y) dG_n(y) = \int_0^1 H(\overline{x}, y) dG_0(y),$$

于是有

$$\begin{aligned} & \lim_{n \to \infty} \max_{F \in \boldsymbol{D}} \int_0^1 \int_0^1 H(x, y) dG_n(y) dF(x) \\ = & \lim_{n \to \infty} \int_0^1 H(x, y) dG_n(y) \\ \geqslant & \lim_{n \to \infty} \int_0^1 H(\overline{x}, y) dG_n(y) \\ = & \int_0^1 H(\overline{x}, y) dG_0(y) \\ = & \max_{0 \leqslant x \leqslant 1} \int_0^1 H(x, y) dG_0(y) \\ = & \max_{F \in \boldsymbol{D}} \int_0^1 \int_0^1 H(x, y) dG_0(y) dF(x). \end{aligned} \tag{7}$$

由 (4)~(7) 式得

$$\inf_{G\in \boldsymbol{D}} \max_{F\in \boldsymbol{D}} \int_0^1 \int_0^1 H(x,y)dG(y)dF(x) = \max_{F\in \boldsymbol{D}} \int_0^1 \int_0^1 H(x,y)dG(y)dF(x).$$

即上式左端的下确界由 $G_0(y)$ 达到, 故有极小值, 即 μ 存在, 因此可改写 μ 为

$$v_2 = \min_{G\in \boldsymbol{D}} \max_{F\in \boldsymbol{D}} \int_0^1 \int_0^1 H(x,y)dF(x)dG(y).$$

同理可证

$$v_1 = \max_{F\in \boldsymbol{D}} \min_{G\in \boldsymbol{D}} \int_0^1 \int_0^1 H(x,y)dF(x)dG(y).$$

现在来证明定理的第二部分, 即 $v_1 = v_2$.

因为 $H(x,y)$ 是单位正方形上的连续函数, 所以对任一 $\varepsilon > 0$, 存在 n, 当 $|x-x'| < \dfrac{1}{n}$, $|y-y'| < \dfrac{1}{n}$ 时, 则

$$|H(x,y) - H(x',y')| < \varepsilon.$$

设将单位正方形分成 n^2 个相等的正方形, 并令

$$\overline{H}(x,y) = H\left(\frac{i}{n}, \frac{j}{n}\right) = a_{ij}, \quad 当\ \frac{i}{n} \leqslant x < \frac{i+1}{n}, \frac{j}{n} \leqslant y < \frac{j+1}{n}时.$$

则

$$\left|\overline{H}(x,y) - H(x',y')\right| < \varepsilon. \tag{8}$$

对任何分布函数 $F(x)$, $G(y)$, 有

$$\int_0^1 \int_0^1 \overline{H}(x,y)dF(x)dG(y) = \sum_{i,j=0}^{n-1} a_{ij}X_iY_j, \tag{9}$$

式中 $X_i = F\left(\dfrac{i+1}{n}\right) - F\left(\dfrac{i}{n}\right), Y_j = G\left(\dfrac{j+1}{n}\right) - G\left(\dfrac{j}{n}\right)$.

由于 $F(x)$ 和 $G(y)$ 都是分布函数, 所以 $X_i \geqslant 0$, $i = 0,1,\cdots,n-1$; $Y_j \geqslant 0$, $j = 0,1,\cdots,n-1$, 且

$$\sum_{i=0}^{n-1} X_i = F(1) - F(0) = 1;$$

$$\sum_{j=0}^{n-1} Y_j = G(1) - G(0) = 1.$$

因此由矩阵博弈的解的存在性有

$$\max_X \min_Y \sum_{i,j} a_{ij} X_i Y_j = \min_Y \max_X \sum_{i,j} a_{ij} X_i Y_j.$$

不难证明:

$$\max_{F\in\boldsymbol{D}} \min_{G\in\boldsymbol{D}} \int_0^1 \int_0^1 \overline{H}(x,y)dF(x)dG(y) = \max_X \min_Y \sum_{i,j} X_i Y_j;$$

$$\min_{G\in\boldsymbol{D}} \max_{F\in\boldsymbol{D}} \int_0^1 \int_0^1 \overline{H}(x,y)dF(x)dG(y) = \min_Y \max_X \sum_{i,j} X_i Y_j.$$

所以

$$\begin{aligned}&\max_{F\in\boldsymbol{D}} \min_{G\in\boldsymbol{D}} \int_0^1 \int_0^1 \overline{H}(x,y)dF(x)dG(y)\\ =\ &\min_{G\in\boldsymbol{D}} \max_{F\in\boldsymbol{D}} \int_0^1 \int_0^1 \overline{H}(x,y)dF(x)dG(y).\end{aligned} \tag{10}$$

由 (8) 式可推得

$$\begin{aligned}&\int_0^1 \int_0^1 \overline{H}(x,y)dF(x)dG(y) - \varepsilon < \int_0^1 \int_0^1 H(x,y)dF(x)dG(y)\\ <\ &\int_0^1 \int_0^1 \overline{H}(x,y)dF(x)dG(y) + \varepsilon.\end{aligned}$$

所以

$$\begin{aligned}&\min_{G\in\boldsymbol{D}} \int_0^1 \int_0^1 \overline{H}(x,y)dF(x)dG(y) - \varepsilon\\ \leqslant\ &\min_{G\in\boldsymbol{D}} \int_0^1 \int_0^1 H(x,y)dF(x)dG(y)\end{aligned}$$

$$
\begin{aligned}
&\leqslant \max_{H\in \boldsymbol{D}} \int_0^1 \int_0^1 H(x,y)dF(x)dG(y)\\
&\leqslant \max_{H\in \boldsymbol{D}} \int_0^1 \int_0^1 \overline{H}(x,y)dF(x)dG(y)+\varepsilon;\\
&\max_{F\in \boldsymbol{D}} \min_{G\in \boldsymbol{D}} \int_0^1 \int_0^1 \overline{H}(x,y)d\overline{F}(x)dG(y)-\varepsilon\\
&\leqslant \max_{F\in \boldsymbol{D}} \min_{G\in \boldsymbol{D}} \int_0^1 \int_0^1 H(x,y)dF(x)dG(y)\\
&\leqslant \min_{G\in \boldsymbol{D}} \max_{F\in \boldsymbol{D}} \int_0^1 \int_0^1 H(x,y)dF(x)dG(y)\\
&\leqslant \min_{G\in \boldsymbol{D}} \max_{F\in \boldsymbol{D}} \int_0^1 \int_0^1 \overline{H}(x,y)dF(x)dG(y)+\varepsilon.
\end{aligned}
\tag{11}
$$

由 (10)、(11) 和 ε 的任意性, 故

$$
\begin{aligned}
&\max_{F\in \boldsymbol{D}} \min_{G\in \boldsymbol{D}} \int_0^1 \int_0^1 H(x,y)dF(x)dG(y)\\
=&\min_{G\in \boldsymbol{D}} \max_{F\in \boldsymbol{D}} \int_0^1 \int_0^1 H(x,y)dF(x)dG(y).
\end{aligned}
$$

定理证毕.

由基本定理即知: 连续博弈在混合策略中一定有解. 下面我们进一步来讨论连续博弈的值和最优策略的性质. 运用这些性质可以判定给定的一数值和策略 $F(x)$, $G(y)$ 是否是博弈的值和最优策略.

2.2 连续博弈的值和最优策略的性质

定理 2 设 $H(x,y)$ 是连续博弈的赢得函数, 分布函数 $F_0(x)$ 和 $G_0(y)$ 分别是第 1 和第 2 局中人的一个最优策略的充要条件是

(i) 对于任意的分布函数 $F(x)$ 和 $G(y)$, 有

$$
\begin{aligned}
\int_0^1 \int_0^1 H(x,y)dF(x)dG_0(y) &\leqslant \int_0^1 \int_0^1 H(x,y)dF_0(x)dG_0(y)\\
&\leqslant \int_0^1 \int_0^1 H(x,y)dF_0(x)dG(y),
\end{aligned}
$$

或 (ii) 对于闭区间 $[0,1]$ 中任意的点 x' 和 y', 有

$$\int_0^1 H(x',y)\,dG_0(y) \leqslant \int_0^1\int_0^1 H(x,y)dF_0(x)dG_0(y) \leqslant \int_0^1 H(x,y')\,dF_0(x).$$

证明　由最优策略的定义及基本定理, 条件 (i) 显然成立.

证明定理的第二部分时, 只需证明条件 (ii) 和 (i) 等价即可.

设条件 (i) 成立, 并取分布函数

$$F(x)=\begin{cases}0, & x<x',\\ 1, & x\geqslant x';\end{cases}\qquad G(y)=\begin{cases}0, & y<y',\\ 1, & y\geqslant y'.\end{cases}$$

则

$$\begin{aligned}\int_0^1 H(x',y)dG_0(y) &= \int_0^1\int_0^1 H(x,y)dF(x)dG_0(y)\\ &\leqslant \int_0^1\int_0^1 H(x,y)dF_0(x)dG_0(y)\\ &\leqslant \int_0^1\int_0^1 H(x,y)dF_0(x)dG(y)\\ &\leqslant \int_0^1 H(x,y')\,dF_0(x).\end{aligned}$$

即条件 (ii) 成立. 反过来, 假设 (ii) 成立, 并令 $x'=x$, $y'=y$. 则

$$\int_0^1 H(x,y)dG_0(y) \leqslant \int_0^1\int_0^1 H(x,y)dF_0(x)dG_0(y) \leqslant \int_0^1 H(x,y)dF_0(x).$$

所以

$$\begin{aligned}&\int_0^1\int_0^1 H(x,y)dG_0(x)dF(x)\\ \leqslant& \int_0^1\left[\int_0^1\int_0^1 H(x,y)dF_0(x)dG_0(y)\right]dF(x)\end{aligned}$$

$$
\begin{aligned}
&= \int_0^1 \int_0^1 H(x,y)dF_0(x)dG_0(y) \\
&= \int_0^1 \left[\int_0^1 \int_0^1 H(x,y)dF_0(x)dG_0(y)\right] dG(y) \\
&\leqslant \int_0^1 \int_0^1 H(x,y)dF_0(x)dG(y).
\end{aligned}
$$

故 (i) 成立. 定理证毕.

定理 3　设 $H(x,y)$ 是连续博弈的赢得函数, 又设实数 v 和分布函数 $F_0(x)$ 及 $G_0(y)$, 使其对于闭区间 $[0,1]$ 上的任何 x,y 有

$$
\int_0^1 H(x,y)dG_0(y) \leqslant v \leqslant \int_0^1 H(x,y)dF_0(x). \tag{12}
$$

则 v 是此博弈的值, 且 $F_0(x)$ 和 $G_0(y)$ 分别是第 1 和第 2 局中人的最优策略.

证明　由条件 (12), 对于分布函数 $F_0(x)$ 和 $G_0(y)$, 有

$$
\begin{aligned}
\int_0^1 \int_0^1 H(x,y)dG_0(y)dF_0(x) &\leqslant \int_0^1 vdF_0(x) = v = \int_0^1 vdG_0(y) \\
&\leqslant \int_0^1 \int_0^1 H(x,y)dF_0(x)dG_0(y).
\end{aligned}
$$

所以

$$
v = \int_0^1 \int_0^1 H(x,y)dF_0(x)dG_0(y). \tag{13}
$$

将 (12) 代入 (13) 式中, 即得定理 2 (ii), 故 v 是此博弈的值, 分布函数 $F_0(x)$ 和 $G_0(y)$ 分别是第 1 和第 2 局中人的最优策略.

例 1　设连续博弈的赢得函数是

$$
H(x,y) = \frac{1}{1+\lambda(x-y)^2},
$$

求证 $v = \dfrac{4}{4+\lambda}$ 及 $F_0(x) = I_{\frac{1}{2}}(x)$ 和 $G_0(y) = \dfrac{1}{2}I_0(y) + \dfrac{1}{2}I_1(y)$ 分别是此博弈的值及最优策略.

证明　由定理 3 , 只需证明下式成立:

$$
\int_0^1 \frac{1}{1+\lambda(x-y)^2} d\left[\frac{1}{2}I_0(y) + \frac{1}{2}I_1(y)\right]
$$

$$\leqslant \frac{4}{4+\lambda} \leqslant \int_0^1 \frac{1}{1+\lambda(x-y)^2} dI_{\frac{1}{2}}(x). \tag{14}$$

如果 (14) 式成立, 则

$$\int_0^1 \frac{1}{1+\lambda(x-y)^2} d\left[\frac{1}{2}I_0(y)+\frac{1}{2}I_1(y)\right]$$

$$=\frac{1}{2}\left[\int_0^1 \frac{1}{1+\lambda(x-y)^2} dI_0(y)+\int_0^1 \frac{1}{1+\lambda(x-y)^2} dI_1(y)\right]$$

$$=\frac{1}{2}\left[\frac{1}{1+\lambda x^2}+\frac{1}{1+\lambda(x-1)^2}\right]$$

$$\leqslant \frac{4}{4+\lambda}.$$

所以

$$[2+\lambda x^2+\lambda(x-1)^2](4+\lambda) \leqslant 8(1+\lambda x^2)[1+\lambda(x-1)^2]$$

$$\cdot\lambda(2x-1)^2\left[2\lambda\left(x-\frac{1}{2}\right)^2-\frac{3}{2}\left(\lambda-\frac{4}{3}\right)\right] \geqslant 0. \tag{15}$$

因为 $0<\lambda\leqslant\frac{4}{3}$, 显然对于任何 x, (15) 式都成立.

同理 $\int_0^1 \frac{1}{1+\lambda(x-y)^2} dI_{\frac{1}{2}}(x)=\frac{1}{1+\lambda\left(\frac{1}{2}-y\right)^2} \geqslant \frac{4}{4+\lambda}$, 所以

$$4\lambda\left[\frac{1}{4}-\left(\frac{1}{2}-y\right)^2\right] \geqslant 0. \tag{16}$$

显然对于 $[0,1]$ 上的任何 y, (16) 式都成立.

上面的运算都是可逆的, 因此由定理 3 即得证.

定理 4　设连续博弈的值是 v, 则分布函数 $F_0(x)$ 是第 1 局中人的最优策略的充要条件是: 对于闭区间 $[0,1]$ 上的任何 y, 有

$$v \leqslant \int_0^1 H(x,y)dF_0(x). \tag{17}$$

分布函数 $G_0(y)$ 是第 2 局中人的最优策略的充要条件是: 对于闭区间 $[0,1]$ 上的任何 x, 有

$$v \geqslant \int_0^1 H(x,y)dG_0(y).$$

证明　首先证明定理的第一部分.

必要性: 设分布函数 $F(x)$ 和 $G(y)$ 分别是第 1 和第 2 局中人的最优策略, 则

$$v = \int_0^1 \int_0^1 H(x,y)dF_0(x)dG_0(y).$$

由定理 2 (ii), 对于闭区间 $[0,1]$ 上任何 y, 有

$$v \leqslant \int_0^1 H(x,y)dF_0(x).$$

即条件是必要的.

充分性: 设对于闭区间 $[0,1]$ 上的任何 y, 分布函数 $F_0(x)$ 满足 (17) 式, 又设分布函数 $G_0(x)$ 是第 2 局中人的最优策略, 由 (17) 有

$$\int_0^1 \int_0^1 H(x,y)dF_0(x)dG_0(y) \geqslant \int_0^1 vdG_0(y) = v. \tag{18}$$

又由定理 2(i), 对于分布函数 $F_0(x)$, 有

$$\int_0^1 \int_0^1 H(x,y)dF_0(x)dG_0(y) \leqslant v. \tag{19}$$

由 (18) 和 (19) 即得: 对于 $[0,1]$ 上的任何 y, 有

$$\int_0^1 \int_0^1 H(x,y)dF_0(x)dG_0(y) = v \leqslant \int_0^1 H(x,y)dF_0(x). \tag{20}$$

再由定理 2 (ii), 对于 $[0,1]$ 上的任何 x, 有

$$\int_0^1 H(x,y)dG_0(y) \leqslant v = \int_0^1 \int_0^1 H(x,y)dF_0(x)dG_0(y) \leqslant \int_0^1 H(x,y)dF_0(x).$$

故 $F_0(x)$ 是第 1 局中人的最优策略. 证毕.

同理可证定理的第二部分.

定理 5　设 $H(x,y)$ 是连续博弈的赢得函数, 如果 $I_a(x)$ 是第 1 局中人的最优策略, 则此博弈的值 v 具有形式:

$$v = \max_{0\leqslant x\leqslant 1}\min_{0\leqslant y\leqslant 1} H(x,y),$$

且对于任一 $I_a(x)$ 是局中人的最优策略的充要条件是

$$\min_{0\leqslant y\leqslant 1} H(a,y) = v. \tag{21}$$

类似地, 如果 $I_b(x)$ 是第 2 局中人的最优策略, 则

$$v = \min_{0\leqslant y\leqslant 1}\max_{0\leqslant x\leqslant 1} H(x,y),$$

且对于任一 $I_b(y)$ 是局中人的最优策略的充要条件是

$$\max_{0\leqslant x\leqslant 1} H(x,b) = v.$$

证明　证明定理的第一部分: 设 $\boldsymbol{D}$ 是所有一个阶梯的阶梯函数的集合, 则

$$\begin{aligned} v &= \max_{F\in\boldsymbol{D}}\min_{G\in\boldsymbol{D}}\int_0^1\int_0^1 H(x,y)dF(x)dG(y) \\ &= \max_{I_a\in\boldsymbol{D}}\min_{G\in\boldsymbol{D}}\int_0^1\int_0^1 H(x,y)dI_a(x)dG(y) \\ &= \max_{0\leqslant a\leqslant 1}\min_{G\in\boldsymbol{D}}\int_0^1 H(a,y)dG(y) \\ &= \max_{0\leqslant a\leqslant 1}\min_{0\leqslant y\leqslant 1} H(a,y) \\ &= \max_{0\leqslant a\leqslant 1}\min_{0\leqslant y\leqslant 1} H(x,y). \end{aligned}$$

现在证明条件 (21) 是必要的. 由定理 2 (ii), 可推得

$$\min_{0\leqslant y\leqslant 1}\int_0^1 H(x,y)dI_a(x) \geqslant v.$$

只需证明上式中绝对不等号不成立即得结论, 事实上, 如果

$$\min_{0\leqslant y\leqslant 1}\int_0^1 H(x,y)dI_a(x) > v, \tag{22}$$

则对于 $[0,1]$ 上的一切 y, 有

$$\int_0^1 H(x,y)dI_a(x) > v.$$

设分布函数 $G_0(y)$ 是第 2 局中人的最优策略, 则有

$$v = \int_0^1 \int_0^1 H(x,y)dI_a(x)dG_0(y) > \int_0^1 vdG_0(y) = v.$$

此矛盾说明 (22) 式不成立. 故

$$v = \min_{0\leqslant y\leqslant 1} \int_0^1 H(x,y)dI_a(x) = \min_{0\leqslant y\leqslant 1} H(a,y).$$

即 $I_a(x)$ 是第 1 局中人的最优策略时, 数值 a 一定满足 (21) 式.

条件 (21) 是充分的: 设 a 满足 (21) 式, 则对于 $[0,1]$ 上的一切 y, 有

$$v \leqslant H(a,y) = \int_0^1 H(x,y)dI_a(x).$$

由定理 3, 故 $I_a(x)$ 是第 1 局中人的最优策略. 定理的第一部分证毕, 同理可证第二部分.

§3　单位正方形上的凸连续博弈

上一节我们讨论了单位正方形上的连续博弈, 并且证明了这类博弈存在最优策略. 然而, 对于这样一般的博弈, 目前仍然没有一个一般的方法来求出它的值和局中人的最优策略. 因此, 就要考虑对这类博弈再加上某些限制之后, 看这种更特殊的博弈是否具有一定的解法. 本节就是讨论这种博弈的连续赢得函数具有某种凸性的情形.

定义 1　命函数 $f(x)$ 在区间 $[a,b]$ 上有定义. 如果对于 $[a,b]$ 的任何两点 x_1 和 x_2 而言

$$f[\lambda x_1 + (1-\lambda)x_2] \leqslant \lambda f(x_1) + (1-\lambda)f(x_2),$$

其中 $0 \leqslant \lambda \leqslant 1$ 是任意的实数, 那么 $f(x)$ 就叫做区间 $[a,b]$ 上的一个凸函数. 如果对于 $[a,b]$ 的任何两点 $x_1 \neq x_2$ 而言

$$f[\lambda x_1 + (1-\lambda)x_2] < \lambda f(x_1) + (1-\lambda)f(x_2),$$

其中 $0 < \lambda < 1$ 是任意的实数, 那么 $f(x)$ 就叫做区间 $[a,b]$ 上的一个**严格凸函数**.

假设图 4 中的曲线代表函数 $f(x)$ 的图形. 于是

$$\overline{N_1M_1} = f(x_1), \quad \overline{N_2M_2} = f(x_2),$$

$$PM = f(\lambda x_1 + (1-\lambda)x_2).$$

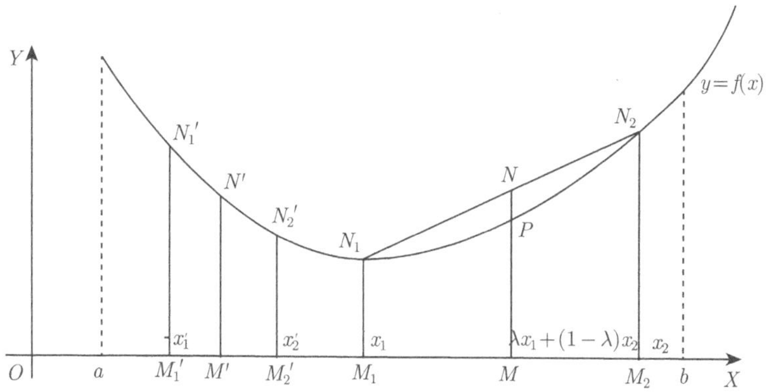

图 4

显然

$$\overline{M_1M} = (1-\lambda)(x_2 - x_1), \quad \overline{MM_2} = \lambda(x_2 - x_1),$$

所以点 M 把线段 $\overline{M_1M_2}$ 分成 $\overline{M_1M}$ 和 $\overline{MM_2}$ 的比例是

$$\frac{\overline{M_1M}}{\overline{MM_2}} = \frac{1-\lambda}{\lambda}.$$

利用相似三角形的性质, 立刻得到

$$NM = \lambda f(x_1) + (1-\lambda)f(x_2).$$

因此, $f(x)$ 是 $[a,b]$ 的一个凸函数的意思, 就是指曲线 $y = f(x)$ 上任何一条弦 N_1N_2 均在曲线的上方, 至少与曲线重合. 而 $f(x)$ 是 $[a,b]$ 上的一个严格凸函数的意思, 就是指弦 N_1N_2 严格地位于曲线的上方, 除了两个端点外不再含有曲线上的点.

图 4 中所绘的曲线在区间 $[x_1,x_2]$ 上是严格凸函数, 但在 $[x_1',x_2']$ 上就不是严格凸函数, 而只是一个凸函数. 不仅如此, 一个函数可以在某些区间上是凸函数, 而在另外一些区间上就不是凸函数. 例如, $\cos x$ 在区间 $\left[\frac{\pi}{2},\frac{3\pi}{2}\right]$ 上是严格凸函数, 而在 $\left[-\frac{\pi}{2},\frac{\pi}{2}\right]$ 上却根本不是凸函数.

由微分学可知, 一个函数在某个区间上是严格凸函数的充分条件是: 它在这个区间的每一点上二级导数大于零. 自不待言, 一个严格凸函数可以不满足这个条件, 甚至可以没有二级导数.

定义 2 如果 $-f(x)$ 是 $[a,b]$ 上的一个 (严格) 凸函数, 那么 $f(x)$ 就叫做 $[a,b]$ 上的一个 **(严格) 凹函数**.

引理 1 命 $f(x)$ 是 $[a,b]$ 上的一个连续的严格凸函数, 那么 $f(x)$ 在 $[a,b]$ 的唯一一点上达到极小.

证明 连续函数 $f(x)$ 至少在 $[a,b]$ 的一点上达到极小. 如果 $f(x)$ 在 $[a,b]$ 的两个不同的点 x_1, x_2 上达到极小, 那么, 由于 $f(x)$ 在 $[a,b]$ 上是一个严格凸函数, 所以

$$f\left(\frac{x_1+x_2}{2}\right) < \frac{f(x_1)+f(x_2)}{2} = \frac{f(x_1)+f(x_1)}{2} = f(x_1).$$

这与 $f(x_1)$ 是 $f(x)$ 的极小值矛盾. 于是 $f(x)$ 在 $[a,b]$ 上有唯一的极小值.

定理 1 命 $H(x,y)$ 是一个单位正方形上的博弈的赢得函数, 满足下列条件:

(1) $H(x,y)$ 是它两个变元的连续函数;

(2) 对每个 x 而言, $H(x,y)$ 是 y 的一个严格凸函数.

那么第 2 局中人有唯一一个最优策略 $I_{y_0}(y)$, 其中 y_0 是方程

$$\max_{0\leqslant x\leqslant 1} H(x, y_0) = v$$

的唯一解, 而博弈的值是

$$v = \min_{0\leqslant y\leqslant 1} \max_{0\leqslant x\leqslant 1} H(x,y).$$

证明 由于 $H(x,y)$ 是它两个变元的连续函数, 所以, 根据 §2 的基本定理, 两个局中人都有最优混合策略, 而博弈的值

$$v = \int_0^1 \int_0^1 H(x,y) dF^*(x) dG^*(y),$$

其中 $F^*(x)$ 和 $G^*(y)$ 分别是第 1 和第 2 局中人的任意一个最优策略.

考虑函数

$$\varphi(y) = \int_0^1 H(x,y) dF^*(x).$$

由 $H(x,y)$ 的连续性立刻推出 $\varphi(y)$ 的连续性. 所以,

$$v=\int_0^1\varphi(y)dG^*(y)=\min_{G\in\boldsymbol{D}}\int_0^1\varphi(y)dG(y)$$
$$=\min_{0\leqslant y\leqslant 1}\varphi(y)=\varphi(y_0),$$

其中 y_0 是 $\varphi(y)$ 在 $[0,1]$ 上的任一极小点.

其次, 由于 $H(x,y)$ 对 y 的严格凸性, 所以立刻推出 $\varphi(y)$ 在 $[0,1]$ 上是一个严格凸函数. 因此, 根据引理 1, $\varphi(y)$ 的极小点 y_0 唯一存在. 于是, 在 $y\neq y_0$ 时, $\varphi(y_0)<\varphi(y)$.

要证明 $I_{y_0}(y)$ 是第 2 局中人的唯一最优策略, 只需证明它的任何一个最优策略 $G^*(y)$ 均恒等于 I_{y_0} 即可. 而由于 $G^*(y)$ 是一个分布函数, 所以这就无异于要证明在 $y<y_0$ 时, $G^*(y)=0$ 而 $G^*(y_0)=1$, 亦即对任何 $\varepsilon',\varepsilon>0$ 有

$$G^*(y_0+\varepsilon')-G^*(y_0-\varepsilon)=1.$$

由于 $\varphi(y)$ 的连续性和极小点 y_0 的唯一性, 存在正数 δ, 使得在 $0\leqslant y\leqslant y_0-\varepsilon$ 和 $y_0+\varepsilon'\leqslant y\leqslant 1$ 时, $\varphi(y)>\varphi(y_0)+\delta$. 同时, 在 $y_0-\varepsilon\leqslant y\leqslant y_0+\varepsilon'$ 时, 自然有 $\varphi(y)\geqslant\varphi(y_0)$.

因此

$$\varphi(y_0)=\int_0^1\varphi(y)dG^*(y)=\int_0^{y_0-\varepsilon}\varphi(y)dG^*(y)$$
$$+\int_{y_0-\varepsilon}^{y_0+\varepsilon'}\varphi(y)dG^*(y)+\int_{y_0+\varepsilon'}^1\varphi(y)dG^*(y)$$
$$\geqslant\int_0^{y_0-\varepsilon}[\varphi(y_0)+\delta]dG^*(y)+\int_{y_0-\varepsilon}^{y_0+\varepsilon}\varphi(y_0)dG^*(y)$$
$$+\int_{y_0+\varepsilon'}^1[\varphi(y_0)+\delta]dG^*(y)$$
$$=\varphi(y_0)+\delta[1-G^*(y_0+\varepsilon')+G^*(y_0-\varepsilon)].$$

由于 $\delta>0$, 所以

$$1-G^*(y_0+\varepsilon')+G^*(y_0-\varepsilon)\leqslant 0,$$

即是

$$G^*(y_0+\varepsilon')-G^*(y_0-\varepsilon)\geqslant 1.$$

显然

$$G^*(y_0+\varepsilon')-G^*(y_0-\varepsilon)\leqslant 1.$$

从而

$$G^*(y_0+\varepsilon')-G^*(y_0-\varepsilon)=1.$$

即所求证.

剩下的就是根据 §2 定理 5 直接得出 v 的表达式和唯一极小点 y_0 所应满足的条件.

和定理 1 相仿, 我们有

定理 1′ 命 $H(x,y)$ 是一个单位正方形上的博弈的赢得函数, 满足下列条件:

(1) $H(x,y)$ 是它两个变元的连续函数;

(2) 对每个 y 而言, $H(x,y)$ 是 x 的一个严格凹函数.

那么第 1 局中人有唯一一个最优策略 $I_{x_0}(x)$, 其中 x_0 是方程

$$\min_{0\leqslant y\leqslant 1} H(x_0,y)=v$$

的唯一解, 而博弈的值是

$$v=\max_{0\leqslant x\leqslant 1}\min_{0\leqslant y\leqslant 1} H(x,y).$$

例 1 命 $H(x,y)=\cos\dfrac{\pi}{2}(1+x+y)$ 是一个单位正方形上的博弈的赢得函数. 显然满足定理 1 的两个条件. 我们来求这个博弈的值 v 和第 2 局中人的唯一最优策略 I_{y_0}.

考虑余弦函数的图形, 容易验证

$$\begin{aligned}
v&=\min_{0\leqslant y\leqslant 1}\max_{0\leqslant x\leqslant 1}\cos\frac{\pi}{2}(1+x+y)\\
&=\min\left\{\min_{0\leqslant y\leqslant \frac12}\max_{0\leqslant x\leqslant 1}\cos\frac{\pi}{2}(1+x+y),\ \min_{\frac12\leqslant y\leqslant 1}\max_{0\leqslant x\leqslant 1}\cos\frac{\pi}{2}(1+x+y)\right\}\\
&=\min\left\{\min_{0\leqslant y\leqslant \frac12}\cos\frac{\pi}{2}(1+y),\ \min_{\frac12\leqslant y\leqslant 1}\cos\frac{\pi}{2}(2+y)\right\}\\
&=\min\left\{-\frac{1}{\sqrt2},-\frac{1}{\sqrt2}\right\}=-\frac{1}{\sqrt2}.
\end{aligned}$$

其次, 由于

$$\max_{0\leqslant x\leqslant 1}\cos\frac{\pi}{2}(1+x+y)=\begin{cases}\cos\dfrac{\pi}{2}(1+y), & 0\leqslant y\leqslant\dfrac{1}{2},\\[2mm] \cos\dfrac{\pi}{2}(2+y), & \dfrac{1}{2}\leqslant y\leqslant 1,\end{cases}$$

所以, 我们得到方程

$$\max_{0\leqslant x\leqslant 1}\cos\frac{\pi}{2}(1+x+y_0)=-\frac{1}{\sqrt{2}}$$

的唯一解是 $y_0=\dfrac{1}{2}$. 因此, 第 2 局中人的唯一最优策略是 $I_{\frac{1}{2}}(y)$.

读者不难复验, 在 $H(x,y)=\sin\dfrac{\pi}{2}(x+y)$ 时, 根据定理 1′ 可以得到类似的结果: $v=\dfrac{1}{\sqrt{2}}$, $F^*(x)=I_{\frac{1}{2}}(x)$.

在定理 1 或定理 1′ 的条件下, 我们只能得到某一个局中人的最优策略. 如果把定理的条件再加强一些, 就可以同时得到两个局中人的最优策略, 下述定理的意义正是在此.

定理 2　命 $H(x,y)$ 是一个单位正方形上的博弈的赢得函数, 满足下列条件:

(1) $H(x,y)$ 是它两个变元的连续函数;

(2) 对每个 x 而言, $H(x,y)$ 是 y 的一个严格凸函数.

于是, 根据定理 1, 命 I_{y_0} 是第 2 个局中人的唯一最优策略, v 是博弈的值. 如果再假设:

(3) 在单位正方形的每一点 (x,y), 偏导数 $H'_y(x,y)$ 均存在.

那么

(1) 在 $y_0=0$ 或 $y_0=1$ 时, 第 1 局中人有一个最优策略 $I_{x_0}(x)$, 只要 x_0 满足下列条件:

$$0\leqslant x_0\leqslant 1,$$

$$H(x_0,y_0)=v,$$

$$H'_y(x_0,y_0)\begin{cases}\geqslant 0, & 在\ y_0=0\ 时,\\ \leqslant 0, & 在\ y_0=1\ 时.\end{cases}$$

(2) 在 $0<y_0<1$ 时, 第 1 局中人有一个形如

$$\alpha I_{x_1}(x)+(1-\alpha)I_{x_2}(x)$$

的最优策略, 只要 α, x_1 和 x_2 满足下列条件:

$$0 \leqslant \alpha \leqslant 1, \quad 0 \leqslant x_1 \leqslant 1, \quad 0 \leqslant x_2 \leqslant 1,$$

$$H(x_1, y_0) = v, \quad H(x_2, y_0) = v,$$

$$H'_y(x_1, y_0) \geqslant 0, \quad H'_y(x_2, y_0) \leqslant 0,$$

$$\alpha H'_y(x_1, y_0) + (1-\alpha) H'_y(x_2, y_0) = 0.$$

证明　由于 I_{y_0} 是第 2 局中人的最优策略, 所以, 根据 §2 定理 3, 对一切 $0 \leqslant x \leqslant 1$,

$$\int_0^1 H(x, y) dI_{y_0}(y) \leqslant v,$$

即是, 对一切 $0 \leqslant x \leqslant 1$, 有

$$H(x, y_0) \leqslant v. \tag{1}$$

其次, 根据定理 1

$$v = \max_{0 \leqslant x \leqslant 1} H(x, y_0).$$

因此, 由于函数 $H(x, y_0)$ 在 $[0,1]$ 的连续性, 总有某些 $0 \leqslant x \leqslant 1$, 使得

$$H(x, y_0) = \omega_0. \tag{2}$$

在 $0 \leqslant y_0 < 1$ 时, 满足 (2) 式的 x 中, 总能找到一个 x, 使得

$$H'_y(x, y_0) \geqslant 0.$$

否则, 对于每个满足 (2) 式的 x, 就存在这样一个 $\varepsilon > 0$, 使得在 $y_0 < y < y_0 + \varepsilon$ 时

$$H(x, y) < v. \tag{3}$$

[因为这时 $H(x, y)$ 是 y 在 y_0 邻近的减函数.] 同时, 对于不满足 (2) 式的 x 而言, 即是, 根据 (1) 式, $H(x, y_0) < v$, 那么由于 $H(x, y)$ 在 y_0 的连续性, 自然能找到这样的 $\varepsilon > 0$ 使 (3) 式仍成立. 对于每个 $0 \leqslant x \leqslant 1$, 命 $\varepsilon(x)$ 是使 (3) 式成立的 ε 的上确界. 由于 H 的连续性, $\varepsilon(x)$ 是 $[0,1]$ 上的连续函数. 此外, $\varepsilon(x)$ 恒取正值. 因

此, $\varepsilon(x)$ 在 $[0,1]$ 上有一个最小正值, 设为 $\varepsilon_0>0$. 于是, 对任何 $y_0<y_1<y_0+\varepsilon_0$, 和一切 $0\leqslant x\leqslant 1$, 我们有

$$H(x,y_1)<v.$$

从而, 对任何 $y_0<y_1<y_0+\varepsilon_0$,

$$\max_{0\leqslant x\leqslant 1} H(x,y_1)<v. \tag{4}$$

因为

$$\min_{0\leqslant y\leqslant 1}\max_{0\leqslant x\leqslant 1} H(x,y)\leqslant \max_{0\leqslant x\leqslant 1} H(x,y_1),$$

所以, 按照定理 1, 上式左端是 v, 而按照 (4) 式, 上式右端小于 v, 结果就得到

$$v<v.$$

于是, 这个矛盾就证明了总能找到一个 $0\leqslant x\leqslant 1$, 使得, 在 $0\leqslant y_0<1$ 时

$$H(x,y_0)=v \quad 而 \quad H'_y(x,y_0)\geqslant 0.$$

同理, 总能找到一个 $0\leqslant x\leqslant 1$, 使得在 $0<y_0\leqslant 1$ 时

$$H(x,y_0)=v \quad 而 \quad H'_y(x,y_0)\leqslant 0.$$

于是

(1) 在 $y_0=0$ 时, 存在 $0\leqslant x_0\leqslant 1$, 使得

$$H(x_0,y_0)=0, \quad H'_y(x,y_0)\geqslant 0. \tag{5}$$

我们来证明 I_{x_0} 是第 1 局中人的最优策略. 这时, 由于 $H(x_0,y)$ 是 y 的凸函数, 所以从 (5) 式推出, v 是 $H(x_0,y)$ 的最小值. 于是, 对一切 $0\leqslant y\leqslant 1$,

$$v\leqslant H(x_0,y),$$

即是

$$v\leqslant\int_0^1 H(x,y)dI_{x_0}(x).$$

因此, 根据 §2 定理 3, I_{x_0} 是第 1 中人的最优策略. 即所求证.

(2) $y_0=1$ 的情形仿 (1) 可证.

(3) 在 $0 < y_0 < 1$ 时, 存在 $0 \leqslant x_1 \leqslant 1$, $0 \leqslant x_2 \leqslant 1$, 使得

$$H(x_1, y_0) = v, \quad H(x_2, y_0) = v;$$

$$H'_y(x_1, y_0) \geqslant 0, \quad H'_y(x_2, y_0) \leqslant 0.$$

考虑连续函数

$$f(\xi) = \xi H'_y(x_1, y_0) + (1 - \xi) H'_y(x_2, y_0).$$

由于

$$f(0) = H'_y(x_2, y_0) \leqslant 0, \quad f(1) = H'_y(x_1, y_0) \geqslant 0,$$

所以存在 $0 \leqslant \alpha \leqslant 1$, 使得

$$f(\alpha) = \alpha H'_y(x_1, y_0) + (1 - \alpha) H'_y(x_2, y_0) = 0. \tag{6}$$

这时, 我们来证明 $\alpha I_{x_1} + (1-\alpha) I_{x_2}$ 是第 1 局中人的最优策略. 按照定理的条件 (2),

$$g(y) = \alpha H(x_1, y) + (1 - \alpha) H(x_2, y)$$

是 y 的一个凸函数. 由于 (6) 式, $g(y)$ 在 $y = y_0$ 的导数等于零, 所以 $g(y)$ 在 $y = y_0$ 达到最小值. 而因为

$$g(y_0) = \alpha H(x_1, y_0) + (1 - \alpha) H(x_2, y_0) = v,$$

所以, 对一切 $0 \leqslant y \leqslant 1$, 我们有

$$v \leqslant \alpha H(x_1, y) + (1 - \alpha) H(x_2, y),$$

即是

$$v \leqslant \int_0^1 H(x, y) d[\alpha I_{x_1}(x) + (1 - \alpha) I_{x_2}(x)].$$

根据 §2 定理 3, $\alpha I_{x_1}(x) + (1-\alpha) I_{x_2}(x)$ 的确是第 1 局中人的最优策略. 证毕.

读者可以根据定理 2 的陈述, 立刻写出与之相仿的定理 2′ 的陈述来, 至于证明, 自然也是完全相仿的.

例 2 我们仍然考虑例 1 中的赢得函数 $H(x,y)=\cos\frac{\pi}{2}(1+x+y)$, 它显然也满足定理 2 的条件 (3). 在例 1 中我们已经求得博弈的值 $v=-\frac{1}{\sqrt{2}}$, 而第 2 局中人的唯一最优策略是 $I_{\frac{1}{2}}(y)$. 现在根据定理 2 再来求第 1 局中人的最优策略

$$\alpha I_{x_0}(x)+(1-\alpha)I_{x_1}(x).$$

方程

$$\cos\frac{\pi}{2}\left(1+x+\frac{1}{2}\right)=-\frac{1}{\sqrt{2}}$$

恰好有两个解: $x_1=1$, $x_2=0$, 合于条件

$$H_y'(x_1,y_0)=-\frac{\pi}{2}\sin\frac{\pi}{2}\left(1+x_1+\frac{1}{2}\right)=\frac{\pi}{2\sqrt{2}}>0;$$

$$H_y'(x_2,y_0)=-\frac{\pi}{2}\sin\frac{\pi}{2}\left(1+x_2+\frac{1}{2}\right)=-\frac{\pi}{2\sqrt{2}}<0.$$

同时, $\alpha=\frac{1}{2}$ 满足条件

$$\alpha H_y'(x_1,y_0)+(1-\alpha)H_y'(x_2,y_0)=\frac{\alpha\pi}{2\sqrt{2}}-\frac{(1-\alpha)\pi}{2\sqrt{2}}=0.$$

所以, 第 1 局中人的最优策略是 $\frac{1}{2}[I_0(x)+I_1(x)]$.

§4 单位正方形上的可离博弈

在 §3 中我们介绍了一类特殊的连续博弈, 并且阐明了博弈的值及最优策略的求法. 本节将考虑另一种相当广泛类型的博弈, 并且将阐明一个解法.

定义 1 二元函数 $H(x,y)$ 称为可离的或多项式型的函数, 如果

$$H(x,y)=\sum_{j=1}^{n}\sum_{i=1}^{m}\alpha_{ij}r_i(x)s_j(y), \tag{1}$$

其中 a_{ij} $(i=1,\cdots,m;\ j=1,\cdots,n)$ 是常数, $r_i(x)$ $(i=1,\cdots,m)$ 与 $s_j(y)$ $(j=1,\cdots,n)$ 分别是 x,y 的连续函数.

一个可离函数 $H(x,y)$ 可用多种方法表示为 (1) 式的形式, 例如

$$H(x,y)=x\sin y+x\cos y+2x^2$$

可取

$$r_1(x)=x,\quad r_2(x)=x^2;$$
$$s_1(y)=\sin y,\quad s_2(y)=\cos y,\quad s_3=1.$$

也可取

$$r_1(x)=x,\quad r_2(x)=2x^2;$$
$$s_1(y)=\sin y+\cos y,\quad s_2(y)=\frac{1}{2}.$$

今后对某一确定的博弈, 只取其中某一个固定的表达式.

(1) 式可改写为

$$H(x,y)=\sum_{j=1}^{n}\sum_{i=1}^{m}\alpha_{ij}r_i(x)s_j(y)=\sum_{j=1}^{n}\left[\sum_{i=1}^{m}\alpha_{ij}r_i(x)\right]s_j(y).$$

命

$$t_j(x)=\sum_{i=1}^{m}\alpha_{ij}r_i(x)\quad (j=1,\cdots,n).$$

则

$$H(x,y)=\sum_{j=1}^{n}t_j(x)s_j(y).\tag{2}$$

显然一个二元多项式是可离函数的特殊情形. 例如多项式:

$$xy+x^2+xy^2+2x^2y+x^3y^3$$

可以表示为形式 (2), 只要取

$$s_1(x)=x,\qquad s_2(x)=x^2,\qquad s_3(x)=x^3;$$
$$s_1(y)=y+y^2,\quad s_2(y)=1+2y,\quad s_3(y)=y^3.$$

定义 2　如果一个单位正方形上的博弈的赢得函数是可离函数，则这个博弈称为单位正方形上的可离博弈，简称可离博弈.

我们是通过如下的方法来解可离博弈的，即先分别在局中人的策略 (分布函数) 与欧氏空间中点的子集之间建立起某种对应关系. 在这个对应下，设第 1 局中人的策略空间所对应的子集以 $\boldsymbol{U}$ 记之，第 2 局中人的策略空间所对应的子集以 $\boldsymbol{W}$ 记之，然后在 $\boldsymbol{U}$ 与 $\boldsymbol{W}$ 中找出对应于局中人最优策略的那种点来，再通过原来的对应关系，分别求出这种点的逆象，于是便获得某些最优策略. 下面我们首先来建立这种解法的步骤及理论根据.

4.1　局中人的策略与欧氏空间中的点之间建立对应关系

$H(x,y)$ 是可离博弈的赢得函数，设第 1 及第 2 局中人分别采取策略 $F(x)$ 及 $G(y)$，则第 1 局中人的期望赢得是

$$\begin{aligned}H(F,G) &= \int_0^1\int_0^1 H(x,y)dF(x)dG(y)\\&= \int_0^1\int_0^1\left[\sum_{j=1}^n\sum_{i=1}^m \alpha_{ij}r_i(x)s_j(y)\right]dF(x)dG(y)\\&= \sum_{j=1}^n\sum_{i=1}^m \alpha_{ij}\int_0^1 r_i(x)dF(x)\int_0^1 s_j(y)dG(y).\end{aligned} \tag{3}$$

命

$$\int_0^1 r_i(x)dF(x) = u_i \quad (i=1,\cdots,m). \tag{4}$$

$$\int_0^1 s_j(y)dG(y) = w_j \quad (j=1,\cdots,n). \tag{5}$$

则分布函数 $F(x)$ 和 $G(y)$ 就分别对应于欧氏空间的点 $u=(u_1,\cdots,u_m)$ 和 $w=(w_1,\cdots,w_n)$. 关系式 (4)、(5) 给出了这种对应关系，今后称同时满足 (4) 的 $F(x)$ 与 u 是对应的，同理满足 (5) 的 $G(y)$ 与 w 是对应的[①]. 于是第 1 局中人的策略空间映射到 m 维欧氏空间的一个子集 $\boldsymbol{U}$, $\boldsymbol{U}$ 是所有满足条件 (4) 的点 u 所组成. 类似地，第 2 局中人的策略空间映射到 n 维欧氏空间的一个子集 $\boldsymbol{W}$, $\boldsymbol{W}$ 是所有满足条件 (5) 的点 w 所组成.

---

① 当 $F^{(1)}(x)\neq F^{(2)}(x)$ 时，可能对应同一个点，即可能有 $\int_0^1 r_i(x)dF^{(1)}(x)=\int_0^1 r_i(x)\,dF^{(2)}(x)\ (i=1,\cdots,m)$，此时称 $F^{(1)}$ 与 $F^{(2)}$ 等价.

如果命 $H(u,w)=H(F,G)$, 则 (3) 式就成为坐标 u 和 w 的双线性式, 即

$$H(u,w)=\sum_{j=1}^{n}\sum_{i=1}^{m}\alpha_{ij}u_iw_j. \tag{6}$$

今后称 $\boldsymbol{U}$ 为 $\boldsymbol{U}$ 空间, $\boldsymbol{W}$ 为 $\boldsymbol{W}$ 空间.

4.2 在 $\boldsymbol{U}$ 空间与 $\boldsymbol{W}$ 空间中分别找出对应于第 1 和第 2 局中人的最优策略的点 $\overline{\boldsymbol{u}}$ 和 $\overline{\boldsymbol{w}}$

为了求出 $\overline{u}$ 和 $\overline{w}$, 先引进几个重要的但是很容易证明的引理.

引理 1　对于已给可离博弈 Γ, 设 $F^{(1)},\cdots,F^{(r)}\in\boldsymbol{D}$ 而 $u^{(1)},\cdots,u^{(r)}$ 是它们在 $\boldsymbol{U}$ 空间中的对应点, 并设 $(\alpha_1,\cdots,\alpha_r)$ 是 $\boldsymbol{P}_r$ 的任一元素 $(\alpha_i\geqslant 0,\sum\limits_i\alpha_i=1)$, 则

$$u=\alpha_1u^{(1)}+\cdots+a_ru^{(r)}$$

是 $\boldsymbol{U}$ 空间的点, 并且对应于分布函数

$$F=\alpha_1F^{(1)}+\cdots+\alpha_rF^{(r)}.①$$

对于 $\boldsymbol{W}$ 空间也有类似的结果.

这个引理的证明由 (4)、(5) 即可推出.

在 $\boldsymbol{U}$ 空间中一个特别重要的子集是对应于具有一个阶梯的阶梯函数的点集, 我们以 $\boldsymbol{U}^*$ 记这个点集, 以 $\boldsymbol{W}^*$ 记 $\boldsymbol{W}$ 空间中类似的点集. 现在我们来给出 $\boldsymbol{U}^*$ 与 $\boldsymbol{W}^*$ 的构造性的描述.

引理 2　设可离博弈的赢得函数是

$$H(x,y)=\sum_{j=1}^{n}\sum_{i=1}^{m}\alpha_{ij}r_i(x)s_j(y),$$

其中 r_i,s_i 分别是 x,y 的连续函数, 则对于 $H(x,y)$ 的已给表达式而言, $\boldsymbol{U}^*$ 是 m 维欧氏空间中曲线段:

$$\begin{cases}u_1=r_1(t),\\ \quad\vdots \\ u_m=r_m(t),\end{cases}\qquad 0\leqslant t\leqslant 1$$

① 如 $(\alpha_1,\cdots,\alpha_r)\in\boldsymbol{P}_r$, $F^{(1)},\cdots,F^{(r)}\in\boldsymbol{D}$, 且对于 $[0,1]$ 中的任何 x, 有 $F(x)=\alpha_1F^{(1)}+\cdots+\alpha_rF^{(r)}$, 则称 $F(x)$ 是 $F^{(1)},\cdots,F^{(r)}$ 具有权 $\alpha_1,\cdots,\alpha_r$ 的凸线性组合.

上的点的全体所成的集合. $\boldsymbol{W}^*$ 是 n 维欧氏空间中曲线段:

$$\begin{cases} w_1 = s_1(t), \\ \quad\vdots & \quad 0 \leqslant t \leqslant 1 \\ w_n = s_n(t), \end{cases}$$

上的点的全体所成的集合.

这个引理的证明, 只要在表达式 (4)、(5) 中把 $F(x)$ 与 $G(y)$ 换为一个只在 t 点具有跳跃的一阶阶梯函数即可得证.

推论 1　对任何可离博弈, 集合 $\boldsymbol{U}^*$ 和 $\boldsymbol{W}^*$ 是有界的、闭的, 且连通的.

由 r_i, s_j 的连续性即可推出此结论.

借助于引理 1 与引理 2 就可由 $\boldsymbol{U}^*$ 与 $\boldsymbol{W}^*$ 构造出 $\boldsymbol{U}$ 与 $\boldsymbol{W}$ 来.

定理 1　对于任何可离博弈, $\boldsymbol{U}$ 空间是其子集 $\boldsymbol{U}^*$ 的凸包, 而 $\boldsymbol{W}$ 空间是其子集 $\boldsymbol{W}^*$ 的凸包 (因此 $\boldsymbol{U}$ 空间是有界闭凸集, $\boldsymbol{W}$ 空间也是有界闭凸集).

证明　设 $\boldsymbol{U}^1$ 是 $\boldsymbol{U}^*$ 的凸包, 只需证明 $\boldsymbol{U}^1 = \boldsymbol{U}$. 因为 $\boldsymbol{U}^* \subseteq \boldsymbol{U}$, 由引理 1 推得 $\boldsymbol{U}^1 \subseteq \boldsymbol{U}$; 余下只需证明 $\boldsymbol{U} \subseteq \boldsymbol{U}^1$, 用反证法:

设有一点 $z = (z_1, \cdots, z_m) \in \boldsymbol{U}$, 但 $z \notin \boldsymbol{U}^1$, 由推论知 $\boldsymbol{U}^*$ 是有界的、闭的, 由此推出 $\boldsymbol{U}^1$ 是有界闭凸集. 因 $z \notin \boldsymbol{U}^1$, 则由第一章 §2 引理 1 得知有常数 $a_1, \cdots, \alpha_m, b, \delta$ 存在, 其中 $\delta > 0$, 使得

$$\alpha_1 z_1 + \alpha_2 z_2 + \cdots + \alpha_m z_m + b > 0. \tag{7}$$

并且对 $\boldsymbol{U}^1$ 的任意点 $(u_1, \cdots, u_m)$, 有

$$\alpha_1 u_1 + \alpha_2 u_2 + \cdots + \alpha_m u_m + b < -\delta < 0. \tag{8}$$

由 (7)、(8) 知对 $\boldsymbol{U}^1$ 的任何点 $(u_1, \cdots, u_m)$, 有

$$(\alpha_1 z_1 + \cdots + \alpha_m z_m) - (\alpha_1 u_1 + \cdots + \alpha_m u_m) > \delta. \tag{9}$$

所以特别地, 对于 $\boldsymbol{U}^*$ 的任何点也成立, 由引理 2 即对区间 $[0,1]$ 的一切 t, 有

$$(\alpha_1 z_1 + \alpha_2 z_2 + \cdots + \alpha_m z_m) - [\alpha_1 r_1(t) + \alpha_2 r_2(t) + \cdots + \alpha_m r_m(t)] > \delta. \tag{10}$$

故 $F(x)$ 是对应于 $(z_1, \cdots, z_m)$ 的分布函数, 即

$$\left.\begin{aligned} z_1 &= \int_0^1 r_1(x)dF(x) = \int_0^1 r_1(t)dF(t), \\ &\vdots \\ z_m &= \int_0^1 r_m(x)dF(x) = \int_0^1 r_m(t)dF(t). \end{aligned}\right\} \tag{11}$$

从 (10) 得到

$$\int_0^1[(\alpha_1z_1+\cdots+\alpha_mz_m)-(\alpha_1r_1(t)+\cdots+\alpha_mr_m(t))]dF(x)>\int_0^1\delta dF(t),$$

即

$$\alpha_1z_1+\cdots+\alpha_mz_m-\alpha_1\int_0^1r_1(t)dF(t)-\cdots-\alpha_m\int_0^1r_m(t)dF(t)>\delta.$$

由 (11) 式得到

$$\alpha_1z_1+\cdots+\alpha_mz_m-(\alpha_1z_1+\cdots+\alpha_mz_m)>\delta,$$

即

$$0>\delta.$$

由此矛盾, 故有 $\boldsymbol{U}\subseteq\boldsymbol{U}^1$. 定理证毕.

因为 $\boldsymbol{U}=\boldsymbol{U}^1$, 而 $\boldsymbol{U}^1$ 是有界闭凸集, 所以 $\boldsymbol{U}$ 也是有界闭凸集.

为了要在 $\boldsymbol{U}$ 与 $\boldsymbol{W}$ 空间中找出对应于最优策略的点 $\overline{u}$ 与 $\overline{w}$, 我们首先来建立 $\boldsymbol{U}$ 空间与 $\boldsymbol{W}$ 空间之间的映象的概念及在此映象下固定点的概念.

定义 3 设 u 为 $\boldsymbol{U}$ 空间的一点, 所谓 u 的象, 就是指 $\boldsymbol{W}$ 空间中这样的点 w 的集合, 它使得

$$H(u,w)=\min_{y\in\boldsymbol{W}}(u,y)$$

成立. 今后以 $\boldsymbol{W}(u)$ 表示 u 的象. 类似地, 如果 w 是 $\boldsymbol{W}$ 的一点, 所谓 w 的象是指 $\boldsymbol{U}$ 空间中这样的点 u 的集合, 它使得

$$H(u,w)=\max_{x\in\boldsymbol{U}}H(x,w)$$

成立今后且 $\boldsymbol{U}(w)$ 表示 w 的象.

定义 4 设 $\overline{u}\in\boldsymbol{U}$, 如果存在一 $\overline{w}\in\boldsymbol{W}(\overline{u})$, 使得 $\overline{u}\in\boldsymbol{U}(\overline{w})$, 则称 $\overline{u}$ 是 $\boldsymbol{U}$ 的一个固定点, 类似地, 设 $\overline{w}\in\boldsymbol{W}$, 如果存在一 $\overline{u}\in\boldsymbol{U}(\overline{w})$, 使得 $\overline{w}\in\boldsymbol{W}(\overline{u})$, 则称 $\overline{w}$ 为 $\boldsymbol{W}$ 的一个固定点.

定理 2 设 $F\in\boldsymbol{D}$, $\overline{u}\in\boldsymbol{U}$ 为 F 的对应点, 则 F 是第 1 局中人的最优策略的充要条件是 $\overline{u}$ 为 $\boldsymbol{U}$ 的一个固定点; 同理 $G\in\boldsymbol{D}$ 是第 2 局中人的最优策略的充要条件是 G 的对应点 $\overline{w}$ 为 $\boldsymbol{W}$ 的一固定点.

证明　设 $\overline{F}\in\boldsymbol{D}$, $\overline{u}\in\boldsymbol{U}$ 是 $\overline{F}$ 的对应点, 所谓 u 是 $\boldsymbol{U}$ 的固定点, 按定义是指存在 $\overline{w}\in\boldsymbol{W}$ 使得

$$\left.\begin{aligned}H(\overline{u},\overline{w})&=\min_{y\in\boldsymbol{W}}H(\overline{u},y),\\H(\overline{u},\overline{w})&=\max_{x\in\boldsymbol{U}}H(x,\overline{w}).\end{aligned}\right\}\tag{12}$$

设 $\overline{G}$ 为对应于 $\overline{w}$ 的分布函数, 由 $H(u,w)$ 的定义, (12) 式相当于

$$H(\overline{F},\overline{G})=\min_{G\in\boldsymbol{D}}H(\overline{F},G)=\max_{F\in\boldsymbol{D}}H(F,\overline{G}).$$

由 §2 的定理 2 知 $\overline{F}$ 是第 1 局中人的最优策略. 这就证明了充分性. 不难看出上述证明是可逆的, 所以这个条件也是必要的. 同理可证定理的第二部分.

这个定理告诉我们寻求局中人的最优策略的问题. 可以归结为寻求 $\boldsymbol{U}$ 空间与 $\boldsymbol{W}$ 空间中的固定点的问题. 如果找到了固定点时, 则利用点与分布函数之间的对应关系式, 就可求出其对应的分布函数, 也就是局中人的最优策略.

最后我们还要指出很重要的一点, 即 $\boldsymbol{U}$ 上的任一点可用 $\boldsymbol{U}^*$ 上的不超过 m 个点的凸线性组合表示, 这是因为 $\boldsymbol{U}$ 空间是连通曲线段 $\boldsymbol{U}^*$ 的凸包. 特别是 $\boldsymbol{U}$ 的固定点可用 $\boldsymbol{U}^*$ 上不超过 m 个点的凸线性组合表示. 由于 $\boldsymbol{U}^*$ 上的每一点对应于一个具有一个阶梯的阶梯函数, 则 $\boldsymbol{U}$ 上的任一点对应于不超过 m 个阶梯的阶梯函数. 自然 $\boldsymbol{U}$ 的固定点也将与一个不超过 m 阶的阶梯函数相对应. 因此得

推论 2　对于具有赢得函数

$$H(x,y)=\sum_{i=1}^{m}\sum_{j=1}^{n}\alpha_{ij}r_i(x)s_j(y)$$

的可离博弈存在这样的解 $(F(x),G(y))$, 其中 $F(x)$ 及 $G(y)$ 分别是不超过 m 及 n 阶的阶梯函数.

定理 3　设 $\overline{u}$ 是 $\boldsymbol{U}$ 的任一固定点, $\overline{w}$ 是 $\boldsymbol{W}$ 的任一固定点, 则 $\overline{w}\in\boldsymbol{W}(\overline{u})$, $\overline{u}\in\boldsymbol{U}(\overline{w})$.

证明　由 $\overline{u}$ 是 $\boldsymbol{U}$ 的一个固定点, 所以存在 $w'\in\boldsymbol{W}$, 当 $u\in\boldsymbol{U}$, $w\in\boldsymbol{W}$ 时, 有

$$H\left(u,w'\right)\leqslant H\left(\overline{u},w'\right)\leqslant H(\overline{u},w).\tag{13}$$

同理对 $\boldsymbol{W}$ 的固定点 $\overline{w}$ 有

$$H(u,\overline{w})\leqslant H(u',\overline{w})\leqslant H(u',w).\tag{14}$$

在 (13) 中分别以 $u', \overline{w}$ 代替 u, w 得到

$$H(u', w') \leqslant H(\overline{u}, w') \leqslant H(\overline{u}, \overline{w}).$$

在 (14) 中分别以 $\overline{u}, w'$ 代替 u, w 得到

$$H(\overline{u}, \overline{w}) \leqslant H(u', \overline{w}) \leqslant H(u', w').$$

于是推得

$$H(\overline{u}, \overline{w}) = \min_{y \in \boldsymbol{W}} H(\overline{u}, y) = \max_{x \in \boldsymbol{U}} H(\overline{x}, \overline{u}).$$

定理证毕.

总结以上的讨论, 可离博弈求解的步骤如下: (一) 作出曲线 $\boldsymbol{U}^*$ 与 $\boldsymbol{W}^*$ (分别在 m 维空间与 n 维空间) 确定它们的凸包, 由定理 1 知它们的凸包分别是 $\boldsymbol{U}$ 和 $\boldsymbol{W}$. (二) 对 $\boldsymbol{U}$ 的每一个点 u 求 $\boldsymbol{W}(u)$, 对 $\boldsymbol{W}$ 的每一个点 w 求 $\boldsymbol{U}(w)$ (这等于在某些闭凸集里求点, 使得某些线性式在这些点上达到极值). (三) 利用 (二) 的结果求 $\boldsymbol{U}$ 与 $\boldsymbol{W}$ 的固定点. (四) 分别用 $\boldsymbol{U}^*$ 和 $\boldsymbol{W}^*$ 的点的凸线性组合来表示固定点, 利用引理 1 求出对应于固定点的分布函数 (即所求的最优策略). 下面举例来说明.

4.3 例

命单位正方形上的一个博弈具有赢得函数

$$H(x, y) = \cos 2\pi x \cos 2\pi y + \sin 2\pi x \sin 2\pi y.$$

它显然是一个可离博弈. 事实上, 命

$$r_1(x) = \cos 2\pi x, \quad r_2(x) = \sin 2\pi x;$$

$$s_1(y) = \cos 2\pi y, \quad s_2(y) = \sin 2\pi y,$$

就得到

$$H(x, y) = r_1(x)s_1(y) + r_2(x)s_2(y).$$

我们来求局中人的最优策略和博弈的值.

(1) 求曲线 $\boldsymbol{U}^*$, $\boldsymbol{W}^*$ 以及它们的凸包 $\boldsymbol{U}$, $\boldsymbol{W}$.

曲线 $\boldsymbol{U}^*$ 的参数方程是

$$\begin{cases} u_1 = \cos 2\pi\alpha, \\ u_2 = \sin 2\pi\alpha, \end{cases} \qquad 0 \leqslant \alpha \leqslant 1,$$

它显然是欧氏 u 平面上中心在原点的单位圆周, 因此, 它的凸包 $\boldsymbol{U}$ 就是单位闭圆. 同样, 曲线 $\boldsymbol{W}^*$

$$\begin{cases} w_1 = \cos 2\pi\beta, \\ w_2 = \sin 2\pi\beta, \end{cases} \qquad 0 \leqslant \beta \leqslant 1$$

是欧氏 w 平面上中心在原点的单位圆周, 它的凸包 $\boldsymbol{W}$ 是单位闭圆 (图 5).

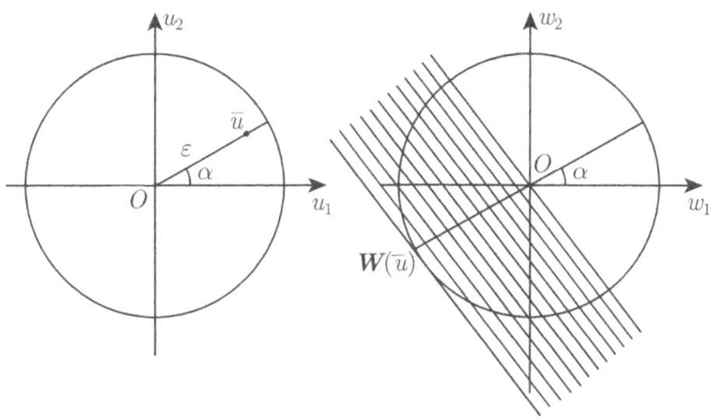

图 5

(2) 求 $\boldsymbol{U}$ 的任意点 u 的象 $\boldsymbol{W}(u)$ 和 $\boldsymbol{W}$ 的任意点 w 的象 $\boldsymbol{U}(w)$.

根据 $H(x, y)$ 的表达式, 我们有

$$H(u, w) = u_1 w_1 + u_2 w_2.$$

考虑 $\boldsymbol{U}$ 空间中一条动径上的点

$$\overline{u} = (\varepsilon \cos 2\pi\alpha, \varepsilon \sin 2\pi\alpha),$$

其中 $0 < \varepsilon \leqslant 1$, $0 \leqslant \alpha < \dfrac{1}{4}$. 对于这样的点, 要求

$$\min_{w \in \boldsymbol{W}} H(\overline{u}, w) = \min_{w \in \boldsymbol{W}} \{(\varepsilon \cos 2\pi\alpha) w_1 + (\varepsilon \sin 2\pi\alpha) w_2\},$$

无异于在 w 平面上的直线族

$$(\varepsilon \cos 2\pi\alpha) w_1 + (\varepsilon \sin 2\pi\alpha) w_2 = k$$

中, 求出与 $\boldsymbol{W}$ 空间相交且具有最小参数 k 的那些直线来. 同时, 这些极小直线与 $\boldsymbol{W}$ 空间的交, 也就是点 $\overline{u}$ 在 $\boldsymbol{W}$ 空间中的象 $\boldsymbol{W}(\overline{u})$.

显然, 直线族 $\{k\}$ 中的每条直线均垂直于 $\boldsymbol{W}$ 平面上通过点 $(\varepsilon \cos 2\pi\alpha, \varepsilon \sin 2\pi\alpha)$ 的动径直线, 并且参数 k 沿 w_1 轴正方向增加. 所以, 从图 5 看出,

所求极小直线恰好是通过点 ($\varepsilon\cos 2\pi\alpha$, $\varepsilon\sin 2\pi\alpha$) 的动径端点的对径点处的切线, 并且这个对径点 (极小直线与 $\boldsymbol{W}$ 空间的唯一交点) 就是点 $\overline{u}$ 的象 $\boldsymbol{W}(\overline{u})$. 不难复验, 当动径扫过整个 $\boldsymbol{U}$ 空间时, 同样的结论对于动径上的非零点均成立.

对于 $\boldsymbol{U}$ 空间中的原点 $\overline{u}=(0,0)$ 而言, 由于 $H(\overline{u},w)=0$ 与 w 无关, 所以 $\overline{u}$ 的象 $\boldsymbol{W}(\overline{u})$ 就是整个 $\boldsymbol{W}$ 空间.

于是, 在 $\overline{u}=(\overline{u}_1,\overline{u}_2)\neq 0$ 时, $\boldsymbol{W}(\overline{u})$ 是 $\boldsymbol{W}$ 空间中通过点 $(\overline{u}_1,\overline{u_2})$ 的动径端点的对径点; 在 $\overline{u}=O$ 时, $\boldsymbol{W}(\overline{u})$ 是整个 $\boldsymbol{W}$ 空间.

根据同样的讨论, 读者不难复验, 在 $\overline{w}=(\overline{w}_1,\overline{w}_2)\neq 0$ 时, $\boldsymbol{U}(\overline{w})$ 是 $\boldsymbol{U}$ 空间中通过点 $(\overline{w}_1,\overline{w}_2)$ 的动径端点; 在 $(\overline{w}_1,\overline{w}_2)\neq 0$ 时, $\boldsymbol{U}(\overline{w})$ 是整个 $\boldsymbol{U}$ 空间.

(3) 求 $\boldsymbol{U}$ 空间和 $\boldsymbol{W}$ 空间中的固定点.

从上面的讨论立刻得出, $\boldsymbol{U}$ 和 $\boldsymbol{W}$ 都恰好只有一个固定点, 即是对应于空间中的原点. 事实上, $\boldsymbol{U}$ 空间中任何一个非零点 $\overline{u}$ 的象 $\boldsymbol{W}(\overline{u})$, 是 $\boldsymbol{W}$ 空间中通过与 $\overline{u}$ 有相同坐标的点的动径端点的对径点, 而 $\boldsymbol{W}(\overline{u})$ 的象只是 $\boldsymbol{U}$ 空间中与 $\boldsymbol{w}(\overline{u})$ 有同样坐标的点, 它是 $\overline{u}$ 的对径点, 根本不是 $\overline{u}$. 同样, $\boldsymbol{W}$ 空间中任何一个非零点 $\overline{w}$ 也不是固定点. 原点是固定点显然可见.

(4) 根据已知固定点求相应的分布函数.

U 空间中唯一固定点 $(0,0)$ 可以表示为它的边界圆周上任何一双对径点 (u_1, u_2) 和 $(-u_1,-u_2)$ 的凸线性组合:

$$(0,0)=\frac{1}{2}(u_1,u_2)+\frac{1}{2}(-u_1,-u_2).$$

这时, 由于 (u_1,u_2) 是曲线 $\boldsymbol{U}^*$ 上的点, 相应于它的阶梯函数 $I_\alpha(x)$ 就由下式确定:

$$u_1=\int_0^1\cos 2\pi x dI_\alpha(x)=\cos 2\pi\alpha;$$

$$u_2=\int_0^1\sin 2\pi x dI_\alpha(x)=\sin 2\pi\alpha.$$

显然

$$-u_1=\cos 2\pi\left(\alpha+\frac{1}{2}\right);\quad -u_2=\sin 2\pi\left(\alpha+\frac{1}{2}\right)$$

这里设 $0\leqslant\alpha\leqslant\frac{1}{2}$. 因此, 相应于 $(0,0)$ 的分布函数, 即是第 1 局中人的最优策略是

$$\frac{1}{2}I_\alpha(x)+\frac{1}{2}I_{\alpha+\frac{1}{2}}(x),$$

其中 $0 \leqslant \alpha \leqslant \frac{1}{2}$ 是任何一个实数. 同理, 第 2 局中人的最优策略是

$$\frac{1}{2}I_{\beta}(y)+\frac{1}{2}I_{\beta+\frac{1}{2}}(y),$$

其中 $0 \leqslant \beta \leqslant \frac{1}{2}$ 是任何一个实数.

博弈的值 $v=H(\overline{u},\overline{w})$ 显然是零.

§5 博弈的完全确定性

在第一章里, 我们曾讨论了矩阵博弈的解的存在性和它的求法. 在本章的前几节里, 我们又考虑了具有连续赢得函数的对抗博弈的解的存在性以及两类特殊连续博弈的解的求法. 但并不是每个对抗博弈都可化为矩阵博弈, 也不一定可以化为具有连续赢得函数的连续对策, 因而就必须考虑更广泛的对抗博弈的性质. 在这一节里, 我们就要来考虑局中人的策略集合为无限且赢得函数是十分一般的一类对抗博弈.

和以前一样, 我们用 $\boldsymbol{S}_1$ 表示局中人 1 的纯策略集合, 用 $\boldsymbol{S}_2$ 表示局中人 2 的纯策略集合. 而把定义在笛卡儿乘积空间 $\boldsymbol{S}_1\times\boldsymbol{S}_2$ 上的有界实函数 $H(x,y)$ 表示为局中人 1 的赢得或局中人 2 的支付, 由于我们考虑的策略集 $\boldsymbol{S}_1,\boldsymbol{S}_2$ 为无限集, 所以对固定的 y, 变量 x 的函数 $H(\alpha_i,\beta_1)$ 在 $\boldsymbol{S}_1$ 上不一定有最大值, 而对固定的 x, 变量 y 的函数 $H(\alpha_i,\beta_j)$ 在 $\boldsymbol{S}_2$ 上也不一定有最小值, 因而我们将代替博弈的解引入博弈的 ε-解和完全确定性的概念, 而当 $\varepsilon>0$ 时, 博弈的一个 0-解就是博弈的一个解.

定义 1 对抗博弈 $\Gamma=\{\boldsymbol{S}_1,\boldsymbol{S}_2;H\}$ 是完全确定的, 如果

$$\inf_{\beta_j\in\boldsymbol{S}_2}\sup_{\alpha_i\in\boldsymbol{S}_1}H(\alpha_i,\beta_j)=\sup_{\alpha\in\boldsymbol{S}_1}\inf_{\beta_j\in\boldsymbol{S}_2}H(\alpha_i,\beta_j). \tag{1}$$

定理 1 博弈 $\Gamma=\{\boldsymbol{S}_1,\boldsymbol{S}_2;H\}$ 是完全确定的充要条件是对任意 $\varepsilon>0$ 有

$$H(\alpha_{i^*},\beta_{j^*})-\varepsilon<H(\alpha_{i^*},\beta_{j^*})<H(\alpha_{i^*},\beta_{j^*})+\varepsilon. \tag{2}$$

证明 必要性: 由 (1) 令

$$\inf_{\beta_j\in\boldsymbol{S}_2}\sup_{\alpha_i\in\boldsymbol{S}_1}H(\alpha_i,\beta_j)=\sup_{\alpha_i\in\boldsymbol{S}_1}\inf_{\beta_j\in\boldsymbol{S}_2}H(\alpha_i,\beta_j)=M.$$

对任一 $\varepsilon>0$, 由 (1) 式必有 $\alpha_{i^*}\in\boldsymbol{S}_1$, $\beta_{j^*}\in\boldsymbol{S}_2$ 满足

$$H(\alpha_i,\beta_{j^*})-\frac{\varepsilon}{2}<\sup_{\alpha_i\in \boldsymbol{S}_1}H(\alpha_i,\beta_{j^*})-\frac{\varepsilon}{2}$$
$$<M<\inf_{\beta_j\in \boldsymbol{S}_2}H(\alpha_{i^*},\beta_j)+\frac{\varepsilon}{2}\leqslant H(\alpha_{i^*},\beta_j)+\frac{\varepsilon}{2},$$

所以,

$$H(\alpha_i,\beta_{j^*})-\frac{\varepsilon}{2}<M<H(\alpha_{i^*},\beta_j)+\frac{\varepsilon}{2}. \tag{3}$$

因 (3) 式对任意的 α_i,β_j 均成立 ($\alpha_i\in \boldsymbol{S}_1,\beta_j\in \boldsymbol{S}_2$), 所以,

$$H(\alpha_{i^*},\beta_{j^*})-\frac{\varepsilon}{2}<M<H(\alpha_{i^*},\beta_{j^*})+\frac{\varepsilon}{2}. \tag{4}$$

由 (3) 和 (4) 式得

$$H(\alpha_i,\beta_{j^*})-\varepsilon<H(\alpha_{i^*},\beta_{j^*})<H(\alpha_{i^*},\beta_j)+\varepsilon.$$

充分性: 设对任意 $\varepsilon>0$ (2) 式成立, 则必有

$$\sup_{\alpha_i\in \boldsymbol{S}_1}H(\alpha_i,\beta_{j^*})-\varepsilon<H(\alpha_{i^*},\beta_{j^*})<\inf_{\beta_j\in \boldsymbol{S}_2}H(\alpha_{i^*},\beta_j)+\varepsilon;$$

更有

$$\inf_{\beta_i\in \boldsymbol{S}_2}\sup_{\alpha_i\in \boldsymbol{S}_1}H(\alpha_i,\beta_j)-\varepsilon\leqslant\sup_{\alpha_i\in \boldsymbol{S}_1}\inf_{\beta_j\in \boldsymbol{S}_2}H(\alpha_i,\beta_i)+\varepsilon.$$

因为 ε 是任意正数, 故有

$$\inf_{\beta_j\in \boldsymbol{S}_2}\sup_{\alpha_i\in \boldsymbol{S}_1}H(\alpha_i,\beta_j)\leqslant\sup_{\alpha_i\in \boldsymbol{S}_1}\inf_{\beta_j\in \boldsymbol{S}_2}H(\alpha_i,\beta_j).$$

但是相反的不等式恒成立, 所以 (1) 式成立, 于是充分性得证.

由以上定理可知, 对完全确定的对抗博弈, 当局中人 2 理智地采取策略时, 不会让局中人 1 的赢得超过 $\inf\limits_{\beta_j}\sup\limits_{\alpha_i}H(\alpha_i,\beta_j)+\varepsilon$, 而当局中人 1 理智地选取策略时, 也不会使自己的赢得少于 $\sup\limits_{\alpha_i}\inf\limits_{\beta_j}H(\alpha_i,\beta_j)-\varepsilon$, 因而定理 1 表明博弈的完全确定性意味着在双方理智地进行博弈时, 他们的赢得 (或支付) 几乎是完全确定.

我们还容易知道, 若 Γ 有解, 则必有 ε-解, 因而也就是完全确定的, 但反过求便不一定对, 有这样的博弈 Γ, 它是完全确定的, 但却没有解. 例如假设博弈 Γ 中

$$\boldsymbol{S}_1,\boldsymbol{S}_2=(0,1),\quad H(\alpha_1,\beta_j)=\alpha_i+\beta_j.$$

在这种情况下, 显然, 对任何 $\varepsilon \in (0,1)$, 局势 $(1-\varepsilon,\varepsilon)$ 都是一个 ε-解, 但博弈 Γ 却没有解, 后一断语是因为对这个博弈而言, §1 (1) 式的极大极小不存在. 前一断语我们简单证明如下:

$$H(\eta,\varepsilon)-\varepsilon=\eta+\varepsilon-\varepsilon=\eta<1=H(1-\varepsilon,\varepsilon),\quad \eta\in(0,1);$$

$$H(1-\varepsilon,\eta)+\varepsilon=1+\eta>H(1-\varepsilon,\varepsilon),$$

所以,

$$H(\eta,\varepsilon)-\varepsilon<H(1-\varepsilon,\varepsilon)<H(1-\varepsilon,\eta)+\varepsilon.$$

故博弈 Γ 具有 ε-解.

由于我们将考虑较一般的对抗博弈及其完全确定性, 因而用于矩阵博弈的代数方法和连续的赢得函数的连续博弈的方法都不适用. 这里我们要在策略空间上引进距离概念, 并将把一些泛函分析的概念和方法运用到博弈论中来.

在笛卡儿乘积空间 $\boldsymbol{S}_1\times\boldsymbol{S}_2$ 上定义的赢得函数 $H(\alpha,\beta)$ 对固定的 $\alpha=\alpha_0\in\boldsymbol{S}_1$, $H(\alpha_0,\beta)$ 便是 $\boldsymbol{S}_2$ 上的函数, 这样对每个 $\alpha\in\boldsymbol{S}_1$ 便对应一个 $\boldsymbol{S}_2$ 上的函数 $H_\alpha(\beta)=H(\alpha,\beta)$, 我们就用函数空间 $\{H(\alpha,\beta)\}_{\alpha\in\boldsymbol{S}_1}$ 上的切比雪夫度量当作策略空间 $\boldsymbol{S}_1$ 上的距离. 即有

定义 2　$\alpha_1,\alpha_2\in\boldsymbol{S}_1,\rho_{\boldsymbol{S}_1}(\alpha_1,\alpha_2)=\sup\limits_{\beta\in\boldsymbol{S}_2}|H(\alpha_1,\beta)-H(\alpha_2,\beta)|.$

不难验证 $\rho_{\boldsymbol{S}_1}$ 非负并满足三角不等式, 当然 $\alpha_1\neq\alpha_2$ 时, 也可能有 $\rho_{\boldsymbol{S}_1}(\alpha_1,\alpha_2)=0$. 但若从赢得大小来看, 局中人 1 采取策略 α_1 或 α_2 并无任何差别, 因此我们可以把这种相互距离为零的策略归为一类, 看作是同样的而不加以区别, 于是经过这样归类以后, $\rho_{\boldsymbol{S}_1}$ 便成了集 $\boldsymbol{S}_1$ 上的距离. 同样对 $\boldsymbol{S}_2$ 有

定义 3　$\beta_1,\beta_2\in\boldsymbol{S}_2,\rho_{\boldsymbol{S}_2}(\beta_1,\beta_2)=\sup\limits_{\alpha\in\boldsymbol{S}_1}|H(\alpha,\beta_1)-H(\alpha,\beta_2)|.$

我们在这里所采用的策略空间上的度量称为策略空间上的自然度量, 在这个度量下, 策略之间的距离大小, 表示了采用这些策略后赢得的差别, 并不表示策略本身的外表差别.

由策略空间距离的定义, 可直接推出 $H(\alpha,\beta)$ 在这个距离下分别是 $\boldsymbol{S}_1$ 和 $\boldsymbol{S}_2$ 上的一致连续函数.

和以前一样, 对一般的博弈在纯策略构成的局势中不一定有解或有 ε–解, 因而必须考虑混合策略的问题. 如同以前一样, 可以把策略空间上的概率测度作为混合策略, 把赢得函数在这概率测度下的数学期望作为在混合局势下的赢得. 但因为这里策略空间是无限的, 为了定义混合策略必须先引入可测的概念.

今用 $\mathfrak{A}$ 表示一切在距离 $\rho_{\boldsymbol{S}_1}$ 的意义下 $\boldsymbol{S}_1$ 的开子集的最小博雷尔体[①], 用 $\mathfrak{B}$ 表示包含一切在距离 $\rho_{\boldsymbol{S}_2}$ 意义下 $\boldsymbol{S}_2$ 的开子集的最小博雷尔体. 若 $\boldsymbol{S}_1' \in \mathfrak{A}, \boldsymbol{S}_2' \in \mathfrak{B}$, 以 $\mathfrak{S}$ 表示包含一切形如 $\boldsymbol{S}_1' \times \boldsymbol{S}_2'$ 的集的最小博雷尔体.

定义 4　可测空间 $\langle \boldsymbol{S}_1, \mathfrak{U} \rangle$ 上的概率测度[②] x 称为第一局中人的混合策略, 其全体记为 $\boldsymbol{\Xi}$. 可测空间 $\langle \boldsymbol{S}_2, \mathfrak{B} \rangle$ 上的概率测度 y 称为第二局中人的混合策略, 其全体记为 $\boldsymbol{H}$. $\boldsymbol{\Xi} \times \boldsymbol{H}$ 中任一元素 (x, y) 称为在策略 x 和 y 之下的 **(混合) 局势**.

当 $H(\alpha, \beta)$ 关于 $\langle \boldsymbol{S}_1 \times \boldsymbol{S}_2, \mathfrak{S} \rangle$ 可测时, 积分

$$H(x, y) = \int_{\boldsymbol{S}_1} \int_{\boldsymbol{S}_2} H(\alpha, \beta) dx dy$$

称为局势 (x, y) 之下第一局中人的赢得. 把 $H(x, y)$ 看成 $\boldsymbol{\Xi} \times \boldsymbol{H}$ 上的函数, 称为 $H(x, y)$ 为赢得函数.

定理 1′　对抗博弈 Γ 在混合局势下完全确定的充要条件是

$$\sup_x \inf_y H(x, y) = \inf_y \sup_x H(x, y). \tag{5}$$

今后我们规定提到博弈完全确定或存在解都是指在混合局势下. 并把由 (5) 式所确定的值称为博弈 Γ 的值.

至此我们已对一般的对抗博弈引进了策略空间的距离, 并定义了混合策略、混合局势及赢得. 但在混合局势下也还不是每个对抗博弈都有解, 即使是完全确定性也不是每个博弈都具备. 这可从下面的例子中看出, 例如 $\boldsymbol{S}_1, \boldsymbol{S}_2$ 都是整数集, 当 $\alpha > \beta$, $\alpha = \beta$, $\alpha < \beta$ 时, $H(\alpha, \beta)$ 分别为 $1, 0, -1$, 容易验证, 这里 $\inf_y \sup_\infty H(x, y) = 1 > -1 = \sup_x \inf_y H(x, y)$, 因此 (5) 式不真, 博弈不是完全确定的. 下面我们将提到在较狭的一类博弈中是具备完全确定性的. 为此我们引入距离空间的一个概念.

定义 5　策略空间 $\boldsymbol{S}_1$ 称为条件列紧的[③], 若对任一 $\varepsilon > 0$ 有 $\boldsymbol{S}_1 = \bigcup_{i=1}^{n} \boldsymbol{S}_1^i$ 满足 $\boldsymbol{S}_1^i \cap \boldsymbol{S}_1^j = \boldsymbol{\Lambda}$, $i \neq j$ ($\boldsymbol{\Lambda}$ 表示空集), $\boldsymbol{S}_1^i \in \mathfrak{A}$, 且 $d(\boldsymbol{S}_1^i) < \varepsilon$, 这里 $d(\boldsymbol{S}_1^i) = \sup_{\alpha_1, \alpha_2 \in \boldsymbol{S}_1} \rho(\alpha_1, \alpha_2)$ 表示集 $\boldsymbol{S}_1$ 的直径. 同样可定义策略空间 $\boldsymbol{S}_2$ 的条件列紧性. 以后把双方策略空间为条件列紧的博弈称为条件列紧博弈.

---

① $\boldsymbol{S}_1$ 的子集类 α 称为博雷尔体, 若满足 (i) $\boldsymbol{S}_1 \in \alpha$, (ii) 由 $\boldsymbol{D} \in \alpha$ 便推出 $\boldsymbol{D}$ 的余集 $D' \in \alpha$, (iii) $\boldsymbol{S}_1' \in \alpha$ $(i = 1, 2, \cdots)$ 则 $\sum_{i=1}^{\infty} \boldsymbol{S}_1' \in \alpha$.

② $\boldsymbol{S}_1$ 是一个集, α 是 $\boldsymbol{S}_1$ 的子集构成的博雷尔体, 则 $\boldsymbol{S}_1$ 和 α 称为一个可测空间, 对 α 上的一个测度 x, 若满足 $x(\boldsymbol{S}_1) = 1$, 便称 x 为 $(\boldsymbol{S}_1, \alpha)$ 上的概率测度.

③ 条件列紧: 度量空间 $\boldsymbol{S}_1$ 称为条件列紧 (用另外的术语就是全有界) 的, 如果对任意 $\varepsilon > 0$, 存在一个有限集合 $\boldsymbol{S}_1^0 = \{\alpha_1, \cdots, \alpha_n\}$, 对任意的 $\alpha \in \boldsymbol{S}_1$ 可以找到这样的 $\alpha_i \in \boldsymbol{S}_1^0$ 使得 $\rho_{\boldsymbol{S}_1}(\alpha, \alpha_i) < \varepsilon$ $(\boldsymbol{S}_1^0 \subset \boldsymbol{S}_1)$.

注　我们这里条件列紧概念可用于一般的距离空间, 不过在距离空间讨论时通常都称这样的空间为完全有界的.

可指出, 在任一对抗博弈中, 由一方策略空间的条件列紧性便可推出另一方策略空间的条件列紧性①, 这样只需要假定某一方策略空间为条件列紧便可推出博弈的条件列紧了.

定理 2　条件列紧博弈是完全确定的.

证明　按条件列紧博弈的定义, 对任一 $\varepsilon>0$ 可对 $\boldsymbol{S}_1,\boldsymbol{S}_2$ 进行如下分解:

$$\boldsymbol{S}_1=\bigcup_{i=1}^{m}\boldsymbol{S}_1^i,\quad \boldsymbol{S}_2=\bigcup_{k=1}^{n}\boldsymbol{S}_2^k,$$

使

$$\boldsymbol{S}_1^i\cap\boldsymbol{S}_1^j=\boldsymbol{\Lambda}\ (i\neq j),\quad \boldsymbol{S}_2^k\cap\boldsymbol{S}_2^l=\boldsymbol{\Lambda}\quad (k\neq l),$$

且

$$d(\boldsymbol{S}_1^i)<\varepsilon\quad (i=1,\cdots,m);\quad d(\boldsymbol{S}_2^k)<\varepsilon\quad (k=1,\cdots,n).$$

其次, 任取一 $\alpha_i\in\boldsymbol{S}_1^i$, 并对 $\langle\boldsymbol{S}_1,\mathfrak{A}\rangle$ 上每一概率测度 x 给出一新的概率测度 x_α, 使

$$x_\alpha(\alpha_i)=x(\boldsymbol{S}_1^i)\quad (i=1,\cdots,m).$$

类似地, 取 $\beta_k\in\boldsymbol{S}_2^k$, 对 $\langle\boldsymbol{S}_2,\mathfrak{B}\rangle$ 上每一概率测度 y 给出一新的概率测度 y_β, 使

$$y_\beta(\beta_k)=y(\boldsymbol{S}_2^k)\quad (k=1,\cdots,n).$$

这时对任意的 $x\in\boldsymbol{\varXi}$, $y\in\boldsymbol{H}$, 我们有

$$\begin{aligned}&|H(x,y)-H(x_\alpha,y_\beta)|\\=&\left|\int_{\boldsymbol{S}_1}\int_{\boldsymbol{S}_2}H(\alpha,\beta)x(d\alpha)y(d\beta)-\int_{\boldsymbol{S}_1}\int_{\boldsymbol{S}_2}H(\alpha,\beta)x_\alpha(d\alpha)y_\beta(d\beta)\right|\\=&\left|\sum_{i,k=1}^{m,n}\left[\int_{\boldsymbol{S}_1^i}\int_{\boldsymbol{S}_2^k}H(\alpha,\beta)x(d\alpha)y(d\beta)-H(\alpha_i,\beta_k)x(\boldsymbol{S}_1^i)y(\boldsymbol{S}_2^k)\right]\right|\end{aligned}$$

① 参看 Wald A. Statistical decision functions. The Annals of Mathematical Statistics, 1949: 165-205.

$$\leqslant \sum_{i,k=1}^{m,n} \int_{\boldsymbol{S}_1^i} \int_{\boldsymbol{S}_2^k} |H(\alpha,\beta) - H(\alpha_i,\beta_k)|\, x(d\alpha)y(d\beta)$$

$$\leqslant \sum_{i,k=1}^{m,n} \int_{\boldsymbol{S}_1^i} \int_{\boldsymbol{S}_2^k} (|H(\alpha,\beta) - H(\alpha_i,\beta)| + |H(\alpha_i,\beta) - H(\alpha_i,\beta_k)|) x(d\alpha)y(d\beta)$$

$$\leqslant \sum_{i,k=1}^{m,n} \int_{\boldsymbol{S}_1^i} \int_{\boldsymbol{S}_2^k} [\rho(\alpha,\alpha_i) + \rho(\beta,\beta_k)]\, x(d\alpha)y(d\beta)$$

$$\leqslant \sum_{i,k=1}^{m,n} \int_{\boldsymbol{S}_1^i} \int_{\boldsymbol{S}_2^k} \left[d(\boldsymbol{S}_1^i) + d(\boldsymbol{S}_2^k)\right] x(d\alpha)y(d\beta)$$

$$< 2\varepsilon \int_{\boldsymbol{S}_1} \int_{\boldsymbol{S}_2} x(d\alpha)y(d\beta) = 2\varepsilon.$$

故

$$H(x_\alpha, y_\beta) - 2\varepsilon < H(x,y) < H(x_\alpha, y_\beta) + 2\varepsilon;$$

$$\inf_{y_\beta} H(x_\alpha, y_\beta) - 2\varepsilon < H(x,y) < \sup_{x_\alpha} H(x_\alpha, y_\beta) + 2\varepsilon;$$

$$\inf_{y_\beta} H(x_\alpha, y_\beta) - 2\varepsilon \leqslant \inf_{y\in\boldsymbol{H}} H(x,y) \leqslant \sup_{x\in\boldsymbol{\Xi}} H(x,y) \leqslant \sup_{x_\alpha} H(x_\alpha, y_\beta) + 2\varepsilon;$$

$$\sup_{x_\alpha}\inf_{y_\beta} H(x_\alpha, y_\beta) - 2\varepsilon \leqslant \sup_{x\in\boldsymbol{\Xi}}\inf_{y\in\boldsymbol{H}} H(x,y) \leqslant \inf_{y\in\boldsymbol{H}}\sup_{x\in\boldsymbol{\Xi}} H(x,y)$$
$$\leqslant \inf_{y_\beta}\sup_{x_\alpha} H(x_\alpha, y_\beta) + 2\varepsilon. \tag{6}$$

现考虑矩阵博弈 $\Gamma^0 = \{\boldsymbol{S}_1^0, \boldsymbol{S}_2^0; H(\alpha_i,\beta_k)\}$, 这里

$$\boldsymbol{S}_1^0 = \{\alpha_i\}_{i=1,\cdots,m};\quad \boldsymbol{S}_2^0 = \{\beta_k\}_{k=1,\cdots,n},$$

由第二章 §2 定理 1 知 Γ^0 有解, 即

$$\max_{x_\alpha}\min_{y_\beta} H(x_\alpha, y_\beta) = \min_{y_\beta}\max_{x_\alpha} H(x_\alpha, y_\beta). \tag{7}$$

由 (6) 和 (7) 得

$$0 \leqslant \inf_y\sup_x H(x,y) - \sup_x\inf_y H(x,y) \leqslant 4\varepsilon. \tag{8}$$

因 ε 为任意正数, 故有

$$\sup_x\inf_y H(x,y) = \inf_y\sup_x H(x,y).$$

所以 Γ 完全确定, 定理证毕.

由条件列紧的定义不难得到任一 (纯) 策略空间有限的博弈必是条件列紧的, 而且这时 (5) 式两端的上下确界都是可达的, 因而可用极大与极小值来代替, 于是定理 2 的结果便包括了矩阵博弈解的存在性. 当我们把这一节中策略空间上的距离概念用于单位正方形上具有连续赢得函数的博弈时, 便可推出这类博弈也是条件列紧的, 且由于这类博弈的赢得函数的极大极小可达性 (§2 定理 1), 可由定理 2 推出它的解的存在性, 这便是 §2 定理 1 的结果. 并且定理 2 还可用于更广的一类单位正方形上博弈的完全确定性, 例如赢得函数在平行于坐标轴的有限条直线上有间断的这一类博弈.

由博弈的条件列紧性可断定其完全确定性, 却不能断定解的存在性, 但当局中人的策略空间为列紧时, 则博弈必有解①, 所谓距离空间是列紧的, 即指其任一无限序列必含有收敛的子序列.

以上我们考虑的是策略空间为条件列紧的情况, 但从本节所提到的例子中可看到, 有这样的博弈, 它的策略空间不是条件列紧的. 沃尔德 (Wald) 对局中人 2 的策略空间为可数的情况给出了博弈完全确定的充要条件是

$$\lim_{k\to\infty}\sup_x\inf_{y_k}H(x,y_k)=\sup_x\inf_y H(x,y).$$

这里 y_k 是局中人 2 策略空间上前 k 个纯策略上的概率测度. 对更一般的策略空间, 例如策略空间为可分的, 沃尔德也给出相似的博弈完全确定的充要条件②. 在考虑二人决斗的问题时, 可把这问题化为单位正方形上的博弈问题, 它的赢得函数是在对角线上不连续的. 这时策略空间具有连续势那样多的孤立点.

例 1 设有两辆敌对的坦克在某地相遇, 它们在一条直线上相向而行 (参看图 6), 攻击能力都一样且与速度无关, 在这种情况下我们规定不准逃跑必须进行决斗, 因为谁想逃跑就失去了攻击对方的可能性而处于被消灭的地位. 在这样的假设下我们来考虑它们的赢得函数是什么.

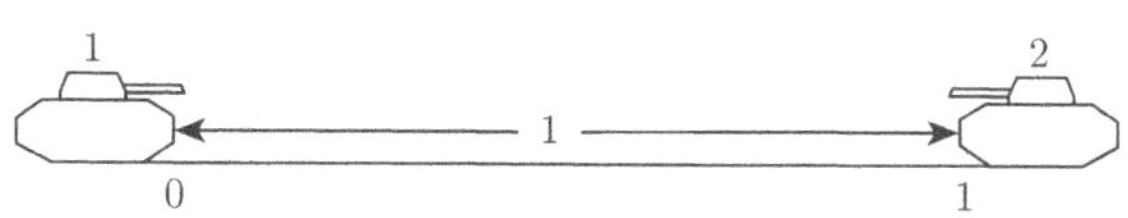

图 6

设 1° 在某时刻它们之间的距离为 1, 此后坦克 2 便固定不动.

① 参看 Wald, A. Statistical decision functions. The Annals of Mathematical Statistics, 1949: 165-205.

② 参看 Wald, A. Statistical decision functions which minimize the maximum risk. Annals of Mathematics, 1945: 165-280.

2° 坦克 1 在距离 x 时开始射击 $0 \leqslant x \leqslant 1$;

坦克 2 在距离 y 时开始射击 $0 \leqslant y \leqslant 1$.

于是他们的策略便可视为他们在区间 $[0,1]$ 上选取什么样的距离 x (或 y) 进行射击 (这里我们假定双方只射击一次), 这样, 坦克决斗问题就化为单位正方形上的博弈问题了.

当坦克 1 先进行射击 (即 $x > y$) 时, 坦克 2 被击中的概率为 $p(x)$, 不被击中的概率为 $1-p(x)$, 而此时坦克 2 进行射击时, 坦克 1 被击中的概率为 $(1-p(x))p(y)$, 不被击中的概率为 $1-(1-p(x))p(y)$, 这里概率 p 我们认为只与距离有关.

当坦克 2 先进行射击时 (即 $x \leqslant y$), 坦克 1 被击中的概率为 $p(y)$, 不被击中的概率为 $1-p(y)$, 因此我们找出了坦克 1 的赢得函数为

$$H(x,y)=\begin{cases}1-(1-p(x))p(y), & \text{当 } x > y \text{ 时},\\ 1-p(y), & \text{当 } x \leqslant y \text{ 时}.\end{cases}$$

此函数 $H(x,y)$ 显然在单位正方形对角线上不连续的.

卡尔林 (Karlin) 采用了另一种观念, 即

$$\int_0^1 H(x,y)dG(y)=TG,$$

把 T 看为由有界变差函数空间到有界函数空间的映象, 并引进了一些类似于算子全连续的概念, 对算子 T 的性质作了讨论后, 得出了这类博弈的完全确定性.

在定理 2 的证明中, 实质上是用了一个有限博弈 Γ^0 来逼近条件列紧博弈. 和这类似的我们不加证明地列出如下结果①:

若博弈 $\Gamma=\{\boldsymbol{S}_1,\boldsymbol{S}_2;H\}$ 条件列紧, 那么对任意 $\varepsilon > 0$ 有有限子集 $\boldsymbol{S}_1' \subset \boldsymbol{S}_1$, $\boldsymbol{S}_2' \subset \boldsymbol{S}_2$, 使

$$\left|v_\Gamma - v_{\Gamma_{S_1S_2}}\right| < \varepsilon, \left|v_\Gamma - v_{\Gamma_{S_1'S_2}}\right| < \varepsilon, \left|v_\Gamma - v_{\Gamma_{S_1'S_2'}}\right| < \varepsilon.$$

这里 v_Γ 表示博弈 Γ 的值, 而 $\Gamma_{S_1'S_2'}=\{\boldsymbol{S}_1',S_2';H\}$.

① 参看 Contribution to the theorg of Game, Vol. 1, p. 138-154.

第三章　多人博弈

§1　不结盟博弈

1.1　引言

前两章, 已经较详细地论述了二人零和博弈的一般理论, 这对进一步阐述博弈论的一般理论给予了很大的方便. 对于博弈论来说, 不论在实际应用方面, 或是在理论探讨方面, 都会遇到比二人零和博弈复杂和广泛得多的情形. 这首先表现在参与博弈的局中人的数目上和全部局中人的总赢得上不仅存在二人零和博弈而且还有多人、非零和的博弈. 其次, 是反映在进行博弈的过程上, 即是说, 不仅是一步来实现, 而且须多步来实现, 等等. 在本章, 我们主要是讨论前一类的对策, 即所谓多人博弈的理论. 这类现象在自然界与生活中大量和普通地存在着. 比如, 在农业方面, 人们和干旱斗争, 和病虫害、飞禽、走兽作斗争等. 这些, 自然界研究斗争现象的博弈论应去研究和解决的问题, 虽然在目前还不能用博弈论的方法来有效地解决, 但这些问题毕竟已经提到日程上来了, 是亟待解决的问题.

用博弈论的方法来探讨这种类型的现象, 首先, 是归结为讨论下述类型的一种博弈.

假设 $\boldsymbol{I}$ 是一个有限集, 其元素表示局中人. 由于局中人的代号对我们不甚紧要, 故认为

$$\boldsymbol{I}=\{1,2,\cdots,n\}.$$

而对每个 i 都对应着某个策略集合 $\boldsymbol{S}_i$. 以 s_i 记 $\boldsymbol{S}_i$ 的元素, 且表示局中人 i 的一个策略. 若 $\boldsymbol{S}_i$ 有限时, 则认为

$$\boldsymbol{S}_i=\{s_{i1},s_{i2},\cdots,s_{im_i}\}.$$

让我们以 $\boldsymbol{S}$ 记笛卡儿积

$$\boldsymbol{S}=\prod_{i=1}^{n}\boldsymbol{S}_i=\{s=(s_1,s_2,\cdots,s_n)/s_i\in\boldsymbol{S}_i\quad i\in\boldsymbol{I}\}$$

并称 $s\in S$ 为一个局势. 假设对应于每个 i 定义了 $\boldsymbol{S}$ 上的一个实值函数

$$H_i(s)$$

称为局中人 i 的赢得函数. 即值 $H_i(s)$ 表示局中人 i 在局势 s 下的赢得.

我们称下面的三元体

$$\Gamma = \langle \boldsymbol{I}, \{\boldsymbol{S}_i\}_{i\in \boldsymbol{I}}, \{H_i\}_{i\in \boldsymbol{I}}\rangle$$

为**正规型的不结盟 n 人博弈**. 若对于每个 $i, \boldsymbol{S}_i$ 都有限, 则称博弈 Γ 为有限的.

和二人零和博弈一样, 我们可以这样来解释正规型博弈的内容和过程: 由每个局中人 i, 彼此独立地确定自己的一个策略 s_i, 组成一个局势 s. 随之, 每个局中人 i 就各自从某个来源获取一个赢得 $H_i(s)$. 如果没有这个来源, 而是靠损害其他局中人的利益而获取自己的赢得, 则必

$$\sum_{i=1}^{n} H_i(s) = 0.$$

当这个条件恒满足时, 则称博弈为零和的. 当 n 为 2 时的零和博弈, 就是第一章或第二章所讨论的博弈类型.

由于局中人是彼此独立地参与博弈, 故有**不结盟**之称.

1.2 平衡局势

自然, 我们认为博弈中每个局中人的目的, 都在于获取最大的赢得. 然而, 局中人的赢得, 决定于局势的形成, 而局中人本身, 却只能是部分地影响局势. 所以, 要实现局中人的目的, 就非一件简单的事情了. 现在, 我们就来讨论这一现象.

用符号 $s\|s_i^0$ 来表示局势 s 中, 局中人 i 将策略 s_i 换成 s_i^0 后面得到的局势.

定义 1　*如果局势 s, 对于局中人 i 的任何策略 s_i^0 使得*

$$H_i(s) \geqslant H_i(s \parallel s_i^0),$$

*则称局势 s 为对局中人 i 是***有利***的.*

所谓有利, 是指在此局势上其他的局中人都不改变其已确定了的策略时, 而自己确定参与此局势的策略里自己的全部策略中, 使得自己赢得最多的一个.

定义 2　*如果局势 s, 对所有的局中人均有利, 则称局势 s 为博弈的***平衡局势***.*

关于平衡局势的概念, 是目前博弈论中的一个中心概念, 绝大多数博弈论方面的工作, 都是关于论述平衡局势的存在性及其解释、性质、求解等, 可以说, 现代博弈论实质上是关于博弈的平衡局势理论.

对于平衡局势的概念, 我们可以这样来解释它: 把博弈的过程理解成局中人根据事先的协订来选择自己的策略. 要使协订对每个局中人均有约束力, 只有在平

衡局势上才是可能的. 这时, 要是某一个局中人企图为了自私的目的而破坏协订时, 就必然遭到减少其赢得的惩罚.

对于 n 等于 2 时的情形, $s^* = (s_1^*, s_2^*)$ 为平衡局势的条件即为

$$H_1(s_1^*, s_2^*) \geqslant H_1(s_1, s_2^*) \quad s_1 \in S_1;$$

$$H_2(s_1^*, s_2^*) \geqslant H_2(s_1^*, s_2) \quad s_2 \in S_2.$$

在 n 为 2 时的零和情形, 更有

$$H_2(s) = -H_1(s), \quad s \in \boldsymbol{S}.$$

所以, 二人零和博弈中 $s^* = (s_1^*, s_2^*)$ 为平衡局势的条件即为

$$H_1(s_1^*, s_2) \geqslant H_1(s_1^*, s_2^*) \geqslant H_1(s_1, s_2^*).$$

而且, 由第一、二两章的结果知, 平衡局势 s^* 必须满足

$$\sup_{s_1}\inf_{s_2} H_1(s_1, s_2) = H_1(s_1^*, s_2^*) = \inf_{s_2}\sup_{s_1} H_1(s_1, s_2).$$

故在二人零博弈中, 赢得函数在平衡局势上的值即为博弈的值, 平衡局势即为解. 所以, 第一、二两章所讨论的博弈, 只是正规型博弈的一种极为特殊的情形.

由二人零和博弈的情形知道, 要使平衡局势永远存在, 就必须对博弈进行扩充.

定义 3　对于两个博弈

$$\Gamma = \langle \boldsymbol{I}, \{\boldsymbol{S}_i\}_{i\in \boldsymbol{I}}, \{H_i\}_{i\in \boldsymbol{I}}\rangle,$$

$$\Gamma^* = \langle \boldsymbol{I}, \{\boldsymbol{S}_i^*\}_{i\in \boldsymbol{I}}, \{H_i^*\}_{i\in \boldsymbol{I}}\rangle,$$

如果有

$$\boldsymbol{S}_i \subset S_i^* \quad (i \in \boldsymbol{I});$$

$$H_i^*(s) = H_i(s) \quad (s \in \boldsymbol{S}_i \quad i \in \boldsymbol{I}),$$

则称博弈 Γ^* 为 Γ 的**一个扩充**.

特别, 如果对应于每个 $i, \boldsymbol{S}_i^*$ 的元素是 $\boldsymbol{S}_i$ 上的概率测度 μ_i, 对称 μ_i 为局中人 i 的一个混合策略. 以 $\boldsymbol{S}^*$ 表示笛卡儿积 $\boldsymbol{S}^* = \prod_{i=1}^{n} S_i^*$, 以 μ 记 $\boldsymbol{S}^*$ 中的一个元素, 并称 μ 为一个混合局. 如果 $H_i(s)$ 对于任何 $\mu \in S^*$ 皆为一个可测函数, 并有

$$H_i^*(\mu) = \int_s H_i(s) d\mu = H_i(\mu)$$

时, 则称此扩充为**混合扩充**.

混合扩充的概念是很重要的, 在这种扩充下, 很大一类博弈都存在着平衡局势. 为方便起见, 以后将博弈的混合扩充的混合策略、混合局势、混合平衡局势简称为策略、局势、平衡局势, 而把原博弈的策略、局势、平衡局势, 称为纯策略、纯局势、纯平衡局势.

在有限博弈中, 混合策略是一个概率向量:

$$\mu_i=(\mu_i(s_{i1}),\mu_i(s_{i2}),\cdots,\mu_i(s_{im_i})).$$

为简单起见, 令

$$\mu_i(s_{ij})=\mu_{ij},$$

所以

$$\mu_i=(\mu_{i1},\cdots,\mu_{im_i}).$$

显然, 扩充后的博弈, 仍然是一个正规型的博弈. 以下叙述平衡局势的两个性质.

定理 1 μ^* 为平衡局势的充分必要条件是

$$H_i(\mu^*)\geqslant H_i(\mu^*\|s_i)\quad (s_i\in \boldsymbol{S}_i; i\in \boldsymbol{I}).$$

证明 必要性显然成立. 因 $s_i\in \boldsymbol{S}_i\subset S_i^*$, 故当 μ^* 为平衡局势时, 不等式必成立.

充分性也易证. 因对任何 $\mu_i\in \boldsymbol{S}_i^*$ 有

$$\begin{aligned}H_i(\mu^*\parallel\mu_i)&=\int_{S_i}H_i(\mu^*\parallel S_i)d\mu_i\\&\leqslant\int_{S_i}H_i(\mu^*)d\mu_i=H_i(\mu^*)\int_{S_i}d\mu_i\\&=H_i(\mu^*).\end{aligned}$$

定理证毕.

定理 2 μ^* 为平衡局势的充分必要条件是

$$H_i(\mu^*)=\max_{s_i}H_i(\mu^*\parallel s_i)\quad (i\in \boldsymbol{I}).$$

证明 必要性: 由

$$H_i(\mu^*)\geqslant H_i(\mu^*\parallel s_i)\quad (s_i\in \boldsymbol{S}_i)$$

得

$$H_i(\mu^*) \geqslant \sup_{s_i} H_i(\mu^* \parallel s_i).$$

若

$$H_i(\mu^*) > \sup_{s_i} H_i(\mu^* \parallel s_i),$$

则

$$H_i(\mu^*) > H_i(\mu^* \parallel s_i) \quad (s_i \in \boldsymbol{S}_i).$$

所以

$$\int_{S_i} H_i(\mu^*) d\mu_i^* > \int_{S_i} H_i(\mu^* \parallel s_i) d\mu_i^*,$$

即

$$H_i(\mu^*) > H_i(\mu^*).$$

由矛盾即得

$$H_i(\mu^*) = \sup_{s_i} H_i(\mu^* \| s_i).$$

所以

$$H_i(\mu^*) = \max_{s_i} H_i(\mu^* \| s_i).$$

充分性甚显然, 因为对任何 $s_i \in \boldsymbol{S}_i$, 均有

$$H_i(\mu^*) = \max_{s_i} H_i(\mu^* \| s_i) \geqslant H_i(\mu^* \| s_i).$$

定理证毕.

1.3 平衡局势的存在性

为了求平衡局势, 首先解决其存在性是很有好处的. 纳什 (Nash) 在 1950 年提出平衡局势的概念时, 同时就证明了下面的定理:

定理 3 正规型不结盟 n 人有限博弈有平衡局势.

证明 设正规型不结盟 n 人有限博弈为

$$\Gamma = \langle \boldsymbol{I}, \{S_i\}_{i \in I}, \{H_i\}_{i \in I}, \rangle$$

其中

$$\boldsymbol{I} = \{1, 2, \cdots, n\};$$

$$S_i = \{s_{i1}, s_{i2}, \cdots, s_{im_i}\} \quad (i \in \boldsymbol{I}).$$

混合策略集自然是

$$\boldsymbol{S}_i^* = \left\{ \mu_i = (\mu_{i1}, \cdots, \mu_{im_i}) / \mu_{ij} \geqslant 0 \quad j = 1, 2, \cdots, m_i, \sum_{j=1}^{m_i} \mu_{ij} = 1 \right\}.$$

所以, $\boldsymbol{S}_i^*$ 即为 m_i 维空间中, 张在坐标单位向量上的一个单形. 而 $\boldsymbol{S}^*$ 也同胚于一个 $\sum_{i=1}^{n} m_i$ 维空间中的单形.

对于局中人实现平衡局势的过程, 可以这样来理解. 若局中人不在平衡局势上时, 它就企图用改变其策略的办法来增加其赢得, 直到不能再增加为止. 我们就根据这一思想来证明来定理. 首先, 对于任何的 $\mu \in \boldsymbol{S}^*$ 和 $i \in \boldsymbol{I}$, 作函数

$$\varphi_{ij}(\mu) = \max\{0, H_i(\mu \| s_{ij}) - H_i(\mu)\}.$$

此式乃表示局中人 i 改变策略的倾向. 由此, 我们来定义局中人 i 改变策略的一个变换

$$\overline{\mu_{ij}} = \frac{\mu_{ij} + \varphi_{ij}(\mu)}{1 + \sum_{k=1}^{m_i} \varphi_{ik}(\mu)} \quad (i \in \boldsymbol{I}).$$

不难验证, $\overline{\mu_i}$ 是 $\boldsymbol{S}_i$ 上的一个概率测度, 即 $\overline{\mu_i} \in \boldsymbol{S}_i^*$. 显然, 此变换是一个连续变换, 因为 $H_i(\mu)$ 是以 $H_i(s), s \in \boldsymbol{S}$ 为系数 $\mu_1, \cdots, \mu_n$ 为变数的 n 重线性函数. 故可推出 $\varphi_{ij}(\mu)$ 也是连续的.

由此, 得到了一个由 $\boldsymbol{S}^*$ 到 $\boldsymbol{S}^*$ 的一个连续变换. 又因 $\boldsymbol{S}^*$ 与一个单形同胚. 故由布劳佛 (Brouwer) 不动点定理①, 存在 μ^0, 使得

$$\mu_{ij}^0 = \frac{\mu_{ij}^0 + \varphi_{ij}(\mu^0)}{1 + \sum_{k=1}^{m_i} \varphi_{ik}(\mu^0)}.$$

要证明 μ^0 即为一个平衡局势. 由函数 $\varphi_{ij}(\mu)$ 可知, 只要证明 μ^0 满足

$$\varphi_{ij}(\mu^0) = 0 \quad (i \in \boldsymbol{I}, \quad j = 1, 2, \cdots, m_i)$$

即可.

① 见本章附录.Brouwer 也译为布劳威尔.

首先, 不难证明, 对于任何的 $i \in \boldsymbol{I}$, 在使得 $\mu_{ij}^0 > 0$ 的 j 中, 至少存在一个 l 使得

$$\varphi_{ij}(\mu^0) = 0.$$

因若不然, 则对于一切 $j = 1, 2, \cdots, m_i$, 有

$$\varphi_{ij}(\mu^0) > 0.$$

因而由 φ_{ij} 知

$$H_i(\mu^0 \parallel s_{ij}) > H_i(\mu^0),$$

所以

$$\sum_{j=1}^{m_i} H_i(\mu^0 \parallel s_{ij})\mu_{ij}^0 > H_i(\mu^0),$$

即

$$H_i(\mu^0) > H_i(\mu^0).$$

这是不可能的.

由此, 得出对于任何 $i \in \boldsymbol{I}$ 都有一 l 使得

$$\mu_{il}^0 = \frac{\mu_{il}^0}{1 + \sum_{k=1}^{m_i} \varphi_{ik}(\mu^0)},$$

且 $\mu_{il}^0 > 0$. 故

$$\sum_{k=1}^{m_i} \varphi_{ik}(\mu^0) = 0.$$

由于 $\varphi_{ij}(\mu^0) \geqslant 0$, 故知, 对于任何 $i \in \boldsymbol{I}$ 与 $j = 1, \cdots, m_i$ 都使得

$$\varphi_{ij}(\mu^0) = 0.$$

定理证毕.

此外, 对于正规型不结盟的 n 人无限博弈的平衡局势的存在性, 也有着下面以及更广泛的定理.

若 $\boldsymbol{S}_i = [0, 1]$,

$$H_i(s)\text{在}\boldsymbol{S} = \prod_{i=1}^{n} \boldsymbol{S}_i\text{上连续},$$

则博弈的平衡局势存在. 但不打算在此介绍了.

至此, 我们已经给了平衡局势的性质及其存在性较详细的论述了, 这对我们深入研究此类博弈提供了一定的基础. 的确, 这方面的工作至今还不能令人满意, 离解决问题还很远. 平衡局势的存在性虽然有了许多结果, 但如何求解平衡局势问题, 有待于进一步深入的研究. 然而即使求出了平衡局势, 问题也仍然十分复杂, 还不足以指导局中人的行动. 因为平衡局势的稳定性未能解决, 即是说, 一旦有两个局中人同时变更其策略时, 就可能严重地损丧其他局中人的赢得, 而使破坏平衡局势的局中人反而得以增加其赢得.

所以, 为使博弈论的理论能足以指导局中人的行动, 就得进一步来解决这些问题.

§2 结盟博弈

2.1 引言

前一节, 只讨论了不结盟的多人博弈. 在那里, 各个局中人是被限制在彼此不通信息的条件下来进行博弈的. 但在实际生活中, 常常是相反的, 彼此交换情报, 互通信息, 结成联盟以便采取一致行动. 如何结盟? 在联盟中, 如何采取最优行动? 这是博弈论应该研究的对象. 因而, 在讨论了不结盟博弈之后, 有必要对结盟博弈进行讨论.

结盟的形式可以是多种多样而且是十分复杂的. 联盟的形成, 可以是由于局中人的赢得, 也可以是由于其他的原因. 各个局中人也可以是不参加任何联盟, 也可以是同时参加几个联盟. 在联盟内, 对联盟的总赢得, 可能是归集体所有, 也可能还要重新分配给联盟中的各个局中人等等. 因而结盟博弈也是多种多样的.

目前在博弈论中, 关于结盟的博弈理论还很少, 仅仅才出现过两种类型.

一种叫做联合博弈, 由苏联数学家沃罗比约夫提出 (见 DAH. CCCP, T 124, No. 2, 1959 C 253-265).

联合博弈, 乃是这样一种类型, 博弈中的局中人, 彼此结成了若干联盟, 各个联盟具有本身所固有的利益. 联盟的赢得可理解为联盟所要求的目的被实现后的数量度量. 博弈的联盟关系被认为是在博弈进行之前就为博弈的规则所确定了, 局中人可以是同时参加几个联盟, 但是同一个联盟中的局中人只能采取同一个行动. 在同一个联盟内部, 局中人之间可以充分地交换彼此的意图和行动的信息, 采取一致的联合行动. 而且认为, 局中人不考虑个人利益, 联盟的赢得完全归集体所有.

在联合博弈中, 对应于不结盟博弈中的平衡局势的概念的, 是博弈的稳定局势的概念.

所谓稳定局势, 乃是指, 在此局势下, 即使是博弈中的某个局中人改变了自己的策略, 联盟也还不想改变自己的策略. 这种企图达到稳定局势的倾向, 正是作为局中人及其联盟的一种理智行为.

沃罗比约夫, 在对联盟形式给了某种条件的限制后, 证明了稳定局势的存在.

由于联合博弈理论所用的知识比较陌生, 这里就不打算详细介绍了.

另一种叫做结盟博弈, 即所谓合作博弈. 这类博弈, 在结束之后, 还要求把联盟的赢得分配给各个局中人. 由于分配的必要性和种种可能性, 局中人产生各种不同的动机, 以致和一些局中人结成联盟, 而不和另一些局中人结成联盟. 在合作博弈中, 规定局中人不能同时参加几个联盟.

不难看出, 当每个联盟均只为一个局中人所组成时, 就成了不结盟博弈了. 所以, 联合博弈与合作博弈, 都比不结盟博弈广泛和复杂得多, 而不结盟博弈乃是结盟博弈的特殊情形.

2.2 特征函数

设

$$\Gamma=\langle \boldsymbol{I},\{\boldsymbol{S}_i\}_{i\in\boldsymbol{I}},\{H_i\}_{i\in\boldsymbol{I}}\rangle$$

为一个零和不结盟博弈.

设 $\boldsymbol{R}\subset\boldsymbol{I}$ 是博弈 Γ 中, 局中人的某一结盟形式下的一个联盟. 而将其他的所有局中人 $\boldsymbol{I}/\boldsymbol{R}$, 简单地看成一个联盟. 构造以下一个对抗博弈

$$\Gamma^{(\boldsymbol{R})}=\left\langle\{\boldsymbol{R},\boldsymbol{I}/\boldsymbol{R}\},\left\{\prod_{i\in\boldsymbol{R}}\boldsymbol{S}_i,\prod_{i\in\boldsymbol{I}/\boldsymbol{R}}\boldsymbol{S}_i\right\},\left\{\sum_{i\in\boldsymbol{R}}H_i,\sum_{i\in\boldsymbol{I}/\boldsymbol{R}}H_i\right\}\right\rangle,$$

我们把 $\Gamma^{(\boldsymbol{R})}$ 的值认为是博弈 Γ 中联盟 $\boldsymbol{R}$ 的**赢得值**.

假定对于任何子集 $\boldsymbol{R}\subset\boldsymbol{I}$ 而言, 博弈 $\Gamma^{(\boldsymbol{R})}$ 的值均存在, 且记为 $v(\boldsymbol{R})$, 其次, 假定 $v(\boldsymbol{\Lambda})=v(\boldsymbol{I})=0$. 于是, 我们在 $\boldsymbol{I}$ 的一切集上, 定义了一个函数 $v(\boldsymbol{R})$. 这样定义的函数 $v(\boldsymbol{R})$, 称为博弈 Γ 的**特征函数**.

特征函数是描写各种结盟形式下联盟的赢得情况, 指出各种联盟的总赢得值. 我们来考察一下, 特征函数所具备的性质.

定理 1 若 $v(\boldsymbol{R})$ 为博弈 Γ 的特征函数, 则

1° $v(\boldsymbol{\Lambda})=0$ ($\boldsymbol{\Lambda}$ 为空集);

2° $v(\boldsymbol{I}/\boldsymbol{R})=-v(\boldsymbol{R})$ ($\boldsymbol{R}\subset\boldsymbol{I}$);

3° $\boldsymbol{R},\boldsymbol{T}\subset\boldsymbol{I}$ 当 $\boldsymbol{R}\cap\boldsymbol{T}=\boldsymbol{\Lambda}$ 时, $v(\boldsymbol{R}\cup\boldsymbol{T})\geqslant v(\boldsymbol{R})+v(\boldsymbol{T})$.

证明 由 Γ 的零和假设, 显然 1° 和 2° 成立. 故只要证明 3° 即可.

设符号 $\boldsymbol{S}_{\boldsymbol{K}}^{*}=\prod\limits_{i\in\boldsymbol{K}}\boldsymbol{S}_i$, $\boldsymbol{K}\subset\boldsymbol{I}$, 以 s_K 表示 $\boldsymbol{S}_K$ 中的元素, $\boldsymbol{S}_K^{*}$ 表示 $\boldsymbol{S}_K$ 上的概率测度族. 亦即将联盟 $\boldsymbol{R}$ 的纯策略集记为 $\boldsymbol{S}_k'$, 混合策略集记为 $\boldsymbol{S}_k^{*}$. 则有

$$\begin{aligned}
v(\boldsymbol{R}\cup\boldsymbol{T}) &= \sup_{\xi\in\boldsymbol{S}^{*}_{\boldsymbol{I}/\boldsymbol{R}\cup\boldsymbol{T}}}\ \inf_{\eta\in\boldsymbol{S}^{*}_{\boldsymbol{R}\cup\boldsymbol{T}}}\sum_{i\in\boldsymbol{R}\cup\boldsymbol{T}}H_i(\xi,\eta)\\
&= \sup_{\xi\in\boldsymbol{S}^{*}_{\boldsymbol{R}\cup\boldsymbol{T}}}\ \inf_{\eta\in\boldsymbol{S}^{*}_{\boldsymbol{I}/\boldsymbol{R}\cup\boldsymbol{T}}}\left(\sum_{i\in\boldsymbol{R}}H_i(\xi,\eta)+\sum_{i\in\boldsymbol{T}}H_i(\xi,\eta)\right)\\
&\geqslant \sup_{\xi\in\boldsymbol{S}^{*}_{\boldsymbol{R}\cup\boldsymbol{T}}}\left(\inf_{\eta\in\boldsymbol{S}^{*}_{\boldsymbol{I}/\boldsymbol{R}\cup\boldsymbol{T}}}\sum_{i\in\boldsymbol{R}}H_i(\xi,\eta)+\inf_{\eta\in\boldsymbol{S}^{*}_{\boldsymbol{I}/\boldsymbol{R}\cup\boldsymbol{T}}}\sum_{i\in\boldsymbol{T}}H_i(\xi,\eta)\right)\\
&\geqslant \sup_{\xi\in\boldsymbol{S}^{*}_{\boldsymbol{R}\cup\boldsymbol{T}}}\left(\inf_{\eta\in\boldsymbol{S}^{*}_{\boldsymbol{I}/\boldsymbol{R}}}\sum_{i\in\boldsymbol{R}}H_i(\xi,\eta)+\inf_{\eta\in\boldsymbol{S}^{*}_{\boldsymbol{I}/\boldsymbol{T}}}\sum_{i\in\boldsymbol{T}}H_i(\xi,\eta)\right)\\
&\geqslant \sup_{\xi\in\boldsymbol{S}^{*}_{\boldsymbol{R}}}\ \inf_{\eta\in\boldsymbol{S}^{*}_{\boldsymbol{I}/\boldsymbol{R}}}\sum_{i\in\boldsymbol{R}}H_i(\xi,\eta)+\sup_{\xi\in\boldsymbol{S}^{*}_{\boldsymbol{T}}}\ \inf_{\eta\in\boldsymbol{S}^{*}_{\boldsymbol{I}/\boldsymbol{T}}}\sum_{i\in\boldsymbol{T}}H_i(\xi,\eta)\\
&= v(\boldsymbol{R})+v(\boldsymbol{T}).
\end{aligned}$$

定理证毕.

由定理 1 的性质 3° 立即推得: 如果 $\boldsymbol{R}_1,\cdots,\boldsymbol{R}_r$ 是 $\boldsymbol{I}$ 中互不相交的子集, 则

$$\sum_{k=1}^{r}v(\boldsymbol{R}_k)\leqslant v\left(\bigcup_{k=1}^{r}\boldsymbol{R}_k\right).$$

特别有

$$\sum_{i\in\boldsymbol{I}}v(i)\leqslant v(\boldsymbol{I})=0.$$

定理 2 设 $v(\boldsymbol{R})$ 为定义在 $\boldsymbol{I}$ 的一切子集族上的集函数. 若 $v(\boldsymbol{R})$ 使得

1° $v(\boldsymbol{\Lambda})=0$ ($\boldsymbol{\Lambda}$ 为空集);

2° $v(\boldsymbol{I}/\boldsymbol{R})=-v(\boldsymbol{R})$;

3° 对任何 $\boldsymbol{R}$、$\boldsymbol{T}\subset\boldsymbol{I}$ 当 $\boldsymbol{R}\cap\boldsymbol{T}=\boldsymbol{\Lambda}$ 时,

$$v(\boldsymbol{R}\cup\boldsymbol{T})\geqslant v(\boldsymbol{R})+v(\boldsymbol{T}),$$

则 $v(\boldsymbol{R})$ 是某个零和不结盟博弈 Γ 的特征函数.

证明 首先来构造一个博弈, 然后证明这个博弈满足条件.

设 $\boldsymbol{I}$ 的元素表示局中人, $\boldsymbol{S}_i$ 是一切含有 i 的子集族, 以 s_i 表示 $\boldsymbol{S}_i$ 的元素, 表示局中人 i 的策略 (选择联盟). 以 $\boldsymbol{S}$ 表示局势集合. $\boldsymbol{S}$ 中的元素记为 s, 则 s

就是一个由 $\boldsymbol{I}$ 到 $\boldsymbol{I}$ 的子集族内的映射. 我们称子集 $\boldsymbol{R} \subset \boldsymbol{I}$ 为局势 s 中的闭子集, 如果 $\boldsymbol{R}$ 中的每个局中人 i 在局势 s 下的策略为 $s_i = \boldsymbol{R}$, 且以 $\boldsymbol{R}^{(s)}$ 表示 $\boldsymbol{R}$ 在局势 s 中为闭子集. 显然在同一局势中的不同闭子集互不相交.

假设局势 s 中, 局中人组成的闭子集为

$$\boldsymbol{R}_1^{(s)}, \boldsymbol{R}_2^{(s)}, \cdots, \boldsymbol{R}_r^{(s)};$$

而其余的不属于任何闭子集的局中人为

$$\boldsymbol{i}_{r+1} = \boldsymbol{R}_{r+1}^{(s)}, \cdots, i_{p_s} = \boldsymbol{R}_{p_s}^{(s)},$$

我们把集 $\boldsymbol{R}_k^{(s)} (k = 1, 2, \cdots, p_s)$ 通称为类分 (distinguish), 显然

$$\bigcup_{k=1}^{p_s} \boldsymbol{R}_k^{(s)} = \boldsymbol{I}.$$

所以, $\boldsymbol{I}$ 中任何一个局中人 i, 都属于某一个类分集 $\boldsymbol{R}_k^{(s)}$. 且以 n_k 表示 $\boldsymbol{R}_k^{(s)}$ 中元素的个数.

对应于每个 $i \in \boldsymbol{R}_j^{(s)}$, 命局中人 i 在局势 s 下的赢得为

$$H_i(s) = \frac{v(\boldsymbol{R}_i^{(s)})}{n_i} - \frac{1}{n} \sum_{k=1}^{p_s} v(\boldsymbol{R}_k^{(s)}).$$

这样, 就定义了全体局中人的赢得函数 $H_i (i \in \boldsymbol{I})$.

于是得出了一个博弈:

$$\Gamma = \langle \boldsymbol{I}, \{\boldsymbol{S}_i\}_{i \in \boldsymbol{I}}, \{H_i\}_{i \in \boldsymbol{I}} \rangle.$$

不难证明, Γ 是零和的. 因为

$$\begin{aligned}
\sum_{i \in \boldsymbol{I}} H_i(s) &= \sum_{i=1}^{p_s} n_k \left(\frac{v(\boldsymbol{R}_k^{(s)})}{n_k} - \frac{1}{n} \sum_{k=1}^{p_s} v(\boldsymbol{R}_k^{(s)}) \right) \\
&= \sum_{k=1}^{p_s} v(\boldsymbol{R}_k^{(s)}) - \sum_{i=1}^{p_s} \frac{n_k}{n} \sum_{k=1}^{p_s} v(\boldsymbol{R}_k^{(s)}) \\
&= \sum_{k=1}^{p_s} v(\boldsymbol{R}_k^{(s)}) - \sum_{k=1}^{p_s} v(\boldsymbol{R}_k^{(s)}) = 0.
\end{aligned}$$

于是, 我们构造了一个零和不结盟博弈 Γ. 由于局中人数目有限, 故策略集也是有限集. 由此, 特征函数存在, 并记为 $v_\Gamma(\boldsymbol{R})$. 我们来证明, 所构造的 Γ 即为所求, 即要证明 $v_\Gamma \equiv v$ 在一切子集 $\boldsymbol{R} \subset \boldsymbol{I}$ 上均成立.

首先, 和通常一样, 把零项的和取为零, 故有

$$v_\Gamma(\boldsymbol{\Lambda}) = 0 = v(\boldsymbol{\Lambda}).$$

其次, 要证明对于 $\boldsymbol{I}$ 中任何一个 $\boldsymbol{R} \neq \boldsymbol{\Lambda}$ 均使

$$v_\Gamma(\boldsymbol{R}) = v(\boldsymbol{R}).$$

设 $\boldsymbol{R} \neq \boldsymbol{\Lambda}$, 任取一个局势 s, 使得 $\boldsymbol{R}$ 是 s 的一个闭子集. 为确定起见, 把 $\boldsymbol{R}$ 记为 $\boldsymbol{R}_1^{(s)}$, 并设其他的类分集为

$$\boldsymbol{R}_2^{(s)}, \cdots, \boldsymbol{R}_r^{(s)} \quad 与 \quad \boldsymbol{R}_{r+1}^{(s)}, \cdots, \boldsymbol{R}_{p_s}^{(s)}.$$

由定理 1 知

$$\sum_{k=1}^{p_s} v(\boldsymbol{R}_k^{(s)}) \leqslant 0.$$

故对于任何 $i \in \boldsymbol{R}_1^{(s)}$

$$H_i(s) = H_i(s_{\boldsymbol{R}} s_{\boldsymbol{I}/\boldsymbol{R}}) \geqslant \frac{v(\boldsymbol{R}_1^{(s)})}{n_1}.$$

从而对任何 $s_{\boldsymbol{I}/\boldsymbol{R}}$ 而言,

$$\sum_{i \in \boldsymbol{R}} H_i(s_{\boldsymbol{R}} s_{\boldsymbol{I}/\boldsymbol{R}}) \geqslant v(\boldsymbol{R}).$$

所以, 对任何 $\eta \in \boldsymbol{S}_{\boldsymbol{I}/\boldsymbol{R}}^*$ 有

$$\sum_{i \in \boldsymbol{R}} H_i(s_{\boldsymbol{R}}, \eta) \geqslant v(\boldsymbol{R});$$

$$\min_{\eta \in \boldsymbol{S}_{\boldsymbol{I}/\boldsymbol{R}}^*} \sum_{i \in \boldsymbol{R}} H_i(s_{\boldsymbol{R}}, \eta) \geqslant v(\boldsymbol{R});$$

更有

$$\max_{\xi \in \boldsymbol{S}_{\boldsymbol{R}}^*} \min_{\eta \in \boldsymbol{S}_{\boldsymbol{I}/\boldsymbol{R}}^*} \sum_{i \in \boldsymbol{R}} H_i(\xi, \eta) \geqslant v(\boldsymbol{R}).$$

因而对任何 $\boldsymbol{R} \subset \boldsymbol{I}$ 有

$$v_\Gamma(\boldsymbol{R}) \geqslant v(\boldsymbol{R}).$$

同理也有

$$v_\Gamma(\boldsymbol{I}/\boldsymbol{R}) \geqslant v(\boldsymbol{I}/\boldsymbol{R}),$$

即

$$v_\Gamma(\boldsymbol{R}) \leqslant v(\boldsymbol{R}).$$

所以, 对任何 $\boldsymbol{R} \subset \boldsymbol{I}$ 均有

$$v_\Gamma(\boldsymbol{R}) = v(\boldsymbol{R}).$$

定理得证.

由定理 1 与定理 2 的结论, 我们可以抽象地来定义特征函数:

定义 1　定义在 $\boldsymbol{I}$ 的子集族上的集函数 $v(\boldsymbol{R})$, 如果满足

1° $v(\boldsymbol{\Lambda}) = 0$ $\boldsymbol{\Lambda}$ 为空集;

2° $v(\boldsymbol{I}/\boldsymbol{R}) = -v(\boldsymbol{R})$ $\boldsymbol{R} \subset \boldsymbol{I}$;

3° 对任何 $\boldsymbol{R}, \boldsymbol{T} \subset \boldsymbol{I}$ 当 $\boldsymbol{R} \cap \boldsymbol{T} = \boldsymbol{\Lambda}$ 时,

$$v(\boldsymbol{R} \cup \boldsymbol{T}) \geqslant v(\boldsymbol{R}) + v(\boldsymbol{T}),$$

则称 $v(\boldsymbol{R})$ 为一个特征函数.

以上所讨论的特征函数, 也完全适用于非零和的不结盟博弈. 只要把博弈作一个零扩充就可以了. 所谓零扩充就是下一定义所要描述的.

定义 2　命

$$\Gamma = \langle \boldsymbol{I}, \{\boldsymbol{S}_i\}_{i\in \boldsymbol{I}}, \{H_i\}_{i\in \boldsymbol{I}} \rangle$$

为一般 n 人不结盟博弈. 若博弈

$$\overline{\Gamma} = \langle \overline{I}, \{\boldsymbol{S}_i\}_{i\in \overline{\boldsymbol{I}}}, \{\overline{H}_i\}_{i\in \overline{\boldsymbol{I}}} \rangle$$

使得

$$\overline{\boldsymbol{I}} = \boldsymbol{I} + \{n+1\};$$

$$\overline{\boldsymbol{S}}_i = \begin{cases} \boldsymbol{S}_i, & i \in \boldsymbol{I} \text{ 时}, \\ \{s_{n+1}\}, & i \notin \boldsymbol{I} \text{ 时}; \end{cases}$$

$$\overline{H}_i = \begin{cases} H_i, & i \in \boldsymbol{I} \text{ 时}, \\ -\sum\limits_{i=1}^{n} H_i, & i \notin \boldsymbol{I} \text{ 时}, \end{cases}$$

则称博弈 $\overline{\Gamma}$ 为 Γ 的零扩充.

就是说, 用零扩充的方法, 将非零和的博弈变成一个零和的博弈来讨论. 因而, 在下面我们只限制讨论零和的不结盟博弈就够了.

2.3　合作博弈的解

合作博弈中, 联盟的总赢得值已经完全由特征函数所描述了, 总赢得值的讨论, 实际上, 还停留于不结盟博弈的范围内, 只有当其讨论涉及局中人如何结盟, 以及如何分配共同赢得值时才称真正进入了合作博弈的实质问题. 这里, 就来介绍冯 • 诺伊曼关于合作博弈的一些主要概念.

由于非零和博弈可以零扩充, 我们只需讨论零和博弈的情况. 命

$$\Gamma = \langle \boldsymbol{I}, \{\boldsymbol{S}_i\}_{i\in \boldsymbol{I}}, \{H_i\}_{i\in \boldsymbol{I}}\rangle$$

是一个 n 人零和不结盟博弈.

在博弈 Γ 中, 局中人该如何结盟呢? 这主要决定于分配对局中人的影响. 所谓一个分配, 乃是指满足下列条件的 n 个实数 $\alpha = (a_1, \cdots, a_n)$:

1° $\sum\limits_{i=1}^{n} a_i = 0$;

2° $a_i \geqslant v(i)$.

凡是提到分配, 都意味着联盟对参加者的分配. 然而, 要使局中人 i 的赢得由某个联盟来分配, 只有当分配的结果, 使局中人 i 比他不参加任何联盟所得的数额为多时, 才有可能. 博弈的零和性要求全体局中人所分得的总和为零.

对于不同的分配, 局中人所得的数额可以不同, 因而各个局中人为了使自己赢得更多, 他们就会决定是否加入某个联盟以及究竟加入哪个联盟. 对于一个分配 $\alpha = (a_1, \cdots, a_n)$ 而言, 要使某个联盟 $\boldsymbol{R} \subset \boldsymbol{I}$ 有可能形成, 必须要

$$\sum_{i\in \boldsymbol{R}} a_i \leqslant v(\boldsymbol{R}).$$

这个条件如果满足, 则称联盟 $\boldsymbol{R}$ 对分配 α 有效.

如果对于两个不同的分配说来, 联盟 $\boldsymbol{R} \subset \boldsymbol{I}$ 的每个局中人在一个分配中所得均比在另一个分配中所得为多, 那么这些局中人对于结成联盟 $\boldsymbol{R}$ 感兴趣, 并且认为前一分配比后一分配要好些.

定义 1　命 $\alpha = (a_1, \cdots, a_n), \beta = (b_1, \cdots, b_n)$ 是两个分配. 如果存在联盟 $\boldsymbol{R} \neq \boldsymbol{\varLambda}, \boldsymbol{R}$ 对分配 α 有效, 使得对一切 $i \in \boldsymbol{R}$ 而言, $a_i > b_i$, 那么就说分配 α 优于分配 β, 记为 $\alpha > \beta$.

显然可见, 在建立分配的优于关系时出现的联盟 $\boldsymbol{R}$ 至少含有两个局中人. 事实上, 若 $\boldsymbol{R}$ 只含有一个局中人 i, 那么 $a_i > b_i$. 再由 β 是一个分配, 所以 $b_i > v(i)$.

从而 $a_i > v(i)$. 但这是与 $\boldsymbol{R} = \{i\}$ 对于分配 α 的有效性矛盾的, 因为这时有 $a_i \leqslant v(i)$.

定义 2 命 $\boldsymbol{X}$ 是某些分配组成的集合, 如果

(1) 对任何 $\alpha, \beta \in \boldsymbol{X}$, $\alpha > \beta$ 和 $\beta > \alpha$ 均不成立.

(2) 对任何 $\beta \notin \boldsymbol{X}$, 均存在 $\alpha \in \boldsymbol{X}$, 使得 $\alpha > \beta$, 那么 $\boldsymbol{X}$ 就叫做博弈 Γ 的一个解.

例 1 考虑一个三人零和博弈, 设其特征函数是

$$v(\boldsymbol{\Lambda}) = v(1,2,3) = 0;$$

$$v(1) = v_1, \quad v(2) = v_2, \quad v(3) = v_3;$$

$$v(1,2) = -v_3, \quad v(1,3) = -v_2, \quad v(2,3) = -v_1,$$

其中 $v_1 + v_2 + v_3 < 0$. 这时, 全体分配的集合就由这样一些三维向量 (a_1, a_2, a_3) 组成:

$$a_1 + a_2 + a_3 = 0;$$

$$a_1 \geqslant v_1, \quad a_2 \geqslant v_2, \quad a_3 \geqslant v_3.$$

今令

$$x_i = \frac{v_i - a_i}{v_1 + v_2 + v_3} \quad (i = 1, 2, 3).$$

显然可见, 全体分配集在这个一一对应下被映成张在 (x_1, x_2, x_3) 空间中坐标架上的单位三角形 (图 7), 它的点 (x_1, x_2, x_3) 满足下列关系:

$$x_1 + x_2 + x_3 = 1,$$

$$0 \leqslant x_i \leqslant 1 \quad (i = 1, 2, 3).$$

因此, 在我们考虑到分配时, 只要考虑它在单位三角形中的相应点即可.

现在来看两个分配的优于关系对于它们的相应点说来该如何表现. 首先, 由于以上所述, 只需考虑由两个局中人组成的有效联盟即可. 因此, 如果 $\alpha = (a_1, a_2, a_3)$, $\beta = (b_1, b_2, b_3)$ 是两个分配, 那么 $\alpha > \beta$ 的充要条件是下面三组不等式之一成立:

$$a_1 > b_1, a_2 > b_2 \quad (1, 2 \text{ 有效});$$

$$a_2 > b_2, a_3 > b_3 \quad (2, 3 \text{ 有效});$$

$$a_1 > b_1, a_3 > b_3 \quad (1,3\ \text{有效}).$$

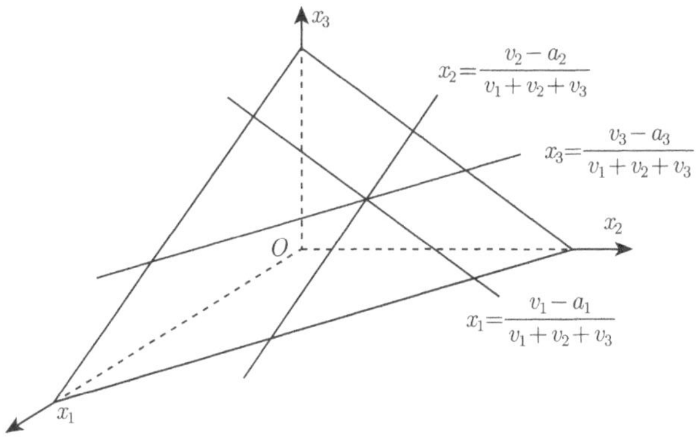

图 7

于是, 对于一个分配 α 说来, 被 α 优于的分配就“分布”在图 8 的阴影部分中, 边界只是在单位三角形的边界上的那部分. 这个区域表示为 $\boldsymbol{D}(\alpha)$; 而优于 α 的分配就落在那些无阴影三角形的内部和单位三角形相当的边界上; 而落在直线 $x_i = \dfrac{v_i - a_i}{v_1 + v_2 + v_3}$ 上的分配对 α 说来彼此均无优于关系.

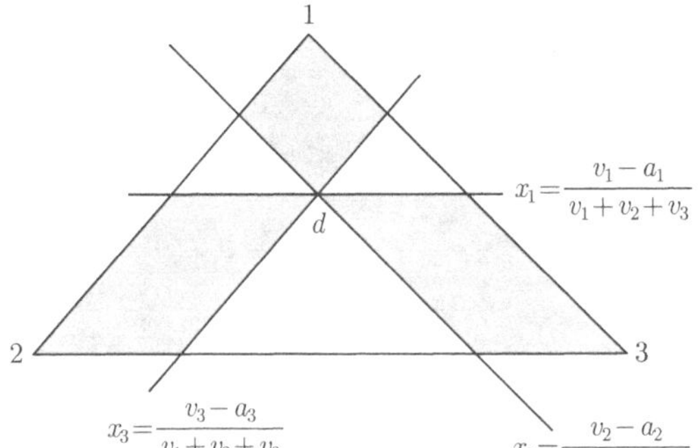

图 8

由此可见, 两个分配彼此均无优于关系的充要条件是: 通过它们的直线平行于单位三角形的一条边.

现在我们来求出这个三人博弈的解 $\boldsymbol{X}$. 根据上述, $\boldsymbol{X}$ 中任何两个分配均落在平行于单位三角形一条边的直线上.

先设 $\boldsymbol{X}$ 的一切分配均在一条直线上, 那么由于定义解的条件 (2) 的要求, $\boldsymbol{X}$ 应当是形如 AB 的整个线段 (参看图 9).

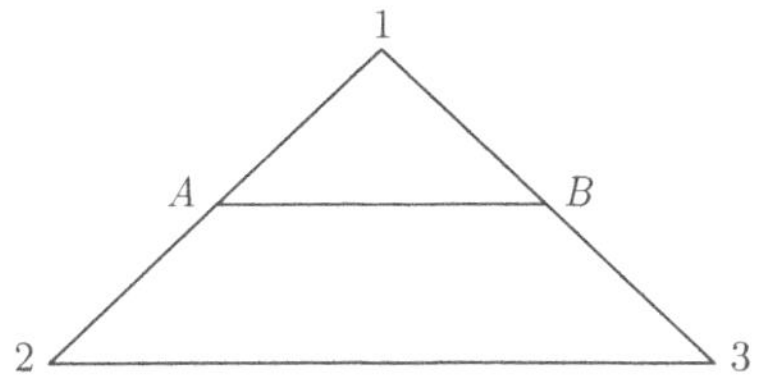

图 9

而要使条件 (2) 全部成立, 必要而充分的条件是 $\bigcup\limits_{\alpha\in\boldsymbol{X}}\boldsymbol{D}(\alpha)=A$, 而这个条件要成立, 也就在而且仅在线段 AB 长于单位三角形相应的中点连线才行. 于是, 相应于三角形的三条边, 我们得到三组这样的解, 如图 10 所示.

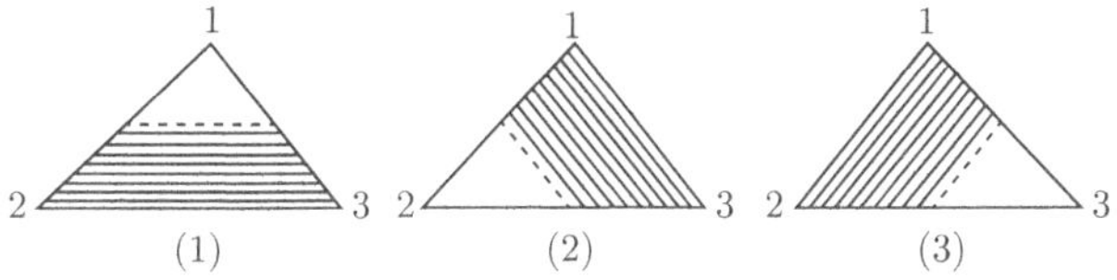

图 10

读者不难根据上面的结论和已知的对应关系找到这三组解中每个解所应满足的条件, 例如, 就第一组中的解而言, 它是由满足下面条件的分配 $\alpha=(a_1,a_2,a_3)$ 组成:

$$a_1+a_2+a_3=0,$$

$$a_1=v_1-\xi_1(v_1+v_2+v_3),\quad \xi_1\in\left[0,\frac{1}{2}\right),$$

$$a_2\geqslant v_2,\quad a_3\geqslant v_3.$$

其次, 设 $\boldsymbol{X}$ 中的分配不全在一条直线上. 显然, $\boldsymbol{X}$ 最多只能含有三个分配, 否则总有两个分配不会落在平行于三角形一条边的直线上. 这时, 要使得 $\bigcup\limits_{\alpha\in\boldsymbol{X}}\boldsymbol{D}(\alpha)=A$ 成立, 由下面的图 11 可以看出, 正好含有三个点的这个解必须是由单位三角形的三边中点组成.

于是, 解 $\boldsymbol{X}$ 所含三个分配如下:

$$\alpha=\left\{v_1,v_2-\frac{1}{2}(v_1+v_2+v_3),v_3-\frac{1}{2}(v_1+v_2+v_3)\right\},$$

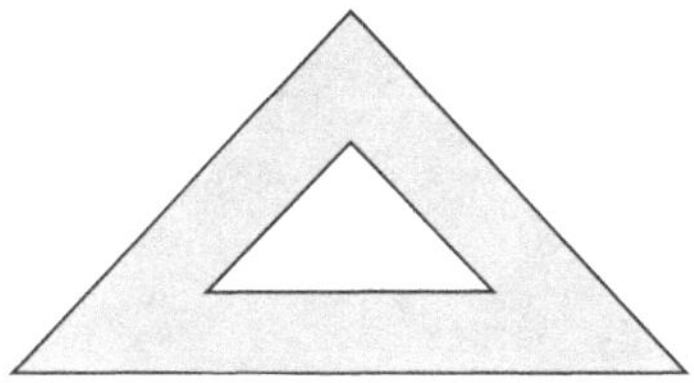

(a)

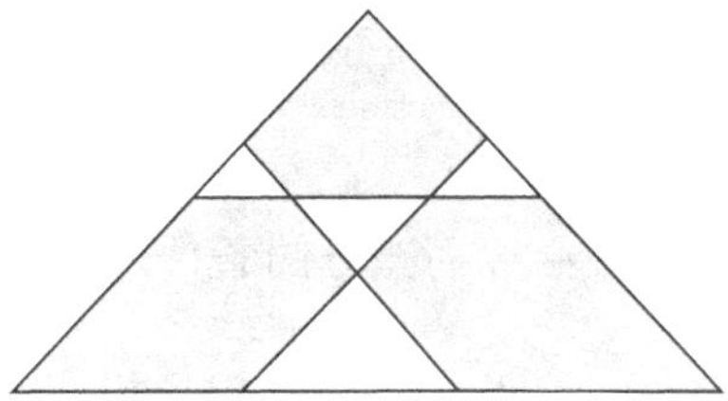

(b)

图 11

$$\beta=\left\{v_1-\frac{1}{2}(v_1+v_2+v_3),v_2,v_3-\frac{1}{2}(v_1+v_2+v_3)\right\},$$

$$\gamma=\left\{v_1-\frac{1}{2}(v_1+v_2+v_3),v_2-\frac{1}{2}(v_1+v_2+v_3),v_3\right\}.$$

从这个例子看出, 任何一个分配均含于某个解中, 这就使局中人无法据以确定其最优行动, 即是解的观念并没有指出局中人如何进行博弈, 使其赢得最多, 而仅仅指出了赢得的分配方法. 同时, 对于更一般的情形说来, 解的确定十分复杂, 甚至连解的存在性也没有得到很好的讨论. 因此, 这种解的观念并不令人满意, 夏普莱和纳什等人企图提出一种新的观念, 但亦未能使人接受.

因此, 对合作博弈而言, 无论在概念上抑或在技术上均有待进一步的深入研究.

附录　布劳佛不动点定理的证明

在证明平衡局势的存在定理时, 关键在于应用布劳佛 (Brouwer) 不动点定理. 附录的目的就是要给出这个定理的完全证明. 这个证明属于 Knaster-Kuratomski-Mazurkiemicz, 现在已经成为布劳佛定理的典型证明了, 对于熟悉点集拓扑学的读者自然显得平易, 对于不谙点集拓扑学的读者只要仔细咀嚼之后, 也不难领会所述的论证. 为了某些读者的方便, 我们先大致解释一下要用到的一些基本术语的含义.

命 $x_0,x_1,\cdots,x_r$ 是 n 维欧氏空间 $\boldsymbol{R}^n$ 的 $r+1$ 个点, 它决定一张 r 维平面

[充要条件是: 点 $x_j - x_0(j = 1, \cdots, r)$ 线性无关]. 点集

$$\boldsymbol{S}^r = \left\{ x \in \boldsymbol{R}^n \middle| x = \sum_{j=0}^{r} \lambda_j x_j, \lambda_j \geqslant 0 (j = 0, 1, \cdots, r), \sum_{j=0}^{r} \lambda_j = 1 \right\}$$

叫做以 $x_0, x_1, \cdots, x_r$ 为顶点的 r 维单形[①]. 系数 $\lambda_j (j = 0, 1, \cdots, r)$ 由点 x 唯一确定, 叫做点 x 关于 $\boldsymbol{S}^r$ 的顶点 $x_0, \cdots, x_r$ 的**重心坐标**. 显然, 单形由它的顶点完全决定. 命 $\{x_{j_0}, \cdots, x_{j_k}\}$ 是 $\boldsymbol{S}^r$ 的顶点集 $\{x_0, \cdots, x_r\}$ 的任何子集. 我们把以 $x_{j_0}, \cdots, x_{j_k}$ 为顶点的单形叫做 $\boldsymbol{S}^r$ 的一个 $\boldsymbol{k}$ **维面**. $\boldsymbol{S}^r$ 本身也是它的一个面, 叫做假面, 其余的面叫做真面. 如果 $x = \sum_{j=0}^{r} \lambda_j x_j \in \boldsymbol{S}^r$ 的非零重心坐标是 $\lambda_{j_0}, \cdots, \lambda_{j_k}$, 那么以 $x_{j_0}, \cdots, x_{j_k}$ 为顶点的 k 维面就叫做点 x 在 $\boldsymbol{S}^r$ 中的**负荷**. 所谓单形 $\boldsymbol{S}^r$ 的一个**三角剖分**, 乃是指把它分解成有很多个单形, 使得这个剖分的任何两个单形或者互不相交, 或者它们的交是它们的公共面.

引理 1 (史贝尔纳 (Sperner)) 命 $\boldsymbol{S}^r$ 是以 $x_0, \cdots, x_r$ 为顶点的 r 维单形, Λ 是 $\boldsymbol{S}^r$ 的一个三角剖分, φ 是一个顶点对应, 使得 Λ 的每个顶点均对应于它在 $\boldsymbol{S}^r$ 中的负荷的某个顶点. 那么 Λ 至少有一个 r 维单形, 使得它的顶点集 $\{x'_0, \cdots, x'_r\}$ 被 φ 变成 $\boldsymbol{S}^r$ 的整个顶点集:$\{\varphi(x'_0), \cdots, \varphi(x'_r)\} = \{x_0, \cdots, x_r\}$.

证明 我们只要证明剖分 Λ 中具有引理 1 所述性质的 r 维单形的个数 a 是奇数即可. 我们按照维数 r 来归纳证明. $r = 0$ 的情形断言显然成立. 今设维数是 $r-1$ 时断言为真, 而来证明维数是 r 时断言成立. 命 $T_1^r, \cdots, T_\rho^r$ 是 Λ 所有的 r 维单形, V 是 $T_\nu^r (1 \leqslant \nu \leqslant \rho)$ 的一个 $r-1$ 维面. 如果 V 的顶点被 φ 变成 $\boldsymbol{S}^r$ 的顶点 $x_1, \cdots, x_r$, 则称 V 为 T_ν^r 的一个**特异面**. 显然可见, 如果单形 T_ν^r 具有引理所述性质, 那么它恰好有一个特异面; 在其他任何情形下, T_ν^r 都没有特异面, 或者恰好有两个特异面. 因此, 如果以 $a_\nu (\nu = 1, \cdots, \rho)$ 表示 T_ν^r 的特异面的个数, 那么 $\sum_{\nu=1}^{\rho} a_\nu \equiv a (\mathrm{mod}\ 2)$. 于是, 剩下的就是要证明 $\sum_{\nu=1}^{\rho} a_\nu$ 是奇数.

对于单形 $T_1^r, \cdots, T_\rho^r$ 中任意一个的任何特异面 V 而言, 如果 V 不在 $\boldsymbol{S}^r$ 的一个 $r-1$ 维面上, 那么 V 是 Λ 的一双毗邻于 V 的 r 维单形的特异面, 因此 V 在和式 $\sum_{\nu=1}^{\rho} a_\nu$ 中算了两次. 如果 V 在 $\boldsymbol{S}^r$ 的一个 $r-1$ 维面 $\boldsymbol{S}^{r-1}$ 上, 那么它是 Λ 的唯一一个 r 维单形的特异面, 同时对 V 的每个顶点 x 而言, 根据对应 φ 的定义, $\varphi(x)$ 必须是 $\boldsymbol{S}^{r-1}$ 的顶点, 所以 $\boldsymbol{S}^{r-1}$ 只能是以 $x_1, \cdots, x_r$ 为顶点的那个面.

① 读者不难以三角形或四面体为例来思索以下的论证.

因此, $\sum_{\nu=1}^{\rho} a_\nu \pmod 2$ 等于 Λ 中在 $\boldsymbol{S}^{r-1}$ 上的这样一些 $r-1$ 维单形 V 的个数, 这些 $r-1$ 维单形的顶点被 φ 变成整个顶点集 $\{x_1,\cdots,x_r\}$. 但是, 根据归纳假设, 这样一些 $r-1$ 维单形 V 的个数是奇数, 所以 $\sum_{\nu=1}^{\rho} a_\nu \equiv 1 \pmod 2$.

引理 2 (Knaster-Kuratomski-Mazurkiemicz) 命 $\boldsymbol{S}^r$ 是以 $x_0,\cdots,x_r$ 为顶点的 r 维单形, $\boldsymbol{C}_0,\cdots,\boldsymbol{C}_r$ 是它的 $r+1$ 个闭子集, 满足下述条件: 对于任何 $\{j_0,\cdots,j_k\}\subset\{0,\cdots,r\}(0\leqslant k\leqslant r)$, $\boldsymbol{S}^r$ 的以 $x_{j_0},\cdots,x_{j_k}$ 为顶点的面含于 $\boldsymbol{C}_{j_0}\cup\cdots\cup\boldsymbol{C}_{j_k}$ 中. 那么交 $\bigcap_{j=0}^{r}\boldsymbol{C}_j$ 非空.

证明 命 $\Lambda_\nu(\nu=1,2,\cdots)$ 是 $\boldsymbol{S}^r$ 的一系列三角剖分, 使得 Λ_ν 的单形的最大直径 δ_ν 在 $\nu\to>\infty$ 时趋于零. 对于每个三角剖分 Λ_ν, 如果 x 是 Λ_ν 的一个顶点, 而 $x_{j_0},\cdots,x_{j_k}$ 是 x 在 $\boldsymbol{S}^r$ 中的负荷的顶点, 那么根据定理的假设, $x\in\boldsymbol{C}_{j_0}\cup\cdots\cup\boldsymbol{C}_{j_k}$. 如果 $x\in\boldsymbol{C}_j(j\in\{j_0,\cdots,j_k\})$, 则命 $\varphi_\nu(x)=x_j$. 这样得到的 Λ_ν 与 $\boldsymbol{S}^r$ 之间的顶点对应显然合于引理 1 的条件, 因此 Λ_ν 有一个 r 维单形, 以 $x_0^{(\nu)},\cdots,x_r^{(\nu)}$ 为顶点, 使得 $x_j^{(\nu)}\in\boldsymbol{C}_j(j=0,\cdots,r)$. 可以假设序列 $\{x_j^{(1)},x_j^{(2)},\cdots\}(j=0,\cdots,r)$ 均收敛, 否则只需换成它的一个收敛子序列即可①. 由于 $\delta_\nu\to0$, 所以这 $r+1$ 个序列收敛于同一个点: $\lim_{\nu\to\infty}x_j^\nu=x^*(j=0,\cdots,r)$. 再由 $\boldsymbol{C}_j(j=0,\cdots,r)$ 都是闭集, 所以 $x^*\in\boldsymbol{C}_j(j=0,\cdots,r)$, 即是 $\bigcap_{j=0}^{r}\boldsymbol{C}_j$ 非空.

布劳佛不动点定理 命 $\boldsymbol{S}$ 同胚于 n 维欧氏空间中的一个单形, φ 是一个把 $\boldsymbol{S}$ 映入自身的连续映象. 那么 φ 至少有一个不动点 $x^*\in\boldsymbol{S}$, 即是 $x^*=\varphi(x^*)$.

证明 显然, 由于同胚关系, 我们只需就 $\boldsymbol{S}$ 是一个 r 维单形的情形来证明即可. 命 $x_0,\cdots,x_r$ 是 $\boldsymbol{S}$ 的顶点, $\lambda_0(x),\cdots,\lambda_r(x)$ 是点 $x\in\boldsymbol{S}$ 的重心坐标, 再命

$$\boldsymbol{C}_j=x\in\boldsymbol{S}|\lambda_j(\varphi(x))\leqslant\lambda_j(x)\quad(j=0,1,\cdots,r).$$

由于 λ_j 和 φ 的连续性, $\boldsymbol{C}_j$ 显然是 $\boldsymbol{S}$ 的闭子集. 我们来证明 $\boldsymbol{C}_0,\boldsymbol{C}_1,\cdots,C_r$ 满足引理 2 的条件. 事实上, 对于以 $x_{j_0},\cdots,x_{j_k}$ 为顶点的面而言, 它的任何一点 x 均合于条件: $\lambda_j(x)=0,j\neq j_0,\cdots,j_k$. 同时 $\sum_{\nu=0}^{k}\lambda_{j_\nu}(x)=1\geqslant\sum_{\nu=0}^{k}\lambda_{j_\nu}(\varphi(x))$. 因此至少有一个 $j_\nu(0\leqslant\nu\leqslant k)$ 使得 $\lambda_{j_\nu}(x)\geqslant\lambda_{j_\nu}(\varphi(x))$, 即是 $x\in\boldsymbol{C}_{j_\nu}$. 这样一来, 根

① 因为 $C_j(j=0,\cdots,r)$ 是欧氏空间 $\boldsymbol{R}^n$ 的有界闭集, 所以它的任何无限序列均含有收敛之序列.

据引理 2, 交 $\bigcap_{j=0}^{r} \boldsymbol{C}_j$ 非空, 即是存在一个点 $x^* \in \boldsymbol{S}$, 使得对一切 $0 \leqslant j \leqslant r$ 而言, $\lambda_j(\varphi(x^*)) \leqslant \lambda_j(x^*)$. 由于

$$\sum_{j=0}^{r} \lambda_j(\varphi(x^*)) = \sum_{j=0}^{r} \lambda_j(x^*) = 1,$$

所以必须对一切 $j = 0, 1, \cdots, r$ 有 $\lambda_j(\varphi(x^*)) = \lambda_j(x^*)$, 即是 $\varphi(x^*) = x^*$. 定理证毕.

第四章　阵 地 博 弈

§1　阵地博弈的定义

1.1　引言

前面各章, 我们所介绍过的博弈模型, 都是作为“正规型”来考虑. 让我们回忆一下, 所谓正规型博弈是指这样的一种博弈模型: 参加这个博弈的是一些叫做“局中人”的队, 他们各自拥有一定的“(纯) 策略”, 他们同时地及彼此隔绝地选取某一个策略, 并比较这些策略以后, 则每一个局中人都从某一来源处取得 (博弈规则中预先规定好了的) 一定的 “赢得”.

必须指出, 这里所说的局中人的一个策略只是作为抽象集合中的一个元素; 而丝毫没有涉及或者赋予一个策略的具体内容和特点. 这样, 策略之间的差别, 仅仅表现在对于赢得的影响不同. 因此, 在一个博弈中, 如果某一局中人采取了两个策略 α, β 时, 所能获得的赢得完全相同. 例如在某矩阵博弈中, 赢得矩阵有两行 (列) 相同. 那么, 这两个策略对于这个局中人来说可以认为是没有差别的, 而看作是一个策略.

在实际的问题中, 往往遇到这样一种现象的模型 (它的确能够成为博弈): 一方面, 其策略常常具有一系列独特的特性. 这种特性不同的两个策略应该认为是不同的, 这种不同是与赢得函数毫不相关的. 例如, 在象棋博弈中, 即使对于一切情况下, 用走 “卒” 开局与用飞 “象” 开局, 其后果完全一样. 但是, 这两种开局应该看作有着本质的不同.

在前面提到过的策略 α, β. 虽然, 对于局中人的赢得而言是没有差别的; 但是, 策略 α 所包含的实际内容与策略 β 所包含的实际内容本身都可以完全不相同.

另一方面, 每一个局中人的策略往往是由一系列的行动所组成. 通常, 局中人最初选择的只是他的一个策略中的某一具体行动, 并且给自己留下继续采取行动的自由. 在得到其他局中人的某些类似的行动之后, 这个局中人缩小了策略的组成部分, 采取了新的行动, 并且等待新的信息, 等等. 这样一步一步地缩小局中人的剩余的活动的可能性, 而达到一定的结局. 这样一来, 就逐渐地达到了选定自己的某个策略. 而在那结局之下, 每个局中人取得一定数目的赢得. 象棋博弈就是这种现象中的最典型的一个例子; 又譬如, 一大夫要为一个病人诊断和治疗某种疾病. 采取这样一种治疗方案: 首先, 在进行了必要的观察和了解之后, 采取了第一步行动, 让病人服下某种药品. 在获得了病人的进一步反应情况之后, 再采取第二步行动, 又让病人服下某种药品并等待病人的反应; 等等, 一直到得出某种结果为止. 在这个例子中从开始到结局, 大夫所采取的一系列行动应当看作是一个策略.

必须指出, 这里所说的局中人的"策略"是指对于他可能遇到的一切情况, 都能够告诉他如何行动. 因此, 和我们平常所谓策略的理解有所不同. 例如, 在象棋博弈中, 黑方走了一步好棋, 也叫做他选择了一个好策略. 而按照我们这里的理解, 则不能算是一个策略, 只能说是某个策略的一个组成部分. 更精确的说法应当是: 他在某一策略中的某一步上采取了一个很好的选择 (行动).

虽然, 上述的第二个特征, 在引进了策略这个概念之后, 可以把博弈模型化成正规型博弈, 而失掉在正规型博弈的条件下, 局中人选择其策略的过程被看作是某个一步的动作, 这种行动是在完全没有关于他的对手的行动和意图的某种信息的条件下作出的.

然而, 要想在博弈论中反映出被模型化的现象的上述两方面的意图, 就引导出建立这样一种博弈理论: *它是建立在把局中人的策略***具体化***以及在博弈过程中逐步实现它的观点, 来研究博弈的基础上的.*

研究这类博弈的理论就称为"**阵地博弈论**". 博弈论的第一篇著作, 即前面已经提到过的策梅洛 (Zermelo) 的文章[①], 所写的正是阵地博弈——象棋. 冯 • 诺伊曼 (von Neumann) 也研究过阵地博弈[②], 而这种类型的博弈的精确定义则由库恩 (Kuhn) 所给出[③].

应当指出, 阵地博弈的英文名称——The game in extensive form (广义型博弈)——不完全恰当. 因为实际上, 我们所谈到的不是把正规模型的概念进行某种推广而更加广泛; 正相反, 是它们的某种精确化和具体化.

1.2 术语和记号

上面我们只是非常粗糙地叙述了阵地博弈的特点. 下面将明确地给出阵地博弈的定义. 为此先介绍几个简单的博弈的例子, 并且用图来表示它们.

例 1 设博弈 Γ, 有两个局中人参加, 博弈规则规定: 第一步让局中人 1 选择 1 或 2, 并且把他选择的结果告诉局中人 2, 让他选择 1 或 2, 当局中人 2 选择完毕之后, 博弈过程就算结束. 如果, 两个局中人的选择相同, 则局中人 1 赢得为 1, 否则为 -1.

---

① Zermelo E. Über eine Anwendung der Mengenlehre auf die Theorie des Schachspiels, Proceedings of the Fifth International Congress of Mathematicians, Cambridge, 1912, 2: 501-550.

② von Neumann J, Morgenstern. Theory of Games and Economic Behavior, 1944.

③ Kuhn H W. Extensive games, Proc. Nat. Acad. Sci. 1950, 36. Kuhn H W. Extensive games and problem of information, Contribution to the theory of games, Ⅱ Princeton, 1953: 192-216.

我们可以用下面的图 12 来表示这个博弈.

图 12 中, "圆圈" 中的 "顶点" 上所标的文字代表由那个局中人来选择的, 由这个顶点所引申出去的 "择路" 上所标明的数目代表他在这一步上的某种选择, 而末端标明的数目代表局中人 1 的赢得.

例 2　如果在例 1 中的第二步, 不把局中人 1 在第一步中选择了什么告诉他, 就让他选择, 而其他则完全与例 1 相同. 如图 13 表示: 当第二步轮到局中人 2 选择时, 他只知道他的确处在 "椭圆圈" 的内部的某个顶点, 但不能确切地知道它到底是在哪一个顶点上.

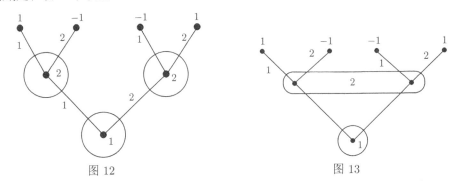

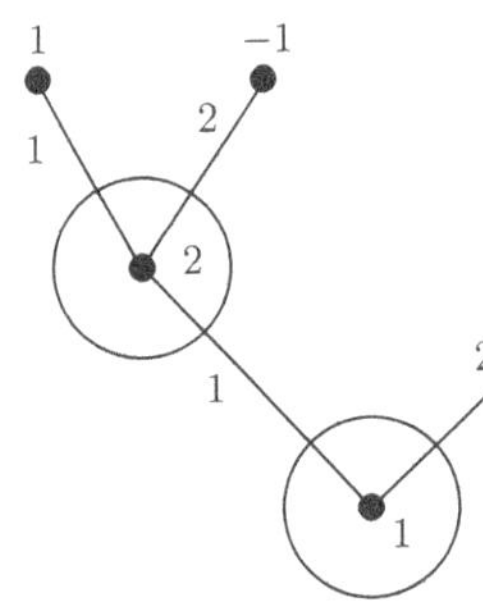

图 12

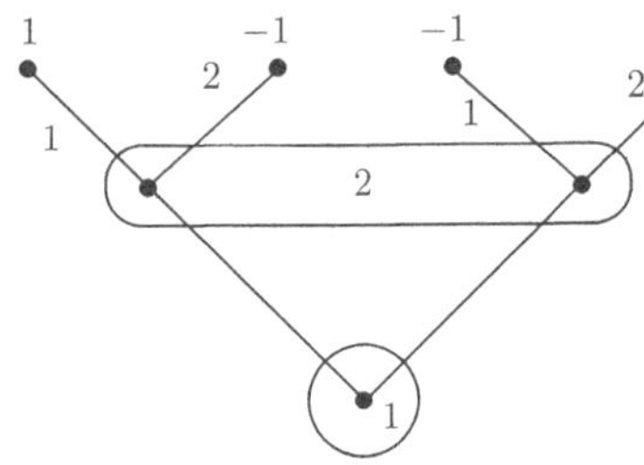

图 13

我们再举一个稍稍复杂一些的例子.

例 3　在博弈 Γ 中, 有两个局中人参加. 局中人 1 是一个队, 其队员记为 1_A 与 1_B; 局中人 2 就是一个人. 这些参加者都被隔离在彼此不通信息的房子里, 博弈的过程如下: 第一步由中间人在标有号码 1, 2 及 3 的三张卡片中, 任意地抽出一张来, 如果他抽到的卡片写的是号码 1 或 2, 则中间人到 1_A 的房子里, 不告诉他卡片上的号码而让他从 1 或 2 中选一个数字, 当他选的是 1 时, 博弈就算结束. 这时局中人赢得 1. 当他选的是 2 而卡片上写的是 1 时, 则下一步中间人让 1_B 选择, 当他选的是 2 而卡片上写的是 2 时, 则让 2 选择, 1 或者 2, 而博弈告终. 最后, 如果抽到的卡片写的是 3, 那么中间人依次让 2 及 1_B 选 1 或 2, 而博弈告终. 在博弈终止时, 局中人 1 取得的赢得如图 14 所示.

图 14 就是这个博弈的图象, 其中, "最低顶点" 写的是 0, 这代表由随机选择并注明是以怎样的概率来选择这些择路的.

现在, 我们就要引进若干术语和记号, 今后我们将经常用到它们.

1° 有限集合 $\boldsymbol{K}$ 的树状有序化

在有限集合 $\boldsymbol{K}$ 上定义了半序关系 "$<$", 即在有限集合 $\boldsymbol{K}$ 的一部分元素间规定一种前后次序关系 "$<$" 并且满足条件: (1)$a \not< a$; (2) 从 $a<b$, $b<c$ 可推出 $a<c$ 并且满足下面条件:

(i) 存在这样的元素 $o \in \boldsymbol{K}$, 使得对于任意的 $x \in \boldsymbol{K}$, 有 $o \leqslant x$.

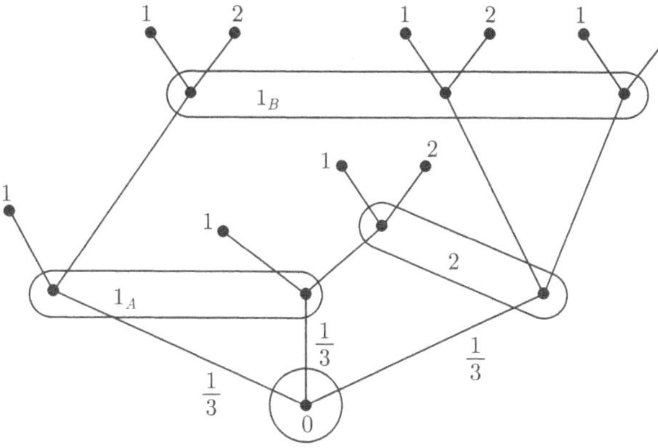

图 14

(ii) 对于任意一对 $x, y \in \boldsymbol{K}$, 如果存在这样的 $z \in \boldsymbol{K}$, 使得 $x < z$ 及 $y < z$, 就能推出: 或者 $x \leqslant y$ 或者 $y \leqslant x$.
则集合 $\boldsymbol{K}$ 称为被半序关系 "$<$" 树状有序化. 从直观上看, 一个树状有序化的集合 $\boldsymbol{K}$ 可用下面树枝状的图来表示. 如图 15 所示.

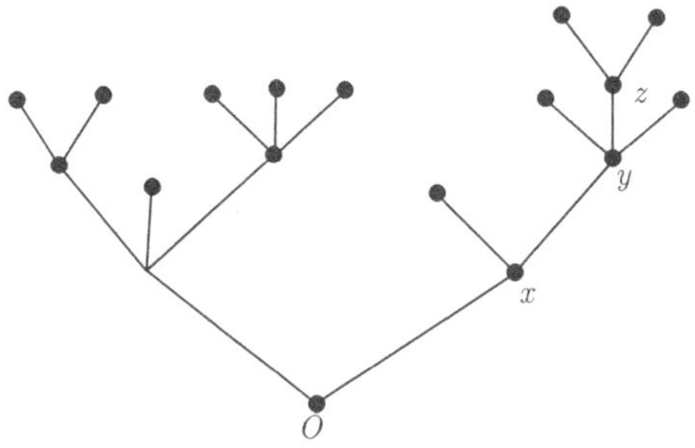

图 15

今后称 $\boldsymbol{K}$ 的元素为阵地. 阵地 o 称为 "原点". 任何阵地 w, 若不存在阵地 $y > w$, 则 w 称为**终结阵地**. $\boldsymbol{K}$ 中终结阵地的全体记为 $\boldsymbol{K}^*$. 由 $\boldsymbol{K}$ 的有限性知 $\boldsymbol{K}^*$ 不空. 即 $\boldsymbol{K}^* \neq \boldsymbol{\Lambda}$.

用 $\boldsymbol{D}(x)$ 表示 x 以后的全部阵地的集合. 即

$$\boldsymbol{D}(x) = \{y | y > x\}.$$

对于 $\boldsymbol{K}$ 的子集 $\boldsymbol{U}$, 规定 $\boldsymbol{D}(\boldsymbol{U}) = \bigcup\limits_{x \in \boldsymbol{U}} \boldsymbol{D}(x)$.

设 $\boldsymbol{U}, \boldsymbol{V} \subset \boldsymbol{K}$, 如果存在 $x \in \boldsymbol{U}$ 及 $y \in \boldsymbol{V}$, 使得 $x < y$ 时, 则记为 $\boldsymbol{U} < \boldsymbol{V}$. 必须注意, 对于阵地集合 $\boldsymbol{U}$ 与 $\boldsymbol{V}$, 可能同时有 $\boldsymbol{U} < \boldsymbol{V}$ 及 $\boldsymbol{V} < \boldsymbol{U}$.

由 $\boldsymbol{K}$ 的有限性推出, 对于任何阵地 $x \neq o$, 都存在唯一的阵地 $y < x$, 使得 $\boldsymbol{B}$

对于任何 $z \in \boldsymbol{K}$, 关系 $y < z < x$ 不成立. 阵地 y 称为直接发生在 x 之前. 记为 $f(x)$.

用 $\boldsymbol{B}(x)$ 来表示一切发生在 x 之前的阵地连同阵地 x 一起所组成的阵地集. 即

$$\boldsymbol{B}(x) = \{y|y \leqslant x\}.$$

而用 $\boldsymbol{B}^*(x)$ 表示 $\boldsymbol{B}(x)$ 中除去阵地 x 之后的集合. 即

$$\boldsymbol{B}^*(x) = \boldsymbol{B}(x)\backslash x.$$

若 $w \in \boldsymbol{K}^*$, 则 $\boldsymbol{B}(w)$ 称为通向 w 的一局; 若 $x \notin \boldsymbol{K}^*$, 则 $\boldsymbol{B}(x)$ 称为通过的某一局的**片断**. 或简称一局的片断.

命 $f^{-1}(x) = \{y|f(y) = x\}$. 则阵地 $f^{-1}(x)$ 的元素称为直接发生在 x 之后的阵地. 或称为阵地 x 的一条 "择路"(这时, 我们把直接后延的阵地与由 x 到这个阵地的通路等同起来). 用 $\boldsymbol{K}_i$ 表示 $\boldsymbol{K}$ 中恰好具有 i 个择路的阵地的全体. 显然, $\boldsymbol{K}_0 = \boldsymbol{K}^*$. 以后我们就知道, 阵地 x 上的择路将代表在 x 处的可能的选择. 而对于只有一条择路的阵地, 它在博弈的过程中是多余的. 因此, 无损一般性, 不妨假设 $\boldsymbol{K}_1 = \boldsymbol{\Lambda}$.

如果, 对于每一个 $x \in \boldsymbol{K}_i$ $(i \geqslant 2)$, 把 $f^{-1}(x)$ 的元素都用 1 到 i 的自然数来编号, 则树状有序集 $\boldsymbol{K}$ 就称为是定向的. 通常总是从左到右顺次编号.

今后将把阵地的择路与它的择路的号码等同起来.

如果 $x \in \boldsymbol{K}_i$ 及 $1 \leqslant \nu \leqslant i$, 则用 $\boldsymbol{D}(x,\nu)$ 表示由 x 的第 ν 个择路的阵地及它后面的全体阵地所组成的阵地集. 显然

$$\boldsymbol{D}(x) = \bigcup_{\nu=1}^{i} \boldsymbol{D}(x,\nu)$$

表示阵地 x 之后的全体阵地集.

如果 $\boldsymbol{U} \subset \boldsymbol{K}_i$, 则用 $\boldsymbol{D}(\boldsymbol{U},\nu)$ 表示和集:

$$\boldsymbol{D}(\boldsymbol{U},\nu) = \bigcup_{x \in L} \boldsymbol{D}(x,\nu).$$

如果 $x < z$, 则用 ν_x^z 表示由 x 通向 z 的那择路的号码. 即使得 $z \in \boldsymbol{D}\ (x,\nu_x^z)$ 的择路.

2° **阵地集的次序划分**

设 $\boldsymbol{R}$ 是一种划分法, 把集合 $\boldsymbol{K}\backslash\boldsymbol{K}^*$ 分成两两不相交的阵地集 $\boldsymbol{I}_0, \boldsymbol{I}_1, \boldsymbol{I}_2, \cdots, \boldsymbol{I}_n$, 则称 $\boldsymbol{R}$ 为 $\boldsymbol{K}$ 的一个次序划分 (或局中人划分). 如果 $x \in \boldsymbol{I}_0$, 则称在阵地 x 处发生随机走法或在阵地 x 是由随机装置来进行选择的. 如果 $x \in \boldsymbol{I}_i$ $(i \neq 0)$, 则

称在阵地 x 处轮到第 i 个局中人走的. 集合 $\boldsymbol{I}_0, \cdots, \boldsymbol{I}_n$ 称为次序集合. 今后总假设: 每一个阵地 $x \in \boldsymbol{I}_0$, 都赋予一个在 $f^{-1}(x)$ 上的某一概率分布, 并且所有择路的概率都是正的. 择路 ν_x 的概率记为 $p(x, \nu_x)$.

3° 信息集划分

设 $\boldsymbol{R}_i$ 是集合 $\boldsymbol{I}_i\ (i = 1, \cdots, n)$ 的一种划分法, 把 $\boldsymbol{I}_i$ 分成两两不相交的阵地集 $\boldsymbol{U}_{i1}, \cdots, \boldsymbol{U}_{il}$, 并且满足:

(1)$\boldsymbol{U}_{il} \not< U_{il}$.

(2) 由 $\boldsymbol{U}_{il} \cap \boldsymbol{K}_j \neq \boldsymbol{\Lambda}$, 则得 $\boldsymbol{U}_{il} \subset \boldsymbol{K}_j$. 则 $\boldsymbol{R}_i$ 称为第 i 个局中人的一个信息集划分, 而 $\boldsymbol{U}_{i1}, \cdots, \boldsymbol{U}_{il}$ 称为他的信息集. 用 $\mathscr{U}_i$ 表示局中人 i 的所有信息集的族, 即

$$\mathscr{U}_i = \{\boldsymbol{U}_{i1}, \cdots, \boldsymbol{U}_{il}\}.$$

在图 13 中, 每一个局中人都只有一个信息集. 在图 14 中, 局中人 1 有两个信息集, 而局中人 2 则只有一个信息集.

我们引进信息集的概念, 目的在于表达在博弈过程中的这样一种情况: 当轮到局中人 i 选择走的时候, 他只能知道他是在这个信息集内的某个阵地, 但是, 不能准确地知道到底在哪个阵地上. 因此关于信息集的条件 (1), 可以这样来解释: 因为很难设想在某一局中, 当轮到局中人 i 走时, 他会分不清他所处的阵地的前后次序; 而条件 (2) 则可这样来解释: 因为局中人 i 处在某一阵地上时就一定知道该阵地的择路数, 如果同一信息集内各阵地的择路数不相等, 则局中人当然就可以把具有不同择路的阵地区分出来, 这时他就会知道他是在这个信息集的这一部分而不是在另一部分, 这与信息集的要求矛盾.

因此, 我们可以把一个信息集中所有阵地的同号码的择路叫做这个信息集的择路, 信息集的择路也可以与它们的编号等同起来. 对于 $\boldsymbol{I}_0$, 我们总假设它的每一个阵地就构成一个信息集.

1.3　阵地博弈的定义

设 $\boldsymbol{K}$ 是定向树状有序集合. 设 $h_1, \cdots, h_n$ 是定义在 $\boldsymbol{K}$ 的终结阵地集 $\boldsymbol{K}^*$ 上的 n 个实值函数. 值 $h_i(w)$ 称为第 i 个局中人在终结阵地 w 上的 "赢得".

如果给定了

(1) 局中人集合$\boldsymbol{I} = \{1, 2, \cdots, n\}$.

(2) 定向的树状有序集$\boldsymbol{K}$.

(3) 把集合 $\boldsymbol{K}$ 分成次序集合的一个划分 $\boldsymbol{R}$.

(4) 把集合 $\boldsymbol{I}_1, \boldsymbol{I}_2, \cdots, \boldsymbol{I}_n$ 分成信息集的 n 个划分 $\boldsymbol{R}_1, \cdots, \boldsymbol{R}_n$.

(5) $\boldsymbol{I}_0$ 中每一个阵地 x 的择路集合上的概率分布为 p_x.

(6) 每一个终结阵地 w 上定义了赢得 $h_1(w), \cdots, h_n(w)$.

则称 (有限) 阵地博弈 Γ 已完全给定. 简单地说, (有限) 阵地博弈 Γ 就是下列六元体:

$$\Gamma = \langle \boldsymbol{I}, \boldsymbol{K}, \boldsymbol{R}, \{\boldsymbol{R}_i\}_{i\in \boldsymbol{I}}, \{p_x\}_{x\in \boldsymbol{I}_0}, \{h_i\}_{i\in \boldsymbol{I}} \rangle .$$

其中记号已如上述.

阵地博弈的过程可以这样描述:

博弈是由原点 o 开始的, 如果 $o \in I_0$, 则以概率 $p(0, \nu_0^x)$ 到达 o 的直接后延阵地 x (即 $x \in f^{-1}(0)$); 如果 $o \in \boldsymbol{I}_i$ $(i \neq 0)$, 则称这一步轮到局中人 i 来走. 设博弈 Γ 中的第 k 步已经走过了, 由此到达阵地 x. 如果 $x \in \boldsymbol{K}^*$, 则博弈就算结束了. 如果 $x \notin \boldsymbol{K}_i^*$, 而 $x \in \boldsymbol{I}_0$, 则第 $k+1$ 步是按照概率分布 p_x 随机地选择择路, 而转到 x 的直接后延阵地. 如果 $x \in \boldsymbol{I}_i$ $(i \neq 0)$, 则第 $k+1$ 步由第 i 个局中人在 x 的所有择路上任意选择一个择路, 而后转到它的某一个直接后延阵地. 由于 $\boldsymbol{K}$ 的有限性, 经过有限步骤之后必然进入某一终结阵地, 这时博弈宣布结束, 而每个局中人取得相应的赢得.

与序贯分析相关联着的所有统计判决手续也属于阵地博弈. 这种类型的, 通常是把 "统计学家" 看作第二局中人, 把 "大自然" 当作第一局中人的二人零和博弈来处理. 我们将在本章的最后一节加以讨论.

§2 阵地博弈的正规化

上一节中所引进的阵地博弈的定义与正规博弈的定义在形式上是不相同的. 但是, 对于每个阵地博弈, 都可以用引进局中人的 "策略" 及 "赢得函数" 的概念, 来把阵地博弈表示为正规博弈; 反过来说, 一个 (有限) 正规博弈也可以通过引进 "阵地" 及 "信息集" 而表为阵地博弈. 这一节就来建立这两种博弈之间的转化关系.

对于阵地博弈, 由于还没有自己的一套完善的解决局中人的 "理智" 的行为——最优策略或者平衡策略——的问题的方法. 既然, 任何一个阵地博弈都可以化为正规博弈. 那么上述问题的解决就可归结为正规博弈中的同样的问题来解决. 因此, 正规化在阵地博弈中起着重要的作用. 另一方面, 由于阵地博弈本身具有独特的性质, 这些性质在正规化之后就会失掉, 因此, 就阵地博弈本身来考虑和处理上述问题, 是很值得研究的问题.

2.1 阵地博弈的正规化

将阵地博弈化成正规博弈的过程称为正规化.

首先, 我们来定义局中人 i 的 (纯) 策略.

定义 1 所谓局中人 i 的一个纯策略 π_i 是指, 定义在信息集族 $\mathscr{U}_i$ 上的一个函数 π_i, 对于 $\boldsymbol{U} \in \mathscr{U}_i$ 函数值 $\pi_i(\boldsymbol{U})$ 是信息集 $\boldsymbol{U}$ 的一个择路.

换句话说, 纯策略 π_i 是局中人 i 的一种行动方案, 它告诉局中人 i 在自己的每个信息集上选择哪一个择路.

由于纯策略是作为定义信息集族上的一个函数, 那么变元是信息集. 由于函数值是某一个择路而择路则和它的编号是等同的, 如果信息集上的择路总是 j, 那么函数值就是不超过 j 的正整数. 由于两个函数称为相等的是指在它们的定义域上函数值相等, 但是信息集的族是有限的, 因此, 也可以把纯策略理解为一个向量 $(\pi_i(\boldsymbol{U}_{i1}), \cdots, \pi_i(\boldsymbol{U}_{it_i}))$, 其中 t_i 是局中人 i 的信息集的总数.

我们用 $\boldsymbol{\Pi}_i$ 表示局中人 i 的所有纯策略的集合.

定义 2 一切局中人的纯策略的 n 元组 $(\pi_1, \cdots, \pi_n)$ 称为博弈 Γ 的一个纯局势, 其中 $\pi_i \in \boldsymbol{\Pi}_i$.

显然每一个纯局势唯一地确定一局 (即一终结阵地), 一切纯局势的集合记为 $\boldsymbol{\Pi}$. 显然,

$$\boldsymbol{\Pi} = \boldsymbol{\Pi}_1 \times \boldsymbol{\Pi}_2 \times \cdots \times \boldsymbol{\Pi}_n.$$

设 $\pi = (\pi_1, \cdots, \pi_n)$ 是 Γ 的一个纯局势. 在此局势下, 在阵地 $x \in \boldsymbol{K} \backslash \boldsymbol{K}^*$ 处取择路 ν 的概率为:

$$\pi(x,\nu) = \begin{cases} p_x(\nu), & \text{当 } x \in \boldsymbol{I}_0, \\ 1, & \text{当 } x \in \boldsymbol{U} \in \mathscr{U}_i \ (i \neq 0) \text{ 且 } \pi_i(\boldsymbol{U}) = \nu, \\ 0, & \text{其他情形.} \end{cases}$$

于是在局势 π 下, 阵地 $x \in \boldsymbol{K}$ 出现的概率为

$$\pi[x] = \prod_{y \in \boldsymbol{B}^*(x)} \pi\ (y, \nu_y^x).$$

特别地, 在局势 π 之下, 终结阵地 w 的概率为 $\pi[w]$. 这样一来, 局中人 i 在终结阵地 w 的赢得 $h_i(w)$ 就成了随机变量, 其数学期望是

$$H_i(\pi) = \sum_{w \in \boldsymbol{K}^*} h_i(w)\pi[w].$$

定义 3 所谓局中人 i 在局势 π 之下总的赢得函数是指数学期望:

$$H_i(\pi) = \sum_{w \in \boldsymbol{K}^*} h_i(w)\pi[w].$$

定义 4 对于阵地博弈 Γ, 如上所述, 可以构造一个正规博弈 Γ_N:

$$\Gamma_N = \langle \boldsymbol{I}, \{\boldsymbol{\Pi}_i\}_{i \in \boldsymbol{I}}, \{H_i\}_{i \in \boldsymbol{I}} \rangle,$$

则 Γ_N 称为 Γ 的正规形式.

例如, 我们来把上节的例 3 正规化, 那里局中人 1 有两个信息集 $\boldsymbol{U}_1$ 与 $\boldsymbol{U}_2$, 局中人 2 只有一个信息集 V (参看图 16).

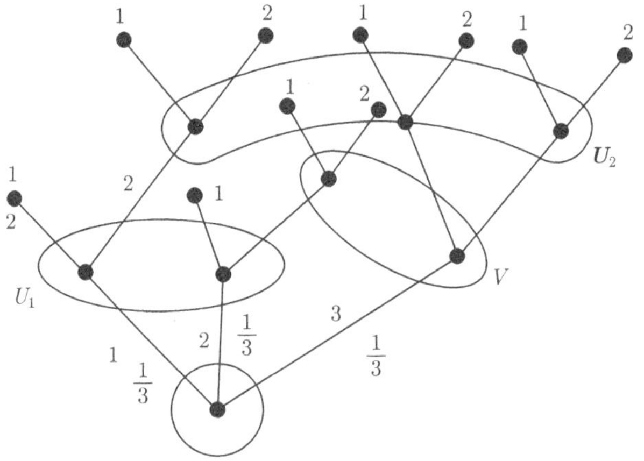

图 16

局中人 1 的纯策略有 $\pi_{11} = (\pi_{11}(\boldsymbol{U}_1) = 1, \pi_{11} = \pi_{11}(\boldsymbol{U}_2) = 1)$ 即在信息集 $\boldsymbol{U}_1$ 和 $\boldsymbol{U}_2$ 上都取第一号择路, $\pi_{12} = (\pi_{12}(\boldsymbol{U}_1) = 1, \pi_{12}(\boldsymbol{U}_2) = 2)$, $\pi_{13} = (\pi_{13}(\boldsymbol{U}_1) = 2$, $\pi_{13}(\boldsymbol{U}_2) = 1)$, $\pi_{14} = (\pi_{14}(\boldsymbol{U}_1) = 2$, $\pi_{14}(\boldsymbol{U}_2) = 2)$. 局中人 2 的纯策略有 $\pi_{21} = (\pi_{21}(\boldsymbol{V}) = 1)$, $\pi_{21} = (\pi_{22}(\boldsymbol{V}) = 2)$, 在纯局势 $\pi = (\pi_{11}, \pi_{21})$ 下局中人 1 的赢得为

$$H_1(\pi) = \sum_{w \in \boldsymbol{K}^*} h_1(w)\pi[w] = \frac{1}{3} \times 1 + \frac{1}{3} \times 1 + \frac{1}{3} \times 1 = 1.$$

对于其他局势下, 局中人 1 的赢得不难一一算出, 我们把它们列在表 4-1 中.

表 4-1

局中人 1 \ 局中人 2	π_{21}	π_{22}
π_{11}	1	1
π_{12}	$\frac{4}{3}$	$\frac{4}{3}$
π_{13}	1	$\frac{4}{3}$
π_{14}	$\frac{5}{3}$	2

对于这个矩阵博弈, 显然, π_{14} 是局中人 1 的唯一的最优策略; 而 π_{21} 是局中人 2 的唯一的最优策略; 博弈的值是 $\dfrac{5}{3}$. 用原来的形式表达就是: 局中人 1 在信

息集 $\boldsymbol{U}_1$ 选择路 2 并且在信息集 U_2 选择路 2. 局中人 2 在 $\boldsymbol{V}$ 则应选 1. 而局中人 2 应付给局中人 1 $\frac{5}{3}$ 个单位赢得.

2.2 正规博弈化为阵地博弈

反过来, 我们也可以将一个正规博弈化成阵地博弈 Γ_{p}. 这一点几乎是很显然. 只要看一看图 17 就可以一目了然.

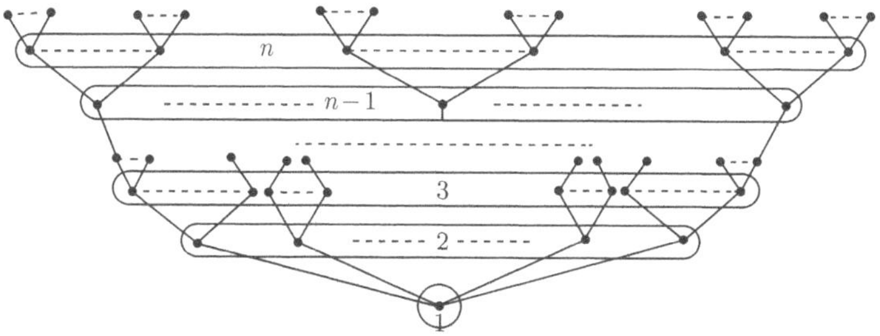

图 17

图 17 表示第一步让局中人 1 从他的 m_1 个策略集中选一个, 第二步, 局中人 2 在完全不知道局中人 1 在第一步中所选取的策略, 而在他的 m_2 个策略中选一个择路等等, 一直到全部局中人都选择完毕, 比较这些策略, 则每个局中人就取得在这个局势下的赢得, 其数值就是原正规对策中的数值.

我们也不难形式地给出 Γ_p , 为此把

$$(s_1, s_2, \cdots, s_k), \quad s_i \in \boldsymbol{S}_i, \quad k \geqslant 0$$

的序列集合作为阵地集合 (当 $k=0$ 时看作原点) 并且假设

$$(s_1, s_2, \cdots, s_k) < (s_1, s_2, \cdots, s_l),$$

其中 $k < l$. 把所有 k 元组合 $\{(s_1, \cdots, s_k)\}$ 列为次序集合 $\boldsymbol{I}_k$, 并且整个 $\boldsymbol{I}_k$ 标作一个信息集.

因为这里 $\boldsymbol{I}_0 = \boldsymbol{\Lambda}$, 所以就不必指出概率分布 p 的问题. 终结阵地就是形如

$$s = (s_1, s_2, \cdots, s_n)$$

的序列. 最后令

$$h_i(s) = H_i(s)$$

作为局赢得函数.

最后值得注意的是, 找出所有这样一些阵地博弈来, 其中每一个阵地博弈的正规形式与某一个预先给出的正规博弈相合.

§3 具有完全信息的博弈

前面我们只是一般地给出了关于阵地博弈的定义及讨论了它的正规化问题. 本节以及以下几节, 我们将对具有某些特殊性质的阵地博弈作进一步的研究.

本节所讨论的阵地博弈是如此的特殊和简单, 以致关于它的平衡局势只需在其纯局势中去寻找就行了.

定义 1 阵地博弈 Γ 称为具有完全信息的博弈, 如果在 Γ 中的每一个信息集都是由一个阵地所构成.

对于具有完全信息的博弈, 每一个局中人到达他的某一阵地时, 他就会完全知道在这之前曾经到达过哪些阵地 (包括其他局中人的阵地及随机走法) 以及在那些阵地上取的是哪一择路. 例如象棋就是具有完全信息的博弈. 相反的大多数纸牌游戏则不属于此类.

定理 1 (策梅洛–冯 • 诺伊曼) 任何具有完全信息的博弈 Γ 在其纯策略中有平衡局势.

证明 我们称形如 $\boldsymbol{B}(w)$ ($w \in \boldsymbol{K}^*$) 的序列所包含的阵地个数之最大者为博弈 Γ 的"长度".

定理之证明将按博弈 Γ 的长度 r 用归纳法来证明.

(I) 如果 $r = 1$, 则树 $\boldsymbol{K}$ 只由一个原点阵地构成. 这时, 每个局中人的策略集合是空集, 因此每一局势 (实际上, 并不存在任何局势) 都可以认为是平衡局势.

(II) 假设对于长度小于 r 的博弈, 定理的结论正确. 我们来研究原点阵地 o 的一切择路 $j = 1, 2, \cdots, l$.

命

$$\boldsymbol{K}^{(j)} = \boldsymbol{D}(0, j);$$

$$\boldsymbol{I}_i^{(j)} = \boldsymbol{I}_i \cap \boldsymbol{K}^{(j)}, \quad i = 0, 1, 2, \cdots, n;$$

$$p_x^{(j)}(\nu) = p_x(\nu), \quad x \in \boldsymbol{I}_0^{(j)};$$

$$h_i^{(j)}(w) = h_i(w), \quad w \in \boldsymbol{K}^{(j)*}, \ i = 1, \cdots, n;$$

并且规定 $\boldsymbol{K}^{(j)}$ 中的每一个信息集都由一个阵地构成.

容易验证:

$$\Gamma^{(j)} = \left\langle \boldsymbol{I}, \boldsymbol{K}^{(j)}, \boldsymbol{R}^{(j)}, \{\boldsymbol{R}_i^{(j)}\}_{i \in \boldsymbol{I}}, \{p_x^{(j)}\}_{x \in \boldsymbol{I}_0^{(j)}}, \{h_i^{(j)}\}_{i \in \boldsymbol{I}} \right\rangle$$

($j = 1, \cdots, l$) 构成一个具有完全信息的博弈, 称为对应于择路 j 的博弈 Γ 的子博弈.

如图 18 所示, (a) 为博弈 Γ, (b)、(c)、(d) 分别为博弈 Γ 的对应于择路 1, 2 与 3 的子博弈.

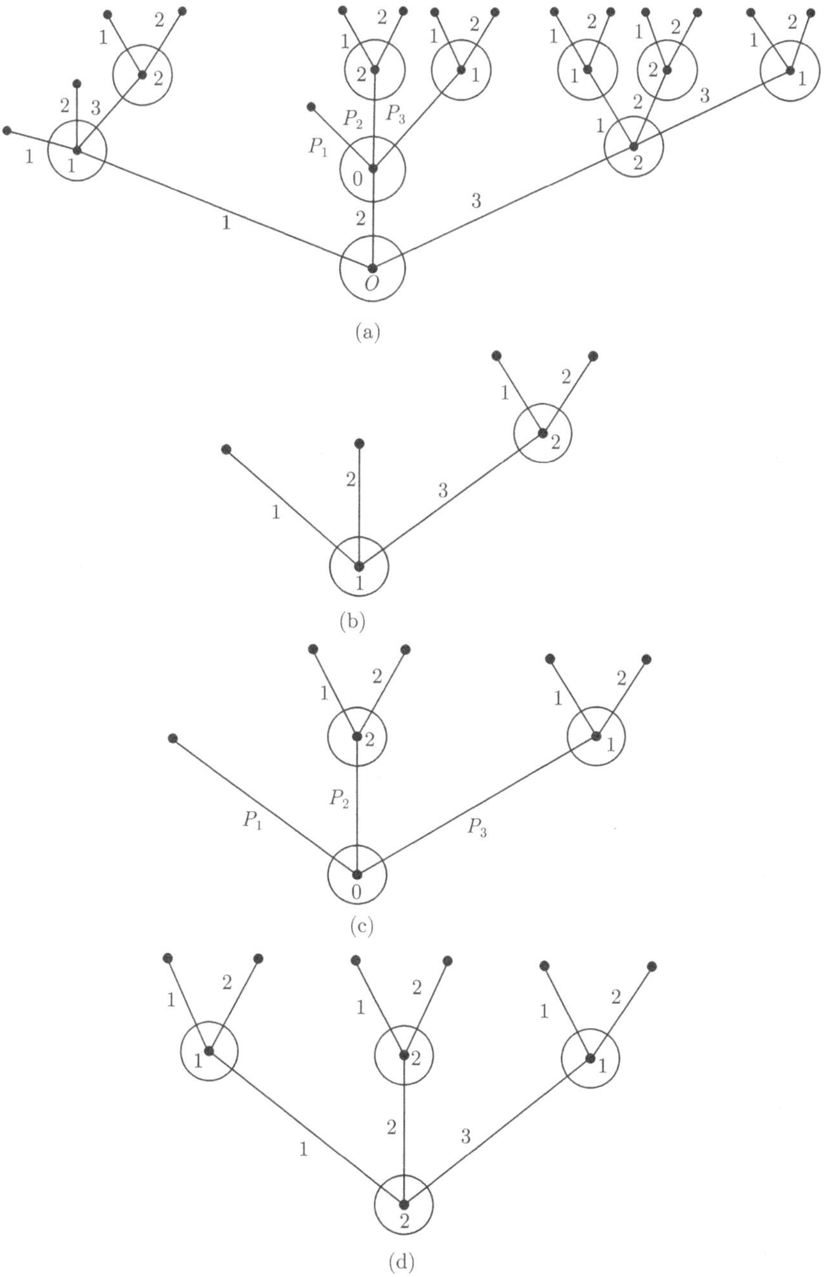

图 18

因为 $\Gamma^{(j)}$ 是具有完全信息的博弈, 并且它们的长度都小于 r, 根据假设, 子博弈 $\Gamma^{(j)}$ 在策略中有平衡局势. 记为

$$\overline{\pi}^{(j)}=(\overline{\pi}_1^{(j)},\cdots,\overline{\pi}_n^{(j)})\quad j=1,2,\cdots,l. \tag{1}$$

设原点 $o\in \boldsymbol{I}_k$, 显然在博弈 Γ 中局中人 i $(i\neq k)$ 的任一纯策略可以表示为下式:

$$\pi_i=(\pi_i^{(1)},\pi_i^{(2)},\cdots,\pi_i^{(l)}).$$

其中 $\pi_i^{(j)}$ 表示把函数 π_i 限制在 $\boldsymbol{K}^{(j)}$ 上考虑的函数. 因而也是局中人 i 在子博弈 $\Gamma^{(j)}$ 上的一个纯策略.

如果 $k\neq 0$, 局中人 k 的任一纯策略可以表示为

$$\pi_k=(\pi_k(0),\pi_k^{(1)},\cdots,\pi_k^{(l)}).$$

其中 $\pi_k(0)$ 是定义在原点 o 上的函数, 其值取做在 o 上所取择路的号码, 而 $\pi_k^{(j)}$ 表示把 π_k 限制在 $\boldsymbol{K}^{(j)}$ 上考虑的函数, 因而 $\pi_k^{(j)}$ 也是子博弈 $\Gamma^{(j)}$ 的一个纯策略.

下面分两种情况来讨论:

(i) $k\neq 0$. 设当 $j=j_0$ 时, $H_k^{(j)}(\overline{\pi}^{(j)})$ 达到极大值. 现在取由平衡局势 (1) 所确定的 (纯) 策略:

命

$$\overline{\pi}_i=(\overline{\pi}_i^{(1)},\cdots,\overline{\pi}_i^{(l)})\in \boldsymbol{\Pi}_i\qquad (i\neq k);$$

$$\overline{\pi}_k=(\overline{\pi}_k(0),\pi_k^{(1)},\cdots,\pi_k^{(l)})\in \boldsymbol{\Pi}_k.$$

其中 $\overline{\pi}_k(0)=j_0$.

由这些策略构成博弈 Γ 的一个 (纯) 局势 $\overline{\pi}=(\overline{\pi}_1,\overline{\pi}_2,\cdots,\overline{\pi}_n)$. 我们将证明 $\overline{\pi}$ 是一个纯平衡局势.

事实上, 当 $i\neq k$ 时, 同样地, 当 $i=k$ 且 $\pi_k(0)=j_0$ 时, 对于任意的 π_i 都有

$$\begin{aligned}H_i(\overline{\pi}\parallel\pi_i)&=\sum_{w\in\boldsymbol{K}^*}(\overline{\pi}\parallel\pi_i)[w]h_i(w)\\&=\sum_{w\in\boldsymbol{K}^{(j)*}}(\overline{\pi}^{(j_0)}\parallel\pi_i^{(j_0)});\\ [w]h_i(w)&\leqslant\sum_{w\in\boldsymbol{K}^*}\overline{\pi}^{(j_0)}[w]h_i(w)\\&=\sum_{w\in\boldsymbol{K}^*}\overline{\pi}[w]h_i(w)=H_i(\overline{\pi}).\end{aligned}$$

其次, 如果 $\pi_k(0)=j\neq j_0$, 则对任意的 π_k 有

$$\begin{aligned}\boldsymbol{H}_k(\overline{\pi}\parallel\pi_k)&=\sum_{w\in\boldsymbol{K}^*}(\overline{\pi}\parallel\pi_k)[w]h_k(w)\\&=\sum_{w\in\boldsymbol{K}^{(j)*}}(\overline{\pi}^{(j)}\parallel\pi_k^{(j)})[w]\\&=\sum_{w\in\overline{\boldsymbol{K}}^{(j)*}}(\overline{\pi}^{(j)}\parallel\pi_k^{(j)})[w]h_i(w)\\&\leqslant H_k^{(j)}(\overline{\pi}^{(j)})\leqslant H_k^{(j_0)}(\overline{\pi}^{(j_0)})\\&=\sum_{w\in\boldsymbol{K}^*}\overline{\pi}[w]h_k(w)=H_k(\overline{\pi}).\end{aligned}$$

(ii) $k=0$. 对于任意 π_i 有

$$\begin{aligned}H_i(\overline{\pi}\parallel\pi_i)&=\sum_{j=1}^{l}p_0^{(j)}\sum_{w\in\boldsymbol{K}^{(j)*}}(\overline{\pi}^{(j)}\parallel\pi_i^{(j)})[w]h_i(w)\\&\leqslant\sum_{j=1}^{l}p_0^{(j)}\sum_{w\in\boldsymbol{K}^{(j)*}}\overline{\pi}^{(j)}[w]h_i(w)=H_i(\overline{\pi}).\end{aligned}$$

因此, 无论哪一种情况都证明 $\overline{\pi}$ 是一个平衡局势, 定理完全证明.

注 1 由于定理的证明是用归纳法的, 因此树 $\boldsymbol{K}$ 的有限性条件是很重要的. 当 $\boldsymbol{K}$ 为无限时, 定理不再成立. 有兴趣的读者, 可以参看 Gale 与 Stewart 的文章①, 那里举出了一个反面的例子.

注 2 完全信息定理告诉我们具有完全信息的博弈在纯策略中有平衡局势. 换句话说, 对于此类博弈, 在正规化之后, 是在纯策略中有平衡局势的一类正规型博弈, 但是, 是否在所有在其纯策略中有平衡局势的正规博弈都能够找到一个具有完全信息的博弈, 使得在它正规化之后, 恰好就是原来的正规博弈呢? 问题的答案是否定的. 读者可以参看 Blackwell 的书②.

§4 具有完全记忆的博弈

虽然具有完全信息的阵地博弈在纯策略中具有平衡局势, 但是对于更多的博弈并不具有完全信息, 因而在纯策略中就不一定具有平衡局势. 因此也和正规型博弈一样, 有必要引进混合策略的概念.

---

① Gale D, Stewart F M. Infinite games of perfect information. Ann. Math. Studies, 1953, 28: 245-266.

② Blackwell D, Girshick M A. Theory of Games and Statistical Decisions. New York, NY: Wiley, 1954.

4.1 混合策略

定义 1 局中人 i 的纯策略集合 $\boldsymbol{\Pi}_i$ 上的概率分布 μ_i 称为局中人 i 的一个混合策略. 全体混合策略的集合记为 $\boldsymbol{\Pi}_i^*$.

所有局中人的一组混合策略称为博弈 Γ 的一个混合局势, 记为 $\mu = (\mu_1, \mu_2, \cdots, \mu_n)$, 其中 $\mu_i \in \boldsymbol{\Pi}_i^*$, 全体混合局势的集合记作 $\boldsymbol{\Pi}^*$.

由于阵地博弈中局中人 i 的纯策略 π_i 是某个函数, 所以他的混合策略 μ_i 是一个随机函数或者是一个多维随机变数.

显然, 一个混合局势可以看作是纯局势集合 $\boldsymbol{\Pi}$ 上的一个概率分布. 事实上, 对于纯局势 $\pi = (\pi_1, \pi_2, \cdots, \pi_n)$ 和混合局势 $\mu = (\mu_1, \mu_2, \cdots, \mu_n)$, 令

$$\mu[\pi] = \mu_1[\pi_1] \times \mu_2[\pi_2] \times \cdots \times \mu_n[\pi_n],$$

则 $\mu[\pi]$ 是纯局势 π 出现的概率. 图此 μ 是 $\boldsymbol{\Pi}$ 上的一个概率分布.

因此, 我们就可以谈论, 在局势 μ 下, 阵地 x 出现的概率 $\mu[x]$:

$$\mu[x] = \sum_{\pi \in \boldsymbol{\Pi}} \mu[\pi]\pi[x].$$

特别地, 对于终结阵地 w, 有

$$\mu[w] = \sum_{\pi \in \boldsymbol{\Pi}} \mu[\pi]\pi[w].$$

定义 2 所谓局中人 i 在混合局势 μ 之下的赢得 $H_i(\mu)$:

$$H_i(\mu) = \sum_{\pi \in \boldsymbol{\Pi}} H_i(\pi)\mu[\pi].$$

由于

$$H_i(\pi) = \sum_{w \in \boldsymbol{K}^*} h_i(w)\pi[w],$$

代入上式, 我们得到赢得函数的新的表达式:

$$H_i(\mu) = \sum_{w \in \boldsymbol{K}^*} h_i(w)\mu[w].$$

有时, 为了区别起见, 称 $H_i(\pi)$ 为局赢得; 而 $H_i(\mu)$ 为策略赢得.

由于阵地博弈与正规博弈仅仅是形式上的差别, 根据纳什定理, 故知阵地博弈在混合策略中有平衡局势存在.

在阵地博弈中纯策略的个数往往很大而且其中有一些纯策略显然是多余的. 例如下面阵地博弈 (为了简单起见, 此处不标出赢得函数, 有时称作阵地对策结构) (参看图 19):

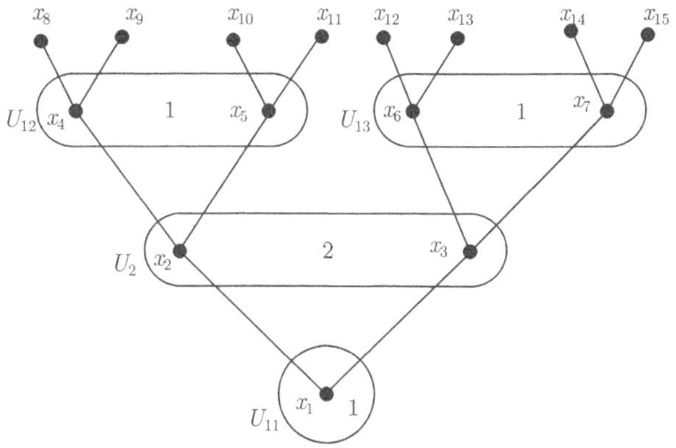

图 19

局中人 1 有 $2 \times 2 \times 2 = 8$ 个纯策略 (表 4-2).

表 4-2

局中人 2 的纯策略 / 局中人 1 的纯策略	$\pi_{21} = (1)$	$\pi_{22} = (2)$
$\pi_{11} = (1, 1, 1)$		
$\pi_{12} = (1, 1, 2)$		
$\pi_{13} = (1, 2, 1)$		
$\pi_{14} = (1, 2, 2)$		
$\pi_{15} = (2, 1, 1)$		
$\pi_{16} = (2, 1, 2)$		
$\pi_{17} = (2, 2, 1)$		
$\pi_{18} = (2, 2, 2)$		

其中
$$\pi_{11} = (\pi_{11}(\boldsymbol{U}_{11}), \pi_{11}(\boldsymbol{U}_{12}), \pi_{11}(\boldsymbol{U}_{13})) = (1, 1, 1),$$
$$\pi_{21} = (\pi_{21}(\boldsymbol{U}_2)) = (1) \cdots .$$

不难看出纯策略 π_{11} 和 π_{12} 没有实质上的差异. 事实上, 对于局中人 2 的任一策略 $\pi_{2j} (j = 1, 2)$, 局势 (π_{11}, π_{2j}) 和 (π_{12}, π_{2j}) 都是指出同一终结阵地 x_8 (当 $j = 1$ 时) 或 x_{10} (当 $j = 2$ 时). 同样 π_{13} 和 π_{14}, π_{15} 和 π_{17} 以及 π_{16} 和 π_{18} 都没有本质上的不同. 如果把它们归结为一个, 那么局中人 1 实际上就只有 4 个纯策略.

混合策略是纯策略集上的概率分布. 如果设 $\boldsymbol{\Pi}_i = \{\pi_{i1}, \cdots, \pi_{it_i}\}$, 则混合策略 $\mathscr{U}_i = (u_i(\pi_{i1}), \cdots, u_i(\pi_{it_i}))$, 其中 $u_i(\pi_{ij}) \geqslant 0$, $\sum_{j=1}^{t_i} \mu_i(\pi_{ij}) = 1$. 所以确定混合策略的参数等于纯策略的个数减 1. 从上面简单例子发现混合策略的参数是可以设法减少的, 下面来研究减少参数的问题.

通常是采用这样的方法: 在局中人 i 的策略集合 $\boldsymbol{M}_i$ 中分出某一类子集合 $\varPhi_i$, $\varPhi_i \subset \boldsymbol{M}_i$, 如果能够建立集合 $\boldsymbol{M}_i$ 到 $\varPhi_i$ 上的映射 φ_i:

$$\varphi_i : \boldsymbol{M}_i \to \varPhi_i,$$

使得在映射 φ_i , 由局势 $(\mu_1, \cdots, \mu_n)$ 的平衡性, 可以推出局势 $(\varphi_1\mu_1, \varphi_2\mu_2, \cdots, \varphi_n\mu_n)$ 的平衡性. 因此, 如果不要求找出这个博弈的全部平衡局势, 那么就只要在策略集合 $\varPhi_i$ 中来寻求平衡局势.

为此, 下面将引进一个新的概念——行为策略的概念. 而在行为策略中来讨论平衡局势的问题要比在混合策略中讨论来得简单一些.

4.2 行为策略

定义 3 设 $\pi_i \in \boldsymbol{\Pi}_i$, $x \in \boldsymbol{K}$, 若存在 $\pi \in \boldsymbol{\Pi}$, 使得

$$(\pi \backslash \boldsymbol{I}\pi_i)[x] \neq 0,$$

则阵地 x 称为对于纯策略 π_i 是可能 (达到) 的, 并且记为

$$x \in \operatorname{Poss} \pi_i.$$

设 $\boldsymbol{B}(x) = \{y \backslash y \leqslant x\}$ 及 $\boldsymbol{B}^*(x) = \boldsymbol{B}(x) \backslash x$, 而用 $\boldsymbol{B}_i(x)$ 表示 $\boldsymbol{B}(x)$ 中属于局中人 i 的阵地之全体. 用 $\boldsymbol{B}_i^*(x)$ 表示 $\boldsymbol{B}^*(x)$ 中属于局中人 i 的阵地之全体, 则读者不难证明 (留作习题):

$x \in \operatorname{Poss} \pi_i$ 的充要条件是: 对于所有 $y \in \boldsymbol{B}_i^*(x)$ 均有 $\pi_i(y) = \nu_y^x$. 换句话说, 在 π_i 之下, 阵地 x 之所以可能 (达到), 是由于 π_i 在从原点阵地 o 通到阵地 x 的片段上, 总是选取朝向 x 的那些择路. 例如在图 19 中,

$$\operatorname{Poss} \pi_{11} = \{x_1, x_2, x_4, x_5, x_8, x_{10}\};$$

$$\operatorname{Poss} \pi_{21} = \{x_1, x_2, x_3, x_4, x_6, x_8, x_9, x_{12}, x_{13}\}.$$

定义 4 如果信息集 $\boldsymbol{U}$ 与阵地集 $\operatorname{Poss} \pi_i$ 之交不空, 即

$$\boldsymbol{U} \cap \operatorname{Poss} \pi_i \neq \boldsymbol{\varLambda}.$$

则称 $\boldsymbol{U}$ 与纯策略 π_i 是有关联的, 并且记为 $\boldsymbol{U} \in \operatorname{Rel} \pi_i$.

在上面的例子中, $\operatorname{Rel} \pi_{11} = \{\boldsymbol{U}_{11}, \boldsymbol{U}_{12}, \boldsymbol{U}_2\}$ 而 $\operatorname{Rel} \pi_{21} = \{\boldsymbol{U}_{11}, \boldsymbol{U}_{12}, \boldsymbol{U}_{13}, \boldsymbol{U}_2\}$.

类似地, 读者不妨试着自己给下列记号:

$$x \in \operatorname{Poss} \mu_i \quad 及 \quad U \in \operatorname{Rel} \mu_i$$

下个定义 (这只要在上述定义中以 μ_i 代替 π_i 就可以了).

定义 5 对于每一个信息集 $\boldsymbol{U} \in \mathscr{U}_i$, 都在它的所有的择路的集合上定义一个概率分布 $\beta_i \boldsymbol{U}$, 那么所有这样定义的概率分布族称为局人 i 的一个行为.

显然, 如果给定了上述的概率分布族, 则在局中人 i 的每一个信息集上, 亦即在他的每一个阵地上, 局中人 i 的活动就完全确定了, 即完全确定了他在每一个信息集上选择各个择路的概率. 但是, 局中人的行为并不唯一地确定他的混合策略. (因为, 一般说来, 要定义一个随机函数, 光知道它的值在每个给定的点上的分布还是不够的). 例如用图 20 所代表的博弈 Γ:

$$u_1 = \{\boldsymbol{U}_{11}, \boldsymbol{U}_{12}\}, \quad u_2 = \{\boldsymbol{U}_2\}.$$

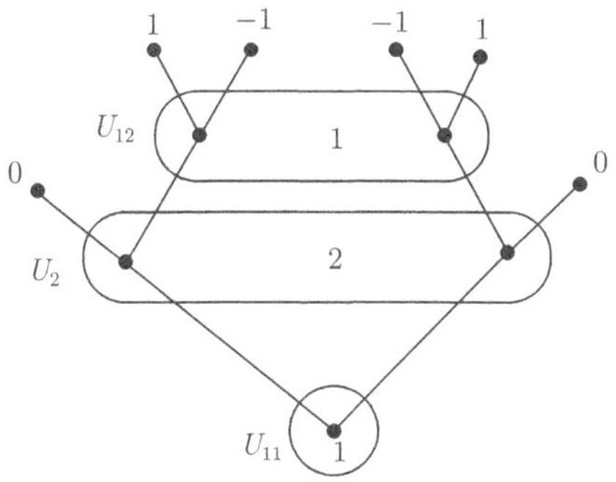

图 20

局中人 1 的纯策略为

$$\pi_{11} = (\pi_{11}(\boldsymbol{U}_{11}), \pi_{11}(\boldsymbol{U}_{12})) = (1, 1),$$

$$\pi_{12} = (1, 2),$$

$$\pi_{13} = (2, 1),$$

$$\pi_{14} = (2, 2).$$

局中人 1 的行为有

$$(\beta_{1\boldsymbol{U}_{11}}(1),\beta_{1\boldsymbol{U}_{12}}(2))=(x,1-x),x\geqslant 0,$$

$$(\beta_{1\boldsymbol{U}_{12}}(1),\beta_{1\boldsymbol{U}_{12}}(2))=(y,1-y),y\geqslant 0.$$

取 $x=\frac{1}{2}, y=\frac{1}{2}$, 得到局中人 1 的行为 $\beta_{1\boldsymbol{U}}^{(0)}$.

不难验证, 混合策略

$$\mu_1=(\mu_1[\pi_{11}],\mu_1[\pi_{12}],\mu_1[\pi_{13}],\mu_1[\pi_{14}])=\left(\frac{1}{4},\frac{1}{4},\frac{1}{4},\frac{1}{4}\right)$$

和

$$\mu_1'=\left(\frac{1}{2},0,0,\frac{1}{2}\right)$$

所得到的行为都是 $\beta_1^{(0)}$.

我们将从局中人的与他的行为相"符合"的所有混合策略中指出其中特别有意义的一个来.

定义 6 设 $\beta_{i\boldsymbol{U}}$ 是局中人 i 的某个行为, 对于他的纯策略 π_i, 命

$$\mu_i(\beta_i)[\pi_i]=\prod_{\boldsymbol{U}\in u_i}\beta_{i\boldsymbol{U}}[\pi_i(\boldsymbol{U})], \tag{1}$$

则 $\mu_i(\beta_i)$ 是他的一个混合策略, 并称为局中人 i 的对应于行为 $\beta_{i\boldsymbol{U}}$ 的行为策略, 简称行为策略.

反过来, 设 μ_i 是局中人 i 的一混合策略, 那么局中人在这混合策略下的行为是

$$\left.\begin{aligned}
&\beta_{i\boldsymbol{U}}(\nu)=\beta_i(\boldsymbol{U},\nu)=\frac{\displaystyle\sum_{\substack{\pi_i\\ \boldsymbol{U}\in\mathrm{Rel}\,\mu_i\\ \pi_i(\boldsymbol{U})=\nu}}\mu_i[\pi_i]}{\displaystyle\sum_{\substack{\pi_i\\ \boldsymbol{U}\in\mathrm{Rel}\,\pi_i}}\mu_i[\pi_i]},\quad \text{当 } \boldsymbol{U}\in\mathrm{Rel}\,\mu_i,\\
&\beta_{i\boldsymbol{U}}(\nu)=\beta_i(\boldsymbol{U},\nu)=\sum_{\substack{\pi_i\\ \pi_i(\boldsymbol{U})=\nu}}\mu_i[\pi_i],\qquad \text{当 } \boldsymbol{U}\notin\mathrm{Rel}\,\pi_i.
\end{aligned}\right\} \tag{2}$$

定义 7 对于给定混合策略 μ_i 根据 (2) 构造行为 $\beta_i(\mu_i)$, 再根据 (1) 由行为 $\beta_i(\mu_i)$ 构造混合策略 $\mu_i(\beta_i(\mu_i))$, 则称行为策略 $\mu_i(\beta_i(\mu_i))$ 为对应于混合策略 μ_i 的行为策略.

必须指出, 并不是对于任何博弈都能在其混合策略和对应的行为策略之间建立保持平衡性不变的映射. 例如图 20 所表示的阵地博弈, 其正规形式为矩阵博弈 Γ_N:

$$\begin{pmatrix} 0 & 1 \\ 0 & -1 \\ -1 & 0 \\ 1 & 0 \end{pmatrix}.$$

局中人 1 的最优策略为 $\left(\frac{1}{2},0,0,\frac{1}{2}\right)$, 局中人 2 的最优策略为 $\left(\frac{1}{2},\frac{1}{2}\right)$, 值为 $\frac{1}{2}$, 即局中人 1 能保证赢得的数学期望值为 $\frac{1}{2}$. 另一方面, 考虑局中人 1 的最优行为, 我们有:

当局中人 2 取纯策略 1 和 2 时, 局中人 1 的赢得的数学期望值分别为

$$1-x-2y+2xy \quad 和 \quad -x+2xy.$$

因此, 局中人 1 所能保证得到的赢得的数学期望值为

$$\max_{\substack{0\leqslant x\leqslant 1\\ 0\leqslant y\leqslant 1}} \min\{1-x-2y+2xy, -x+2xy\}=0,$$

与最优混合策略 $\left(\frac{1}{2},0,0,\frac{1}{2}\right)$ 相对应的行为策略为 $\left(\frac{1}{4},\frac{1}{4},\frac{1}{4},\frac{1}{4}\right)$, 在此行为策略下局中人 1 只能保证赢得 0. 由此可见, 行为策略要比混合策略粗劣.

但是, 对于具有完全记忆的阵地博弈, 保持平衡性的对应却是能够建立起来的.

4.3 具有完全记忆的博弈

定义 8 *如果对于局中人 i 的任一个纯策略 π_i 和任一阵地 $x\in \boldsymbol{I}_1$ 由 $x\in \boldsymbol{U}\in \mathrm{Rel}\,\pi_i$, 可以推出 $x\in \mathrm{Poss}\,\pi_i$, 则称局中人 i 具有完全记忆.*

不难证明: 局中人 i 具有完全记忆的充要条件是对于 $\boldsymbol{U},\boldsymbol{V}\in\mathscr{U}_i$, $\boldsymbol{U}<\boldsymbol{V}$, 存在择路 ν 使得 $\boldsymbol{V}\subset \boldsymbol{D}(\boldsymbol{U},\nu)$.

事实上, 局中人 i 具有完全记忆就是说局中人 i 不仅清楚地知道自己是处于那个信息集, 而且能够清楚地记得他曾经到过的那些信息集, 以及在这些信息集上他所曾取过的择路. 如在图 19 中局中人 1 就是完全记忆的, 图 20 中局中人 1 就不具有完全记忆.

为了证明关于具有完全记忆博弈的著名的库恩定理, 我们先引进若干概念和引理.

定义 9　局中人 i 的混合策略 μ_i', μ_i'' 称为等价的并记作 $\mu_i' \equiv \mu_i''$, 是指, 对于任何阵地 $w \in \boldsymbol{K}^*$ 及任何局势 μ, 有等式:

$$(\mu \parallel \mu_i')[w] = (\mu \parallel \mu_i'')[w].$$

显然, 由此可以推出, 如果 $\mu_i' \equiv \mu_i''$, 则 $H_i(\mu \parallel \mu_i') = H_i(\mu \parallel \mu_i'')$, 及当 $\mu = (\mu_1, \mu_2, \cdots, \mu_i', \cdots, \mu_n)$ 是一平衡局势时, $\mu' = (\mu_1, \cdots, \mu_{i-1}\mu_i''\mu_{i+1}, \cdots, \mu_n)$ 也是一平衡局势.

今后, 命

$$\pi_i[w] = \prod_{x \in \boldsymbol{B}_i(w)} \pi_i(x, \nu_x^w),$$

则

$$\pi[w] = \prod_{i=0}^{n} \pi_i[w].$$

其中 $\pi_0[x]$ 是 $\boldsymbol{B}_0^*(x)$ 上随机择路的概率之积. (如果 $\boldsymbol{B}_0^*(x) = \boldsymbol{\Lambda}$, 则 $\pi_0[x] = 1$.) 即

$$\pi_0[x] = \prod_{y \in \boldsymbol{B}_0^*(x)} p_y(\nu_y^*). \tag{1}$$

引理 1　对于阵地博弈 Γ, 阵地 x

(i) 如果 $\boldsymbol{B}_i^*(x) \neq \boldsymbol{\Lambda}$, 设 $y \in \boldsymbol{U}$, 是 $\boldsymbol{B}_i^*(x)$ 中的最后一个阵地, 命 $\boldsymbol{T}_i(x) = \{\pi_i / y \in \operatorname{Poss} \pi_i, \pi_i(\boldsymbol{U}) = \nu^x\}$.

(ii) 如果 $\boldsymbol{B}_i^*(x) = \boldsymbol{\Lambda}$, 命

$$\boldsymbol{T}_i(x) = \boldsymbol{\Pi}_i,$$

则对任何纯局势 $\pi = (\pi_1, \cdots, \pi_n)$ 以及任何阵地 x 有

$$\pi[x] = \begin{cases} \pi_0[x], & \text{如果 } \pi_i \in \boldsymbol{T}_i(x), \quad i = 1, 2, \cdots, n; \\ 0, & \text{其他情况}. \end{cases}$$

引理 1 的直观意义是很明显的. 在纯局势 π 之下, 就唯一地确定一条从原点阵地 o 到某个终结阵地 w_x 的一局, 如果在这条 “通路” 上没有随便走法的话. 在这种情况下 $\pi[w_x] = 1$ 而且 $\pi[w] = 0$, $w \neq w_x$. 因此, 如果 $\pi_i \in \boldsymbol{T}_i(x)$, 那么一般地就有上述结论.

证明 对 $\boldsymbol{B}(x)$ 的阵地个数用归纳法来证明, 当只有一个阵地时引理 1 显然成立.

假设对于 $\boldsymbol{B}^*(x)$ 中一切阵地来讲引理 1 正确. z 是 $\boldsymbol{B}^*(x)$ 中紧靠 x 的一个阵地且 $z \in \boldsymbol{I}_j$. 这时有:

$$\pi[x] = \pi[z]\pi(z, \nu_z^x) = \pi[z]\pi_j(z, \nu_z^x). \tag{2}$$

(i) 如果 $\pi_i \in \boldsymbol{T}_i(x)$ $(i = 1, \cdots, n)$, 则 $\pi_i \in \boldsymbol{T}_i(z)$ $(i = 1, \cdots, n)$ 及 $\pi_j(z) = \nu_z^x$. 这时就有

$$\pi(z) = \pi_0[z].$$

如果 $j = 0$, 则 (2) 得

$$\pi[x] = \pi[z]\pi(z, \nu_z^x) = \pi_0[x]. \tag{3}$$

如果 $j \neq 0$, 则 $\pi_j(z) = \nu_z^x$ 得 $\pi_j(z, \nu_z^x) = 1$, 因此

$$\pi[x] = \pi[z] = \pi_0[z] = \pi_0[x]. \tag{4}$$

总之, 都有 $\pi[x] = \pi_0[x]$.

(ii) 如果有某个 $i \neq 0$, $\pi_i \notin \boldsymbol{T}_i(x)$. 如果对于一切 $i \neq 0$ 均有 $\pi_i \in \boldsymbol{T}_i(z)$, 则 $\pi_i \notin \boldsymbol{T}_i(x)$ 要能成立就必须有当 $z \in \boldsymbol{I}_i$ 时, $\pi_i(z) \neq \nu_z^x$. 由 (2) 式得 $\pi[x] = 0$. 如果有某个 $i \neq 0$, 有 $\pi_i \notin \boldsymbol{T}_i(z)$, 则由归纳法假设有 $\pi[z] = 0$, 而 $0 \leqslant \pi[x] \leqslant \pi[z]$, 因而 $\pi[x] = 0$.

引理 2 设 $x \in \boldsymbol{I}_i$, ν 是 x 的一个择路, $x < w$, 而 y 是在 $\boldsymbol{B}_i(w)$ 中紧跟在 x 之后的阵地, 则要使 $y \in \operatorname{Poss} \pi_i$ 的充要条件是 $x \in \operatorname{Poss} \pi_i$ 且 $\pi_i(x) = \nu_x^y$.

证明 直接由 (2) 得出.

现在我们就能够证明下面很重要的定理.

定理 1(库恩) 设 $\mu_i(\beta_i(\mu_i))$ 为对应于混合策略 μ_i 的行为策略, 那么 $\mu_i(\beta_i(\mu_i)) \equiv \mu_i$ 的充要条件是: 局中人 i 具有完全记忆.

证明 充分性. 设局中人 i 是完全记忆的, 要证明 $\mu_i(\beta_i(\mu_i)) \equiv \mu_i$, 即对于任何局势 μ 以及任何终结阵地 w 有

$$(\mu \parallel \mu_i(\beta_i(\mu_i)))[w] = (\mu \parallel \mu_i)[w].$$

但

$$(\mu \parallel \mu_i(\beta_i(\mu_i)))[w] = \mu_i(\beta_i(\mu_i))[w] \prod_{j \neq i} \mu_j[w];$$

$$(\mu \parallel \mu_i)[w] = \mu_i[w] \prod_{j \neq i} \mu_j[w],$$

所以只需证明 $\mu_i(\beta_i(\mu_i))[w]=\mu_i[w]$ 即可.

(i) 当 $w\notin \operatorname{Poss}\mu_i$ 时, 显然 $\mu_i[w]=0$. 而另一方面, 设 $x\in \boldsymbol{U}$ 是 $\boldsymbol{B}_i(w)$ 中不属于 $\operatorname{Poss}\mu_i$ 的最前一个阵地, $y\in\boldsymbol{V}$ 是 $\boldsymbol{B}_i(w)$ 中 x 之前, 且紧靠 x 的一个阵地, 于是 $y\in\operatorname{Poss}\mu_i$, 而对于 $\mu_i[\pi_i]\neq 0$ 之 π_i 有 $\pi_i(\boldsymbol{V})\neq\boldsymbol{\nu}^w_{\boldsymbol{V}}$, 即对于 $\mu_i[\pi_i]\neq 0$ 之 π_i 有 $y\in\operatorname{Poss}\pi_i$, $\pi_i(\boldsymbol{V})\neq\boldsymbol{\nu}^w_{\boldsymbol{V}}$. 因此

$$\beta_i(\mu_i)(\boldsymbol{V},\boldsymbol{\nu}^w_{\boldsymbol{V}})=\frac{\displaystyle\sum_{\substack{\boldsymbol{V}\in\operatorname{Rel}\pi_i\\ \pi_i(\boldsymbol{V})=\boldsymbol{\nu}^w_{\boldsymbol{V}}}}\mu_i[\pi_i]}{\displaystyle\sum_{\boldsymbol{V}\in\operatorname{Rel}\pi_i}\mu_i[\pi_i]}=\frac{\displaystyle\sum_{\substack{y\in\operatorname{Poss}\pi_i\\ \pi_i(\boldsymbol{V})=\boldsymbol{\nu}^w_{\boldsymbol{V}}}}\mu_i[\pi_i]}{\displaystyle\sum_{\boldsymbol{V}\in\operatorname{Rel}\pi_i}\mu_i[\pi_i]}=0.$$

对于使 $w\in\operatorname{Poss}\pi_i$ 的 π_i, 即 $\pi_i(\boldsymbol{U})=\boldsymbol{\nu}^w_{\boldsymbol{U}}$, 有

$$\mu_i(\beta_i(\mu_i))[\pi_i]=\prod_{\boldsymbol{U}\in u_i}\beta_{i\boldsymbol{U}}(\pi_i(\boldsymbol{U}))=\prod_{\boldsymbol{U}\in u_i}\beta_i(\boldsymbol{U},\boldsymbol{\nu}^w_{\boldsymbol{U}})=0$$

因此

$$\mu_i(\beta_i(\mu_i))[w]=0.$$

(ii) 当 $w\in\operatorname{Poss}\mu_i$ 时, 设引向 w 的一局 $B_i(w)=\{z_1<z_2<\cdots<z_l\}$, z_l 所在的信息集为 $\boldsymbol{U}_l$, 则对于使 $\mu_i[\pi_i]\neq 0$ 之 π_i 有 $\boldsymbol{U}_l\in\operatorname{Rel}\pi_i$. 于是

$$\begin{aligned}\alpha=\mu_i(\beta_i(\mu_i))[w]&=\prod_{s=1}^{r}\beta_i(\mu_i)(\boldsymbol{U}_s,\boldsymbol{\nu}^w)\\&=\prod_{s=1}^{r}\frac{\displaystyle\sum_{\substack{\pi_i(\boldsymbol{U}_s)=\boldsymbol{\nu}^w\\ U_s\in\operatorname{Rel}\pi_i}}\mu_i[\pi_i]}{\displaystyle\sum_{\boldsymbol{U}_s\in\operatorname{Rel}\pi_i}\mu_i[\pi_i]}.\end{aligned}$$

由于局中人 i 是完全记忆的, 故

$$\alpha=\prod_{s=1}^{r}\frac{\displaystyle\sum_{\substack{\pi_i(z_s)=\boldsymbol{\nu}^w\\ z_s\in\operatorname{Poss}\pi_i}}\mu_i[\pi_i]}{\displaystyle\sum_{z_s\in\operatorname{Poss}\pi_i}\mu_i[\pi_i]}.$$

由引理 2 知

$$\sum_{\substack{\pi_i(z_s)=\boldsymbol{\nu}^w\\ z_s\in\operatorname{Poss}\pi_i}}\mu_i[\pi_i]=\sum_{\pi_i(z_{s+1})=\boldsymbol{\nu}^w}\mu_i[\pi_i].$$

因此
$$\alpha=\frac{\sum\limits_{\substack{\pi_i(z_r)=\boldsymbol{\nu}^w\\ z_r\in\operatorname{Poss}\pi_i}}\mu_i[\pi_i]}{\sum\limits_{z_1\in\operatorname{Poss}\pi_i}\mu_i[\pi_i]}.$$

而
$$\sum_{z_1\in\operatorname{Poss}\pi_i}\mu_i[\pi_i]=1,$$

因此
$$\alpha=\sum_{\substack{\pi_i(z_r)=\boldsymbol{\nu}^w\\ z_r\in\operatorname{Poss}\pi_i}}\mu_i[\pi_i]=\mu_i[w].$$

必要性. 设局中人不完全记忆, 则存在这样的信息集 $U\in\mathscr{U}_i$ 使得对于 $x,y\in\boldsymbol{U}$ 及纯策略 π_i 有 $x\in\operatorname{Poss}\pi_i$, $y\notin\operatorname{Poss}\pi_i$. 设纯策略 π_i' 使 $y\in\operatorname{Poss}\pi_i'$, 而 $\pi_i'(\boldsymbol{U})\neq\pi_i(\boldsymbol{U})$, 取这样的 $w\in\boldsymbol{K}^*$, $y<w$, 且 $(\pi'\parallel\pi_i')[w]\neq 0$ 作混合策略 $\mu_i=\dfrac{1}{2}(\pi_i+\pi_i')$, 则

$$\begin{aligned}(\pi'\parallel\mu_i)[w]&=\frac{1}{2}(\pi'\parallel\pi_i)[w]+\frac{1}{2}(\pi'\parallel\pi_i')[w]\\&=\frac{1}{2}(\pi'\parallel\pi_i')=\frac{1}{2}\pi_0[w].\end{aligned}$$

设 z 为 $\boldsymbol{B}(y)$ 中属于 $\operatorname{Poss}\pi_i$ 中的最后一个阵地, 设 $z\in\boldsymbol{V}$, 则

$$\beta_i(\mu_i)(\boldsymbol{U},\boldsymbol{\nu}^w)=\frac{\sum\limits_{\substack{\boldsymbol{U}\in\operatorname{Rel}\pi_i\\ \pi_i(\boldsymbol{U})=\boldsymbol{\nu}^w}}\mu_i[\pi_i]}{\sum\limits_{\boldsymbol{U}\in\operatorname{Rel}\pi_i}\mu_i[\pi_i]}=\frac{\frac{1}{2}}{\frac{1}{2}+\frac{1}{2}}=\frac{1}{2};$$

$$\beta_i(\mu_i)(\boldsymbol{V},\boldsymbol{\nu}^w)=\frac{\sum\limits_{\substack{\boldsymbol{V}\in\operatorname{Rel}\pi_i\\ \pi_i(\boldsymbol{V})=\boldsymbol{\nu}^w}}\mu_i[\pi_i]}{\sum\limits_{\boldsymbol{V}\in\operatorname{Rel}\pi_i}\mu_i[\pi_i]}=\frac{\frac{1}{2}}{\frac{1}{2}+\frac{1}{2}}=\frac{1}{2}.$$

于是有

$$\begin{aligned}(\pi'\parallel\mu_i(\beta_i(\mu_i)))[w]&=\mu_i(\beta_i(\mu_i))[w]\prod_{j\neq i}\pi_j[w]\\&\leqslant\beta_i(\mu_i)(\boldsymbol{U},\boldsymbol{\nu}^w)\cdot\beta_i(\mu_i)(\boldsymbol{V},\boldsymbol{\nu}^w)\pi_0[w]\\&=\frac{1}{4}\pi_0[w].\end{aligned}$$

因此 $$(\pi' \parallel \mu_i(\beta_i(\mu_i)))[w] \neq (\pi' \parallel \mu_i)[w],$$

即 $$\mu_i \equiv \mu_i(\beta_i(\mu_i)).$$

有了上面的定理, 则在有完全记忆的博弈由于建立混合策略与它所对应的行为策略之间的等价关系, 因而我们考虑行为策略就够了.

设 $u_i = \{u_{i1}, \cdots, u_{it_i}\}$. 而 U_{ij} 上的择路总数为 m_j, 则确定行为策略的参数为

$$\sum_{j=1}^{t_i}(m_j - 1). \tag{5}$$

而确定混合策略的参数则为 $m_1, m_2, \cdots, m_{t_i} - 1$, 一般说来, 这个数目大大地超过 $\sum_{j=1}^{t_i}(m_j - 1)$.

例如图 21 中, 设

$$\mathscr{U}_1 = \{\boldsymbol{U}_1, U_2, U_3\},$$

$$\mathscr{U}_2 = \{\boldsymbol{V}_1\}.$$

第一局中人的纯策略总数为

$$3 \times 2 \times 2 = 12.$$

因而确定混合策略的参数为 $12 - 1$, 而确定行为的参数只有

$$(3 - 1) + (2 - 1) + (2 - 1) = 4.$$

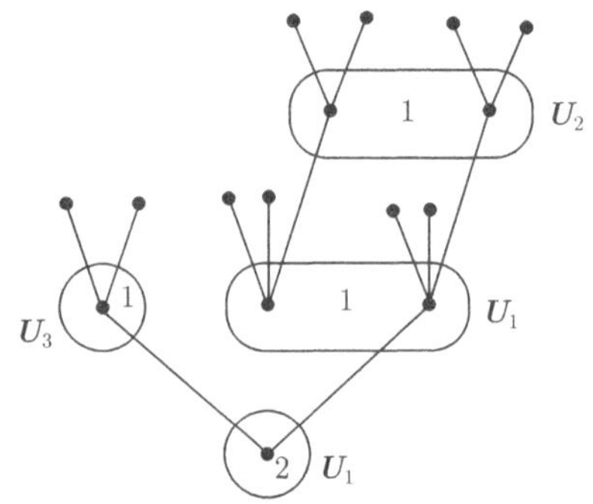

图 21

§5　具有顺序记忆的博弈

在这一节中我们将研究比具有完全记忆的阵地博弈更为广泛的一类阵地博弈——具有顺序记忆的博弈. 在这里我们将要引进一个新的概念——简化策略. 它所起的作用正好像在具有完全记忆的阵地博弈中的行为策略所起的作用一样. 本节所讨论的中心问题是介绍在具有顺序记忆的博弈中, 任何混合策略均等价于它所对应的简化策略. 这个定理首先为苏联数学家尼 • 尼 • 沃罗比约夫所获得.

5.1　顺序记忆的定义

定义 1　在阵地博弈 Γ 中, 如果对于任何局中人 i 的信息集 $\boldsymbol{U}$ 和 $\boldsymbol{V}$ 从 $\boldsymbol{U} < \boldsymbol{V}$ 就能推出 $\boldsymbol{V} \subset \mathscr{D}(\boldsymbol{U})$, 则称局中人 i 是具有顺序记忆的.

显然, 如果局中人 i 有完全记忆, 那么当然具有顺序记忆. 但是反过来并不成立, 如在下面阵地博弈 (如图 22 所示) 中局中人 1 具有顺序记忆, 但并不具有完全记忆.

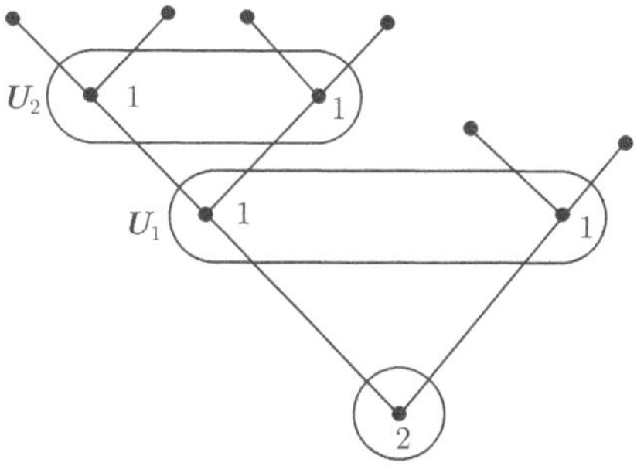

图 22

推论 1　如果局中人 i 具有顺序记忆, 则 $\mathscr{U}_i$ 是部分有序的, 且可以标准有序化. 即把 $\mathscr{U}_i$ 中信息集排成一个序列 $\boldsymbol{U}_1, \boldsymbol{U}_2, \cdots, \boldsymbol{U}_r$, 使得当 $k < l < r$ 时 $\boldsymbol{U}_l \not< \boldsymbol{U}_k$.

推论 2　局中人 i 具有顺序记忆的充分必要条件是 $\mathscr{U}_i$ 中不存在循环序列, 即不存在这样的序列

$$\boldsymbol{U}_1 < \boldsymbol{U}_2 < \cdots < \boldsymbol{U}_k < \boldsymbol{U}_1. \tag{1}$$

定义 2　信息集 $\boldsymbol{U}$ 称为架凌于信息集 $\boldsymbol{V}$ 是指, $\boldsymbol{V} < \boldsymbol{U}$, 且不存在择路 $\nu_{\boldsymbol{V}}$, 使得 $\boldsymbol{U} \subset \boldsymbol{D}(\boldsymbol{V}, \nu_{\boldsymbol{V}})$.

用 $\boldsymbol{E}_i(\boldsymbol{U})$ 表示 $\mathscr{U}_i$ 中一切被 $\boldsymbol{U}$ 所架凌的信息之全体. 用 $\boldsymbol{F}_i(\boldsymbol{U})$ 表示差集 $\mathscr{U}_i / \boldsymbol{E}_i(\boldsymbol{U})$.

定理 1　对于任何阵地博弈 Γ, 局中人 i 具有顺序记忆的充要条件是: 对于任何 $\boldsymbol{V} \in \mathscr{U}_i$, 有

$$\boldsymbol{E}_i(\boldsymbol{V}) \subset \bigcap_{x \in \boldsymbol{V}} \boldsymbol{Q}_i^*(x), \tag{2}$$

其中 $\boldsymbol{Q}_i^*(x) = \{\boldsymbol{U}/\boldsymbol{U} \cap \boldsymbol{B}_i^*(x) \neq \boldsymbol{\Lambda}\}$.

证明　必要性. 设局中人 i 具有顺序记忆. 对于任何 $\boldsymbol{V} \in \mathscr{U}_i$, 若 $\boldsymbol{U} \in \boldsymbol{E}_i(\boldsymbol{V})$, 那么 $U < V$. 因此

$$\boldsymbol{V} \subset \boldsymbol{D}(\boldsymbol{U}).$$

所以, 对任何 $x \in \boldsymbol{V}$ 有

$$x \in \boldsymbol{D}(\boldsymbol{U}).$$

故

$$\boldsymbol{U} \in \boldsymbol{Q}_i^*(x). \tag{3}$$

由于 x 的任意性, 所以

$$\boldsymbol{U} \in \bigcap_{x \in \boldsymbol{V}} \boldsymbol{Q}_i^*(x).$$

再由于 $\boldsymbol{U}$ 是 $\boldsymbol{E}_i(\boldsymbol{V})$ 中任意信息集, 所以

$$\boldsymbol{E}_i(\boldsymbol{V}) \subset \bigcap_{x \in \boldsymbol{V}} \boldsymbol{Q}_i^*(x).$$

充分性. 设对于任何 $\boldsymbol{V} \in \mathscr{U}_i$ 有 (2) 成立, 对于 $\boldsymbol{U}, \boldsymbol{V} \in \mathscr{U}_i$ 及 $\boldsymbol{U} < \boldsymbol{V}$, 要证 $\boldsymbol{V} \subset \boldsymbol{D}(\boldsymbol{U})$. 事实上, 如果 $\boldsymbol{U} \in \boldsymbol{F}_i(\boldsymbol{V})$, 那么, 由定义, 存在这样一个 ν, 使得

$$\boldsymbol{V} \subset \boldsymbol{D}(\boldsymbol{U}, \nu) \subset \mathscr{D}(\boldsymbol{U}).$$

如果 $\boldsymbol{U} \notin \boldsymbol{F}_i(\boldsymbol{V})$, 则 $\boldsymbol{U} \in \boldsymbol{E}_i(\boldsymbol{V})$, 那么由 (2) 得 (3), 对于任何 $x \in \boldsymbol{V}$, 都成立. 因此 $x \in \boldsymbol{D}(\boldsymbol{U})$, 由 x 的任意性, 所以

$$\boldsymbol{V} \subset \boldsymbol{D}(\boldsymbol{U}).$$

证毕.

定理 2　对于任何阵地博弈 Γ, 如果局中人 i 具有顺序记忆. 那么, 对于它的任何纯策略 π_i 以及信息集 $\boldsymbol{U}, \boldsymbol{V} \in \mathscr{U}_i$. 从 $\boldsymbol{U} < \boldsymbol{V}$ 及 $V \in \operatorname{Rel} \pi_i$ 就可以推出 $\boldsymbol{U} \in \operatorname{Rel} \pi_i$.

证明 命 $\boldsymbol{U}, \boldsymbol{V} \in \mathscr{U}_i$, $\boldsymbol{U} < \boldsymbol{V}$ 以及 $\boldsymbol{V} \in \operatorname{Rel} \pi_i$, 即

$$\pi_i[\boldsymbol{V}] \neq 0.$$

如果局中人 i 具有顺序记忆, 那么 $\boldsymbol{V} \subset \boldsymbol{D}(\boldsymbol{U})$. 因此

$$\pi_i[\boldsymbol{V}] \leqslant \pi_i[\boldsymbol{D}(\boldsymbol{U})] = \pi_i[\boldsymbol{U}].$$

所以

$$\pi_i[\boldsymbol{U}] \neq 0 \text{ 即 } \boldsymbol{U} \in \operatorname{Rel} \pi_i.$$

今后我们假设局中人 i 具有顺序记忆并且其信息集 $\mathscr{U}_i$ 按标准有序化后的顺序列举出来, $\boldsymbol{U}_1, \boldsymbol{U}_2, \cdots, \boldsymbol{U}_r$. 记被 $\boldsymbol{U}_l$ 所架凌 $\mathscr{U}_i$ 的信息集的全体为 $f_i(\boldsymbol{U}_l)$.

5.2 简化策略

设 $\boldsymbol{U}_k \in \mathscr{U}_i$, 考虑 $\boldsymbol{U}_k$ 上的一切择路 $\nu_{\boldsymbol{U}_k}$ 及 $\boldsymbol{V} \in f_i(\boldsymbol{U}_k)$, 我们引进下面定义:

定义 3 所谓局中人 i 的一个简化 ρ_i 是指非负实数组 $\rho_i[\nu_{\boldsymbol{U}_k}/\nu_{\boldsymbol{V}}(\boldsymbol{V} \in f_i(\boldsymbol{U}_k))]$, 如果 $f_i(\boldsymbol{U}_k) = \boldsymbol{\varLambda}$, 则简单记为 $\rho_i[\nu_{\boldsymbol{U}_k}]$, 满足条件

$$\sum_{\nu_{\boldsymbol{U}_k}} \rho_i[\nu_{\boldsymbol{U}_k}/\nu_{\boldsymbol{V}}(\boldsymbol{V} \in f_i(\boldsymbol{U}_k))] = 1. \tag{4}$$

事实上, $\rho_i[\nu_{\boldsymbol{U}_{k_1}}/\nu_{\boldsymbol{V}}(\boldsymbol{V} \in f_i(\boldsymbol{U}_k))]$ 是在所有的 $\boldsymbol{V} \in f_i(\boldsymbol{U}_k)$ 都固定了某一择路 $\nu_{\boldsymbol{V}}$ 的条件下, 局中人 i 在信息集 $\boldsymbol{U}_k$ 上取择路 $\nu_{\boldsymbol{U}_k}$ 的概率.

例如在图 22 中, 局在人 1 的简化 ρ_1 为

$$\rho_{1\boldsymbol{U}_1}(1) = x, \quad \rho_{1\boldsymbol{U}_1}(2) = 1 - x;$$

$$\rho_{1\boldsymbol{U}_2}(1/1) = y, \quad \rho_{1\boldsymbol{U}_2}(2/1) = 1 - y;$$

$$\rho_{1\boldsymbol{U}_2}(1/2) = z, \quad \rho_{1\boldsymbol{U}_2}(2/2) = 1 - z.$$

显然, 如果局中人 i 具有完全记忆, 那么 $\rho_i[\nu_{\boldsymbol{U}_k}]$ 就是他在 U_k 上的行为 $\beta_i(\boldsymbol{U}_k, \nu_{\boldsymbol{U}_k})$.

不难验证, 如果对于局中人 i 的纯策略集 $\boldsymbol{\varPi}_i$ 的任意子集 $\boldsymbol{T}$, 命

$$q_i[\boldsymbol{T}] = \sum_{\pi_i \in \boldsymbol{T}} \prod_{k=1}^{r} \rho_i[\pi_i(\boldsymbol{U}_k)/\pi_i(\boldsymbol{V})(\boldsymbol{V} \in f_i(\boldsymbol{U}_k))], \tag{5}$$

则 q_i 是 $\boldsymbol{\varPi}_i$ 上的一个概率分布, 即 q_i 是局中人 i 的一个混合策略.

事实上, (i) 对任何 $\boldsymbol{T} \subset \boldsymbol{\Pi}_i$, $q_i(\boldsymbol{T}) \geqslant 0$.

(ii) 设 $\boldsymbol{T}_1, \boldsymbol{T}_2 \subset \boldsymbol{\Pi}_i$ 且 $\boldsymbol{T}_1 \cap \boldsymbol{T}_2 = \boldsymbol{\Lambda}$, 则

$$\begin{aligned} q_i[\boldsymbol{T}_1 \cup \boldsymbol{T}_2] &= \sum_{\pi_i \in \boldsymbol{T}_1 \cup \boldsymbol{T}_2} \prod_{k=1}^{r} \rho_i[\pi_i(\boldsymbol{U}_k)/\pi_i(\boldsymbol{V})(\boldsymbol{V} \in f_i(\boldsymbol{U}_k))] \\ &= \sum_{\pi_i \in \boldsymbol{T}_1} \prod_{k=1}^{r} \rho_i[\pi_i(\boldsymbol{U}_k)/\pi_i(\boldsymbol{V})(\boldsymbol{V} \in f_i(\boldsymbol{U}_k))] \\ &\quad + \sum_{\pi_i \in \boldsymbol{T}_2} \prod_{k=1}^{r} \rho_i[\pi_i(\boldsymbol{U}_k)/\pi_i(\boldsymbol{V})(\boldsymbol{V} \in f_i(\boldsymbol{U}_k))] \\ &= q_i[\boldsymbol{T}_1] + q_i[\boldsymbol{T}_2]. \end{aligned}$$

定义 4 对于任何简化 ρ_i, 由上述方法构造出来的 q_i 称为对应于简化 ρ_i 的混合策略, 或称为简化策略.

我们也可以用局中人 i 的混合策略 μ_i 来构造出局中人 i 的一个简化.

事实上, 只要对于任何 $\boldsymbol{U}_k \in \mathscr{U}_i$ 及任意 $\boldsymbol{\nu}_{\boldsymbol{U}_k}$ 及 $\boldsymbol{\nu}_{\boldsymbol{V}}, \boldsymbol{V} \in f_i(\boldsymbol{U}_k)$, 命

$$\text{(i)} \qquad \rho_{\mu_i}[\boldsymbol{\nu}_{\boldsymbol{U}_k}/\boldsymbol{\nu}_{\boldsymbol{V}}, \boldsymbol{V} \in f_i(\boldsymbol{U}_k)] = \frac{\displaystyle\sum_{\substack{\pi_i \\ \boldsymbol{U}_k \in \mathrm{Rel}\,\pi_i \\ \pi_i(\boldsymbol{U}_k)=\boldsymbol{\nu}_{\boldsymbol{U}_k} \\ \pi_i(\boldsymbol{V})=\boldsymbol{\nu}_{\boldsymbol{V}}, \boldsymbol{V} \in f_i(\boldsymbol{U}_k)}} \mu_i[\pi_i]}{\displaystyle\sum_{\substack{\pi_i \\ \boldsymbol{U}_k \in \mathrm{Rel}\,\pi_i \\ \pi_i(\boldsymbol{V})=\boldsymbol{\nu}_{\boldsymbol{V}}, \boldsymbol{V} \in f_i(\boldsymbol{U}_k)}} \rho_i[\pi_i]}, \tag{6}$$

当 $\displaystyle\sum_{\substack{\boldsymbol{U}_k \in \mathrm{Rel}\,\pi_i \\ \pi_i(\boldsymbol{V})=\boldsymbol{\nu}_{\boldsymbol{V}}, \boldsymbol{V} \in f_i(\boldsymbol{U}_k)}} \mu_i[\pi_i] \neq 0$.

$$\text{(ii)} \qquad \rho_{\mu_i}[\boldsymbol{\nu}_{\boldsymbol{U}_k}/\boldsymbol{\nu}_{\boldsymbol{V}}, \boldsymbol{V} \in f_i(\boldsymbol{U}_k)] = \sum_{\substack{\pi_i \\ \pi_i(\boldsymbol{U}_k)=\boldsymbol{\nu}_{\boldsymbol{U}_k}}} \mu_i[\pi_i], \tag{7}$$

当 $\displaystyle\sum_{\substack{\pi_i \\ \boldsymbol{U}_k \in \mathrm{Rel}\,\pi_i \\ \pi_i(\boldsymbol{V})=\boldsymbol{\nu}_{\boldsymbol{V}}, \boldsymbol{V} \in f_i(\boldsymbol{U}_k)}} \mu_i[\pi_i] = 0$ 时.

这样定义的数 $\rho_{\mu_i}[\boldsymbol{\nu}_{\boldsymbol{U}_k}/\boldsymbol{\nu}_{\boldsymbol{V}}, \boldsymbol{V} \in f_i(\boldsymbol{U}_k)]$, 虽然是非负数组, 并且满足 (4), 因此 ρ_{μ_i} 是局中人 i 的一个简化.

定义 5 对于局中人 i 的任何混合策略 μ_i, 由上述方法所构造出来的简化策略 ρ_{μ_i}, 称为对应于混合策略 μ_i 的简化策略.

显然, ρ_{μ_i} 由 μ_i 唯一确定.

定义 6 如果 $\overline{\mu}_i$ 是对应于简化 ρ_{μ_i} 的混合策略, 而简化 ρ_{μ_i} 又是对应于混合策略 μ_i 的, 那么, 称 $\overline{\mu}_i$ 是 μ_i 的还原 (策略).

定义 7 设 $\mathfrak{U} \subset \mathscr{U}_i$, 如果对于任何 $\boldsymbol{V} \in \mathfrak{U} \cap \boldsymbol{Q}_i^*(x)$ 有 $\pi_i(\boldsymbol{V}) = \boldsymbol{\nu}_{\boldsymbol{V}}^x$, 则称阵地 x 对于 $\mathfrak{U}$ 在 π_i 实现的情况下是可能 (达到) 的, 并且记为 $x \in \operatorname*{Poss}_{\mathfrak{U}} \pi_i$.

显然, $\operatorname*{Poss}_{\boldsymbol{Q}_i^*(x)} \pi_i = \operatorname{Poss} \pi_i$.

定理 3 (沃罗比约夫) 如果在博弈 Γ 中, 局中人 i 具有顺序记忆, 那么他的每个混合策略均等价于这个策略的还原策略.

为了证明这个定理, 我们必须介绍下面几个引理.

引理 1 如果 $x, y \in \boldsymbol{U}$, $x \in \operatorname{Poss} \pi_i$, 那么存在这样的纯策略 π_i', 使得:

(i) 对于 $\boldsymbol{V} \in \boldsymbol{F}_i(\boldsymbol{U})$, $\pi_i'(\boldsymbol{V}) = \pi_i(\boldsymbol{V})$;

(ii) $y \in \operatorname{Poss} \pi_i'$.

证明 我们来具体地构造出策略 π_i', 然后验证 π_i' 满足 (i) 与 (ii).

(a) 对于 $\boldsymbol{V} \in \boldsymbol{F}_i(\boldsymbol{U})$ 命 $\pi_i'(\boldsymbol{V}) = \pi_i(\boldsymbol{V})$;

(b) 对于 $\boldsymbol{V} \in \boldsymbol{E}_i(\boldsymbol{U}), \pi_i'(\boldsymbol{V}) = \nu_V^y$,

则由作法 (a), π_i' 满足 (i) 的要求. 剩下只要证明 $y \in \operatorname{Poss} \pi_i'$, 即

$$y \in \operatorname*{Poss}_{\boldsymbol{Q}_i^*(y)} \pi_i.$$

由 (b), 则

$$y \in \operatorname*{Poss}_{\boldsymbol{E}_i(\boldsymbol{U})} \pi_i' = \operatorname*{Poss}_{\boldsymbol{Q}_i^*(y) \cap \boldsymbol{E}_i(\boldsymbol{U})} \pi_i'. \tag{8}$$

对于任一信息集 $\boldsymbol{V} \in \boldsymbol{Q}_i^*(y) \cap \boldsymbol{F}_i(\boldsymbol{U})$, 都有择路 $\boldsymbol{\nu}$, 使得

$$\boldsymbol{U} \subset \boldsymbol{D}(\boldsymbol{V}, \boldsymbol{\nu}).$$

特别地, 对于 $x \in \boldsymbol{U}$ 有 $z \in \boldsymbol{V}$, 使得

$$x \in \boldsymbol{D}(z, \boldsymbol{\nu}).$$

由于 $x \in \operatorname{Poss} \pi_i$, 所以 $\pi_i(\boldsymbol{V}) = \boldsymbol{\nu}$, 由 (a) 又有 $\pi_i'(\boldsymbol{V}) = \boldsymbol{\nu}$. 但 $y \in \boldsymbol{U}$, 所以 $y \in \boldsymbol{D}(\boldsymbol{V}, \boldsymbol{\nu})$, 即 $\boldsymbol{\nu} = \boldsymbol{\nu}_{\boldsymbol{V}}^y$, 这就是说

$$y \in \operatorname*{Poss}_{Q_i^*(y) \cap \boldsymbol{F}_i(\boldsymbol{U})} \pi_i'. \tag{9}$$

综合 (8) 和 (9) 就有 $y \in \operatorname{Poss} \pi_i'$.

引理 2　(i) 如果 $\boldsymbol{B}_i^*(x) \neq \boldsymbol{\Lambda}$, 而 $y \in \boldsymbol{U}$ 是 $\boldsymbol{B}_i^*(x)$ 中的最后一个阵地, 那么, 命

$$\boldsymbol{T}_i(x) = \{\pi_i / \boldsymbol{U} \in \operatorname{Rel} \pi_i, \pi_i(\boldsymbol{U})\} = \nu_{\boldsymbol{U}}^x, y \in \underset{\boldsymbol{Q}_i^*(x) \cap \boldsymbol{E}_i(\boldsymbol{U})}{\operatorname{Poss}} \pi_i.$$

(ii) 如果 $\boldsymbol{B}_i^*(x) = \boldsymbol{\Lambda}$, 命

$$\boldsymbol{T}_i(x) = \boldsymbol{\Pi}_i,$$

则

$$\pi_i[x] = \begin{cases} \pi_0[x], & \pi_i \in \boldsymbol{T}_i(x), \\ 0, & \pi_i \notin \boldsymbol{T}_i(x). \end{cases} \tag{10}$$

证明　对于 $\pi_i \in \boldsymbol{T}_i(x)$ 有 $\boldsymbol{U} \in \operatorname{Rel} \pi_i$, 则存在一个 $x \in \boldsymbol{U}$, $x \in \operatorname{Poss} \pi_i$, 由引理 1 , 存在一 π_i', 它在 $\boldsymbol{F}_i(\boldsymbol{U})$ 上与 π_i 重合, 并且 $y \in \operatorname{Poss} \pi_i'$, 特别地

$$y \in \underset{\boldsymbol{Q}_i^*(y) \cap \boldsymbol{F}_i(\boldsymbol{U})}{\operatorname{Poss}} \pi_i' = \underset{\boldsymbol{Q}_i^*(y) \cap \boldsymbol{F}_i(\boldsymbol{U})}{\operatorname{Poss}} \pi_i.$$

又因为

$$y \in \underset{\boldsymbol{Q}_i^*(y) \cap \boldsymbol{E}_i(\boldsymbol{U})}{\operatorname{Poss}} \pi_i \quad \text{及} \quad \pi_i(\boldsymbol{U}) = \boldsymbol{\nu}_{\boldsymbol{U}}^x,$$

因此

$$y \in \underset{\boldsymbol{Q}_i^*(y)}{\operatorname{Poss}} \pi_i = \operatorname{Poss} \pi_i.$$

因为 y 是 $\boldsymbol{B}_i^*(x)$ 中的最后一个阵地, 而 $\pi_i(\boldsymbol{U}) = \nu_{\boldsymbol{U}}^x$ 以及 $x \in \operatorname{Poss} \pi_i$, 则由库恩引理得证.

引理 3　设 $x \in \boldsymbol{U} \in \mathscr{U}_i$ 及 $x < z$, 用 y 表示在 $\boldsymbol{B}_i^*(z)$ 中紧跟在 x 之后的阵地 (如果这样的阵地存在的话), 用 $\boldsymbol{V}$ 表示包含 y 的信息集, 则要使 $y \in \underset{\boldsymbol{Q}_i^*(y) \cap \boldsymbol{E}_i(\boldsymbol{V})}{\operatorname{Poss}} \pi_i$ 的充要条件是

$$x \in \underset{\boldsymbol{Q}_i^*(x) \cap \boldsymbol{E}_i(\boldsymbol{V})}{\operatorname{Poss}} \pi_i$$

且

$$\pi_i(\boldsymbol{U}) = \nu_{\boldsymbol{U}}^z. \tag{11}$$

证明 必要性. 由于 $y \in \underset{\boldsymbol{Q}_i^*(x)\cap \boldsymbol{E}_i(\boldsymbol{V})}{\text{Poss}} \pi_i$, 则对于任何

$$\boldsymbol{W} \in (\boldsymbol{Q}_i^*(y) \cap \boldsymbol{E}_i(\boldsymbol{V})) \cap \boldsymbol{Q}_i^*(y) = \boldsymbol{Q}_i^*(y) \cap \boldsymbol{E}_i(\boldsymbol{V})$$

有 $\pi_1(\boldsymbol{W}) = \nu_{\boldsymbol{W}}^y$. 特别地当 $\boldsymbol{W} = \boldsymbol{U}$ 时, 由图 23 可知

$$\pi_i(\boldsymbol{U}) = \nu_{\boldsymbol{U}}^y = \nu_{\boldsymbol{U}}^z. \tag{12}$$

对于任何信息集

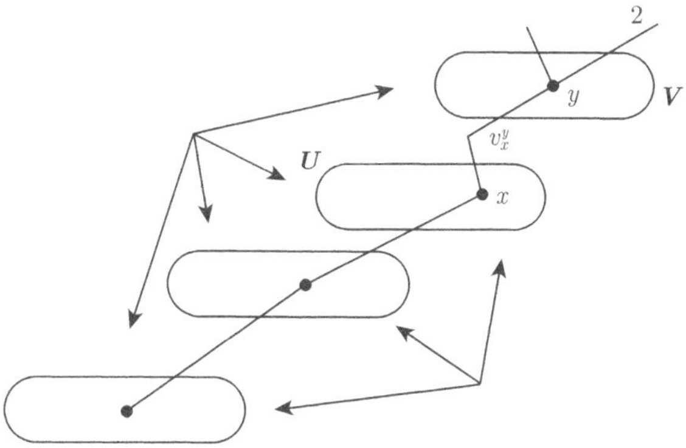

图 23

$$\boldsymbol{W} \in (\boldsymbol{Q}_i^*(x) \cap \boldsymbol{E}_i(\boldsymbol{U})) \cap \boldsymbol{Q}_i^*(x)$$
$$= \boldsymbol{Q}_i^*(x) \cap \boldsymbol{E}_i(\boldsymbol{U}) \subset \boldsymbol{Q}_i^*(y) \cap \boldsymbol{E}_i(\boldsymbol{V}),$$

所以, $\pi_i(\boldsymbol{W}) = \nu_{\boldsymbol{W}}^x$, 即

$$x \in \underset{\boldsymbol{Q}_i^*(x)\cap \boldsymbol{E}_i(\boldsymbol{V})}{\text{Poss}} \pi_i. \tag{13}$$

由 (12) 及 (13) 就构成 (11).

充分性. 如果 $x \in \underset{\boldsymbol{Q}_i^*(x)\cap \boldsymbol{E}_i(\boldsymbol{V})}{\text{Poss}} \pi_i$ 及 $\pi_i(\boldsymbol{U}) = \nu_{\boldsymbol{U}}^z$, 则对于任何信息集 $\boldsymbol{W} \in \boldsymbol{Q}_i^*(x) \cap \boldsymbol{E}_i(\boldsymbol{U})$ 有 $\pi_i(\boldsymbol{W}) = \nu_{\boldsymbol{W}}^x$, 因为

$$\boldsymbol{E}_i(\boldsymbol{V}) = \boldsymbol{E}_i(\boldsymbol{U}) \cup \boldsymbol{U} \tag{14}$$

及 $\pi_i(\boldsymbol{U}) = \nu_{\boldsymbol{U}}^z$, 所以, 对于任何 $\boldsymbol{W} \in \boldsymbol{Q}_i^*(y) \cap \boldsymbol{E}_i(\boldsymbol{V})$, 有

$$\pi_i(\boldsymbol{W}) = \nu_{\boldsymbol{W}}^z \quad \text{即} \quad y \in \underset{\boldsymbol{Q}_i^*(y)\cap \boldsymbol{E}_i(\boldsymbol{V})}{\text{Poss}} \pi_i.$$

引理 4　设 $x, y \in \boldsymbol{I}_i$, 及 $x \in \boldsymbol{U}$ 是 $\boldsymbol{B}_i^*(y)$ 的最后一个阵地, 并且 $x \in \operatorname{Poss}\mu_i$, 则: 要使得 $y \notin \operatorname{Poss}\mu_i$ 的充要条件是

$$\sum_{\substack{\pi_i \\ \boldsymbol{U}\in \operatorname{Rel}\pi_i, \pi_i(\boldsymbol{U})=\nu_{\boldsymbol{U}}^y, \pi_i(\boldsymbol{V})=\nu_{\boldsymbol{V}}^y(\boldsymbol{V}\in f_i(\boldsymbol{U}))}} \mu_i[\pi_i] = 0. \tag{15}$$

证明　必要性. 如果

$$\sum_{\substack{\pi_i \\ \boldsymbol{U}\in \operatorname{Rel}\pi_i, \pi_i(\boldsymbol{U})=\nu_{\boldsymbol{U}}^y, \pi_i(\boldsymbol{V})=\nu_{\boldsymbol{V}}^y(\boldsymbol{V}\in f_i(\boldsymbol{U}))}} \mu_i[\pi_i] \neq 0,$$

则有一策略 π_i, 使得 $\mu_i[\pi_i] \neq 0$, 其中 π_i 满足条件:

$$\boldsymbol{U} \in \operatorname{Rel}\pi_i, \pi_i(\boldsymbol{U}) = \nu_{\boldsymbol{U}}^y, \quad \pi_i(\boldsymbol{V}) = \nu_{\boldsymbol{V}}^y(\boldsymbol{V} \in f_i(\boldsymbol{U})).$$

但是, 对于一切 $\boldsymbol{V} \in f_i(\boldsymbol{U})$, 我们有 $\nu_{\boldsymbol{V}}^y = \nu_{\boldsymbol{V}}^x$, 由引理 1 直接推出. 如果, 对于一切 $\boldsymbol{V} \in f_i(\boldsymbol{U})$, 有 $\pi_i(\boldsymbol{V}) = \nu_{\boldsymbol{V}}^x$, 则 $x \in \operatorname{Poss}\pi_i$.

又因为 $\pi_i(\boldsymbol{U}) = \nu_{\boldsymbol{U}}^y$, 所以 $y \in \operatorname{Poss}\pi_i$. 因此, $y \in \operatorname{Poss}\mu_i$ 矛盾.

充分性. 如果 $y \in \operatorname{Poss}\mu_i$, 则有信息集 $\boldsymbol{U} \in \operatorname{Poss}\pi_i$ 而 $\mu_i[\pi_i] \neq 0$, 因此

$$\sum_{\substack{\pi_i \\ \boldsymbol{U}\in \operatorname{Rel}\pi_i, \pi_i(\boldsymbol{U})=\nu_{\boldsymbol{U}}^y, \pi_i(\boldsymbol{V})=\nu_{\boldsymbol{V}}^y(\boldsymbol{V}\in f_i(\boldsymbol{U}))}} \mu_i[\pi_i] \neq 0,$$

矛盾. 证毕.

定理 3 的证明　我们就当证明对于任何阵地 x 总有

$$\mu_i[x] = \overline{\mu}_i[x].$$

由定义

$$\overline{\mu}_i[x] = \sum_{\pi_i \in \boldsymbol{\Pi}} \overline{\mu}_i[\pi_i]\pi_i[x] = \sum_{\substack{\pi_i \\ \pi_i(\boldsymbol{U})=\nu_{\boldsymbol{U}}^x, \boldsymbol{U}\in \boldsymbol{Q}_i^*(x)}} \overline{\mu}_i[\pi_i] = \sum \mu_i(\rho_i(\mu_i))[\pi_i];$$

$$\sum_{\substack{\pi_i \\ \pi_i(\boldsymbol{U})=\nu_{\boldsymbol{U}}^x, \boldsymbol{U}\in \boldsymbol{Q}_i^*(x)}} \prod_{\boldsymbol{U}_k \in u_i} \rho_i(\pi_i(\boldsymbol{U}_k))/\pi_i(\boldsymbol{V}) = \nu_{\boldsymbol{V}}^{\boldsymbol{U}_k}(\boldsymbol{V} \in f_i(\boldsymbol{U}_k)). \tag{16}$$

命信息集 $\boldsymbol{U}_1' \cdots \boldsymbol{U}_{m'}'$ 是 $\boldsymbol{Q}_i^*(x)$ 的元素, 而 $\boldsymbol{U}_1'' \cdots U_{m'}''$, 是 $\mathscr{U}_i/\boldsymbol{Q}_i^*(x)$ 的元素, 它们都是按顺序来列举的, 那么,

$$\overline{\mu}_i[x] = \sum_{\substack{\pi_i \\ \pi_i(\boldsymbol{U}_j)=\nu^x \\ j=1,\cdots,m''}} \prod_{k=1}^{r} \rho_i(\pi_i(\boldsymbol{U}_k))/\pi_i(\boldsymbol{V}) = \nu_{\boldsymbol{V}}^{\boldsymbol{U}_k}(\boldsymbol{V} \in f_i(\boldsymbol{U}_k)),$$

且

$$\begin{aligned}&\pi_i(\boldsymbol{U}_t')=\nu^x_{\boldsymbol{U}_t}\quad(t=1,\cdots,m')\\=&\sum_{\pi_i(\boldsymbol{U}_1'')=\nu^x_{\boldsymbol{U}_1}}\cdots\sum_{\pi_i(\boldsymbol{U}_{m''}'')=\nu^x_{\boldsymbol{U}_{m''}}}\prod_{k=1}^{r}\rho(\pi_i(\boldsymbol{U}_k)/\pi_i(\boldsymbol{V}))\\=&\nu_{\boldsymbol{V}}^{\boldsymbol{U}_k}(\boldsymbol{V}\in f_i(\boldsymbol{U}_k)),\end{aligned}\tag{17}$$

且

$$\pi_i(\boldsymbol{U}_t')=\nu^x_{\boldsymbol{U}_t}\quad(t=1,\cdots,m').$$

因为局中人 i 在博弈 Γ 中, 具有顺序记忆的, 所以, 对于 $\boldsymbol{U}_k\in\boldsymbol{Q}_i^*(x)$, 由定理 1, 有

$$\boldsymbol{E}_i(\boldsymbol{U}_k)\subset\boldsymbol{Q}_i^*(x).$$

因此, 由式 (17), 因子

$$\rho_i[\pi_i(\boldsymbol{U}_k)/\pi_i(\boldsymbol{V})=\nu_{\boldsymbol{V}}^{\boldsymbol{U}_k}(\boldsymbol{V}\in f_i(\boldsymbol{U}_k))]=\rho_i[\pi_i(\boldsymbol{U}_k)/\nu^x_{\boldsymbol{V}}(\boldsymbol{V}\in f_i(\boldsymbol{U}_i))].$$

而与 $\pi_i(\boldsymbol{U}_t'')$ $(t=1,\cdots,m'')$ 无关, 因而可以在公式 (16) 中把它提到所有的和式之外. 这样一来, 我们有

$$\overline{\mu}_i[x]=\prod_{t=1}^{m'}\rho_i[\nu^x_{\boldsymbol{U}_{t'}}/\nu^x_{\boldsymbol{V}}(\boldsymbol{V}\in f_i(\boldsymbol{U}_t'))]\sum_{\pi_i(\boldsymbol{U}_1')=\nu^x_{\boldsymbol{U}_1}}\cdots\sum_{\pi_i(\boldsymbol{U}_{m''}')=\nu^x_{\boldsymbol{U}_{m''}''}}\prod_{t=1}^{m''}\rho_i,$$

$$\rho_i[\pi_i(\boldsymbol{U}_t'')/\pi_i(\boldsymbol{U})=\nu_i^x(\boldsymbol{V}\in f_i(\boldsymbol{U}_t''))].$$

但是, 由于信息集是按顺序排列的, 因此, 从 $\boldsymbol{U}_s\in\boldsymbol{E}(\boldsymbol{U}_t'')$ 就表示 $\boldsymbol{U}_t''$, 因此, 我们有

$$\begin{aligned}&\sum_{\pi_i(\boldsymbol{U}_1'')=\nu^x_{\boldsymbol{U}_1''}}\cdots\sum_{\pi_i(\boldsymbol{U}_{m''}'')=\nu^x_{\boldsymbol{U}_{m''}''}}\prod_{t=1}^{r}\rho_i[\pi_i(\boldsymbol{U}_t'')/\pi_i(\boldsymbol{V})=\nu^x_{\boldsymbol{V}}(\boldsymbol{V}\in\boldsymbol{E}_i(\boldsymbol{U}_t''))]\\=&\prod_{t=1}^{m''}\sum_{\pi_i(\boldsymbol{U}_{m''}'')=\nu^x_{\boldsymbol{U}_{m''}''}}\rho_i[\pi_i(\boldsymbol{U}_t'')/\pi_i(\boldsymbol{V})=\nu^x_{\boldsymbol{V}}(\boldsymbol{V}\in\boldsymbol{E}_i(\boldsymbol{U}_t''))]=1.\end{aligned}$$

因此

$$\overline{\mu}_i[x]=\prod_{t=1}^{m'}\rho_i[\nu^x_{\boldsymbol{U}_i'}/\nu^x_{\boldsymbol{V}}(\boldsymbol{V}\in f_i(\boldsymbol{U}_t'))].\tag{18}$$

(i) 设 $x \in \mathrm{Poss}\,\mu_i$,

$$\overline{\mu}_i[x] = \prod_{t=1}^{m'} \rho_i[\nu^x_{\boldsymbol{U}'_t}, \nu^x_{\boldsymbol{V}}(\boldsymbol{V} \in f_i(\boldsymbol{U}'_t))] = \prod_{t=1}^{m'} \frac{\displaystyle\sum_{\substack{\pi_i \\ \boldsymbol{U}'_t \in \mathrm{Rel}\,\pi_i \\ \pi_i(\boldsymbol{U}'_t)=\nu^x_{\boldsymbol{U}'_t} \\ \pi_i(\boldsymbol{V})=\nu^{\boldsymbol{U}'_t}_{\boldsymbol{V}}(\boldsymbol{V}\in f_i(\boldsymbol{U}'_t))}} \mu_i[\pi_i]}{\displaystyle\sum_{\substack{\pi_i \\ \boldsymbol{U}'_t \in \mathrm{Rel}\,\pi_i \\ \pi_i(\boldsymbol{V})=\nu^{\boldsymbol{U}'_t}_{\boldsymbol{V}}(\boldsymbol{V}\in f_i(\boldsymbol{U}'_t))}} \mu_i[\pi_i]}$$

利用引理 2 则得

$$\overline{\mu}_i[x] = \frac{\displaystyle\sum_{\substack{\pi_i \\ \boldsymbol{U}'_{m'} \in \mathrm{Rel}\,\pi_i \\ \pi_i(\boldsymbol{U}'_{m'})=\nu^x_{\boldsymbol{U}'_{m'}} \\ \pi_i(\boldsymbol{V})=\nu^{\boldsymbol{U}'_{m'}}_{\boldsymbol{V}}(\boldsymbol{V}\in f_i(\boldsymbol{U}'_{m'}))}} \mu_i[\pi_i]}{\displaystyle\sum_{\substack{\pi_i \\ \boldsymbol{U}'_1 \in \mathrm{Rel}\,\pi_i \\ \pi_i(\boldsymbol{V})=\nu^{\boldsymbol{U}'_1}_{V}(\boldsymbol{V}\in f_i(\boldsymbol{U}'_1))}} \mu_i[\pi_i]}. \tag{19}$$

但是 $\boldsymbol{\Pi}_i$ 中一切纯策略 π_i 总是满足 $\boldsymbol{U}'_1 \in \mathrm{Rel}\,\pi_i$, 且 $x \in \mathrm{Poss}\,\pi_i$, 即 (19) 式的分母等于 1, 因此

$$\overline{\mu}_i(x) = \sum_{\substack{\boldsymbol{U}'_{m'} \in \mathrm{Rel}\,\pi_i \\ \pi_i(\boldsymbol{U}'_{m'})=\nu^x_{U'_{m'}} \\ \pi_i(\boldsymbol{V})=\nu^{\boldsymbol{U}'_{m'}}_{\boldsymbol{V}}(\boldsymbol{V}\in f_i(\boldsymbol{U}'_{m'}))}} \mu_i[\pi_i] = \sum_{\pi_i} \mu_i[\pi_i]\pi_i[x] = \mu_i[x].$$

(ii) $x \notin \mathrm{Poss}\,\mu_i$, 则 $\mu_i[x] = 0$, 再由引理 4 及 (18) 式得

$$\begin{aligned}\overline{\mu}_i[x] &= \prod_{t=1}^{m''} \rho_i[\nu^x_{\boldsymbol{U}''_t} / \nu^x_{\boldsymbol{V}}(\boldsymbol{V} \in f_i(\boldsymbol{U}''_t))] \\ &= \prod_{t=1}^{m''} \mu_i[\pi_i(\boldsymbol{U}''_t) = \nu^x_{\boldsymbol{U}''_t}] = 0.\end{aligned}$$

所以

$$\overline{\mu}_i[x] = \mu_i[x].$$

定理完全证毕.

例 1　考虑下面的博弈结构 (图 24).

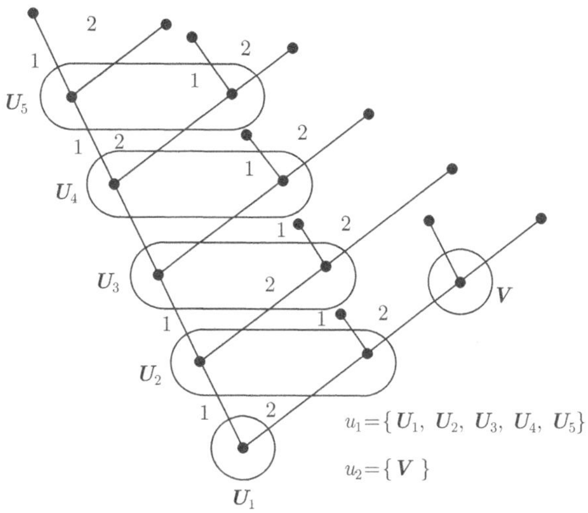

图 24

这里, 局中人 1 具有 5 个信息集, 每个信息集有两条择路, 因此, 纯策略总数 $= 2^5 = 32$. 所以, 确定混合策略的参数个数 $= 32 - 1 = 31$. 由于局中人 1 不是完全记忆的, 库恩定理不能用. 但是, 局中人 1 却是有顺序记忆, 因此, 沃罗比约夫定理则可以利用.

现在来计算确定简化策略的参数个数.

(i) 对于 $\boldsymbol{U}_1$, 由于 $f_1(\boldsymbol{U}_1) = \boldsymbol{\Lambda}$. 因此简化就是在 $\boldsymbol{U}_1$ 上的行为, 而其参数 $= 1$.

(ii) 对于 $\boldsymbol{U}_2$, 由于 $f_1(\boldsymbol{U}_2) = \{\boldsymbol{U}_1\}$. 而 $\boldsymbol{U}_1$ 上有两条择路 1 和 2. 对于固定的择路 1 时, 简化也就是 $\boldsymbol{U}_2$ 上的行为, 因而参数 $= 2 - 1$; 对于择路 2 , 简化也是 $\boldsymbol{U}_2$ 上的行为, 因而参数 $= 2 - 1 = 1$.

这样一来, 在 $\boldsymbol{U}_2$ 上确定简化的参数 $= 2$.

(iii) 其他等等, 仿此计算, 最后, 我们得到确定局中人 1 的参数总数 $= 1 + 2 + 2 + 2 + 2 = 9$.

因此, 对于局中人 1 只需考虑参数个数只有 9 个的简化策略, 这个数目显然大大地小于他的混合策略的参数 31.

§6 几乎完全信息的博弈

从上面几节中, 我们看到, 对于减少确定混合策略的参数, 信息集的性质起着重要的作用. 在阵地博弈中, 局中人拥有怎样的信息集, 以及他的信息集所包含的阵地的个数的多少, 具有重大的意义. 前者可以反映局中人的“记忆能力”, 后者则描写了局中人的信息集的“信息量”的多少 (信息集愈小则他所得到的信息愈多). 对于阵地博弈的研究也就沿着这个方向进行. 在前两者中, 我们实质上就是沿着第一个方向进行的, 即沿着对局中人的记忆情况这一方向进行研究的, 现在, 我们再沿着第二个方向进行, 即局中人彼此之间所获得的信息的情况进行讨论. 这一方向上的研究实际上是在第三节中就已经开始了. 由于第三节中所考虑是如果特殊的阵地博弈, 以致它皆是属于第一个方向的, 也是属于第二个方向.

在第三节中, 我们考虑了具有完全信息的阵地, 在那里, 我们介绍了策墨略–冯 • 诺伊曼定理, 即在局中人之间的信息是彼此完全了解 (不论是自己的或者别人的, 甚至以前的情况, 随机的情况也是完全了解的) 的情况下, 在纯策略中有平衡局势存在. 然而, 这要求实在是太强了, 一般说来, 具有完全信息的博弈是极其个别的情况, 现在我们就来介绍比较广泛的一类博弈——具有几乎完全信息的博弈. 随后将介绍一个比完全信息定理更深入的结果. 这里, 只是介绍一些基本概念及主要结果, 而不详细地加以证明, 有兴趣的读者可以去参阅文献 [1] 和 [2]①.

定义 1 对于已给两个信息集 $\boldsymbol{U}, \boldsymbol{V}$, 我们称 $\boldsymbol{U}$ 是架凌 $\boldsymbol{V}$ 的, 如果, $\boldsymbol{V} < \boldsymbol{U}$, 且不存在一个择路 $\boldsymbol{\nu_V}$, 使

$$\boldsymbol{U} \subset \boldsymbol{D}(\boldsymbol{U}, \boldsymbol{\nu}).$$

在博弈 Γ 中, 局中人 i 称为关于局中人 j 有完全信息的, 如果, 局中人 i 的任何一个信息集都不架凌局中人 j 的任何信息集.

例 1 下列图 25 中, 局中人 1 关于局中人 2 有完全信息的, 但局中人 2 对于局中人 1 则没有完全信息.

显然, 如果博弈 Γ 是完全信息的博弈, 那么任何局中人关于他自己及其他局中人都是完全信息的.

定义 2 在博弈 Γ 中, 称局中人 i 是具有几乎完全信息的, 如果他对于其他的局中人来说是完全信息的, 并且其他局中人关于他也是有完全信息的.

---

① [1] Dalkey N. Equivalence of Information Patterns and Essentially (Contribution to the theory of games, I. Ⅱ, Part 3).

[2] Birch B J. On games with almost complete information (Proc. Cambridge Philos. Soc., 1955(51): 275-287).

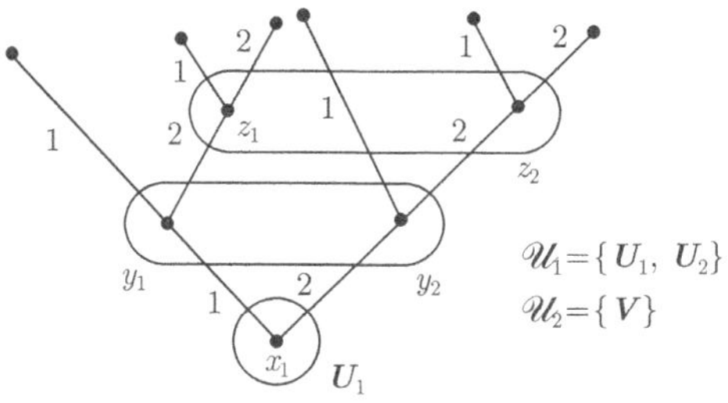

图 25

例 2 下列图 26 中, 局中人 1 是几乎完全信息的.

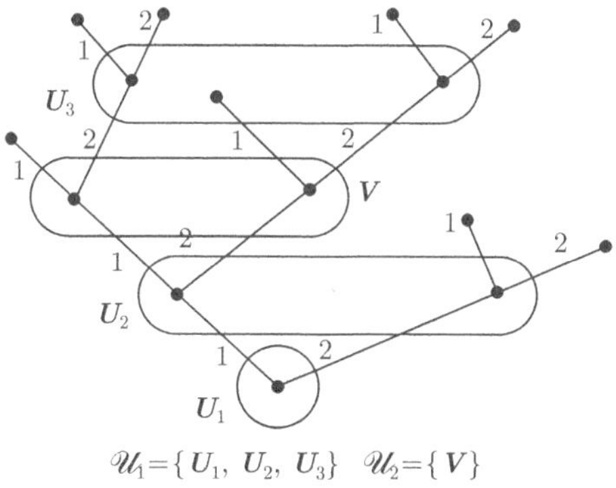

图 26

定义 3 所谓阵地 x_1, x_2 的最大下界并将记为 $g.1.b(x_1, x_2)$, 是指满足条件:

$$z \leqslant x_1, \quad z \leqslant x_2$$

的阵地 z 的最后面的一个阵地.

例如在图 25 中, $g.1.b\ (z_1, z_2) = x_1$, $g.1.b\ (z_2, y_2) = y_2$.

从图形上来看, 阵地 x_1, x_2 的最大下界实质上是从 o 通到 x_1 与 x_2 的通路上的 "分歧点".

虽然, 如果 x_1, x_2 是在同一局上, 则它们的最大下界 z 有: 或者 $z = x_1 < x_2$, 或者 $z = x_2 < x_1$.

如果 x_1, x_2 不在同一局上, 则有

$$x_1 \in \boldsymbol{D}(z, \nu_1) \quad 及 \quad x_2 \in \boldsymbol{D}(z, \nu_2),$$

其中 $\nu_1 \neq \nu_2$.

类似地, 我们有下面的定义.

定义 4 所谓阵地集合 $\boldsymbol{B}$ 的最大下界 $g.1.b\boldsymbol{B}$ 是使得对于任何 $x \in \boldsymbol{B}$, 满足 $z \leqslant x$ 的阵地 z 中最后面的一个阵地.

例如在图 25 中, 如果 $\boldsymbol{B} = \{y_1, y_2, z_1\}$, 那么 $g.1.b\boldsymbol{B} = x_1$.

定义 5 两博弈 Γ, Γ' 称为是等价的, 如果在博弈的六元体中, 除了信息集划分可能不同外, 其他完全相同, 并且在他们的纯局势及终结阵地集上, 能够建立起满足下列条件的一对应关系: 设 π 是 Γ 中的纯局势, 设 π' 是 Γ' 中对应的纯局势, 而 w 是 Γ 中终结阵地, w' 是 Γ' 中其对应的终结阵地, 那么

$$\pi[w] = \pi'[w'].$$

不难验证, 如果博弈 Γ 等价于 Γ' , 则 Γ 的平衡局势对应于 Γ' 的平衡局势. 并且, 如果前者在 Γ 中是一个纯平衡局势, 那么, 后者在 Γ' 中也是纯平衡局势.

定义 6 在博弈 Γ 中, 设 $\boldsymbol{U}$ 是局中人 i 的信息集, 及阵地集 $\boldsymbol{b} \subset \boldsymbol{U}$. 我们称 $\boldsymbol{B}$ 在 $\boldsymbol{U}$ 中是游离的 (insolate), 是指对于每个 π_i, 从 $\boldsymbol{B} \cap \operatorname{Poss} \pi_i \neq \boldsymbol{\Lambda}$ (以后简记为 $\boldsymbol{B} \operatorname{Poss} \pi_i$) 就能推出

$$(\boldsymbol{U}/\boldsymbol{B}) \cap \operatorname{Poss} \pi_i = \boldsymbol{\Lambda}.$$

容易证明, $\boldsymbol{B}$ 在 $\boldsymbol{U}$ 中是游离的, 充要条件是: 对于任何 $x \in \boldsymbol{B}$, $y \in \boldsymbol{U}/\boldsymbol{B}$, 存在局中人 i 的一个信息集 $\boldsymbol{V}$, 使得

$$x \in \boldsymbol{D}(\boldsymbol{V}, \nu_1), \quad y \in \boldsymbol{D}(\boldsymbol{V}, \nu_2), \quad \nu_1 \neq \nu_2.$$

在图 27 中:$\mathscr{U}_1 = \{\boldsymbol{U}_1, \boldsymbol{U}_2, \boldsymbol{U}_3\}$, $\mathscr{U}_2 = \{\boldsymbol{V}\}$, $\boldsymbol{U}_3 = \{x_1, x_2, y\}$,

$$\boldsymbol{B} = \{x_1, x_2\}.$$

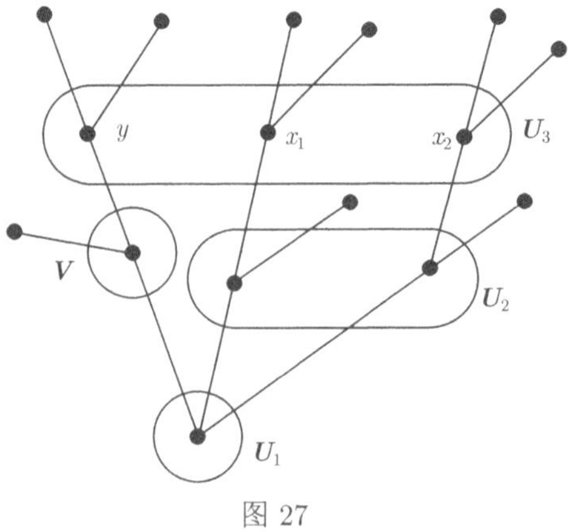

图 27

而 $\boldsymbol{B}$ 在 $\boldsymbol{U}_3$ 中是游离的.

由定义立刻得到, 如果, $\boldsymbol{B}$ 在 $\boldsymbol{U}$ 中是游离的, 那么 $\boldsymbol{U}/\boldsymbol{B}$ 在 $\boldsymbol{U}$ 中也是游离的.

定义 7 如果两博弈 Γ 与 Γ' 的差别只是在 Γ 的一个信息集 $\boldsymbol{U}$, 分裂为 Γ' 的两个信息集 $\boldsymbol{U}_1, \boldsymbol{U}_2$ (属同一局中人), 其中 $\boldsymbol{U}_1, \boldsymbol{U}_2$ 在 $\boldsymbol{U}$ 中是游离的, 则称 Γ' 为 Γ 的直接胀裂 (immediate inflation).

无直接胀裂的博弈称为已完全胀裂的博弈. 换句话说, 一个博弈是完全胀裂的, 是指它的任一信息集不包含游离的子集.

在图 27 中所代表的博弈 Γ, 不是完全胀裂的, 因为 $\boldsymbol{U}_3$ 包含游离子集 $\boldsymbol{B}=\{x_1x_2\}$ 又 $\boldsymbol{U}/\boldsymbol{B}=\{y\}$. 博弈 Γ 的一个直接胀裂的对策 Γ' (参看图 28), 也不是完全胀裂的, 因为 $\boldsymbol{U}_1$ 还可以胀裂成两个游离阵地, 下面图 29 中所代表的博弈 Γ'', 是 Γ 的完全胀裂博弈.

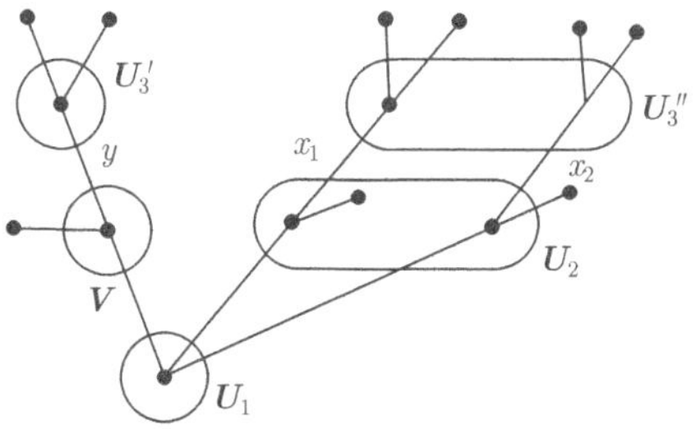

$\mathscr{U}_1=\{\boldsymbol{U}_1,\ \boldsymbol{U}_2,\ \boldsymbol{U}_3',\ \boldsymbol{U}_3''\}$ $\mathscr{U}_2=\{\boldsymbol{V}\}$

图 28

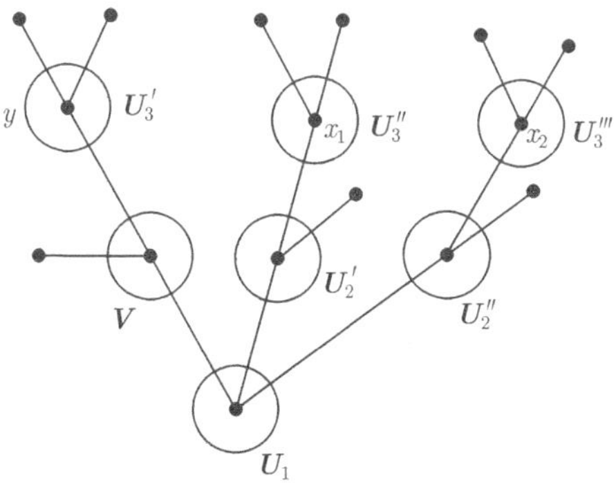

$\mathscr{U}_1=\{\boldsymbol{U}_1,\ \boldsymbol{U}_2',\ \boldsymbol{U}_2'', \boldsymbol{U}_3',\ \boldsymbol{U}_3'',\ \boldsymbol{U}_3'''\}$ $\mathscr{U}_2=\{\boldsymbol{V}\}$

图 29

从定义可以看出一个完全胀裂的博弈具有完全记忆的.

引理 1 对于任何博弈 Γ, 唯一地存在博弈 $\overline{\Gamma}$, 它是 Γ 的完全胀裂博弈并且 $\overline{\Gamma}$ 等价于 Γ.

证明 留给读者自己证明.

定理 1 设 Γ 是一博弈, $\overline{\Gamma}$ 是它的完全胀裂. 设 $\boldsymbol{S}$ 是某些局中人的集合, 他们在 $\overline{\Gamma}$ 中有几乎完全信息的, 则在 Γ 中存在这样的平衡局势 μ, 而 $\boldsymbol{S}$ 中的局中人都是用纯策略的.

这里, 我们只来叙述这个定理的证明的大致过程. 由引理, 只要证明 $\overline{\Gamma}$ 有平衡局势, 其中 $\boldsymbol{S}$ 的每个人都是取纯策略.

因为 $\boldsymbol{S}$ 在 Γ 中有几乎完全信息的, 于是 $\boldsymbol{S}$ 中任何局中人, 不存在信息集架凌或被其他局中人的信息集所架凌, 利用这个性质及 $\overline{\Gamma}$ 的定义, 可以对 $\overline{\Gamma}$ 进行 “分解”, 就得到所要的结果.

§7 博弈和统计判决

7.1 引言

我们曾经指出过, 阵地博弈的过程与数理统计中的序贯分析有着极其相似的特点: 局中人在作完一次动作之后, x 等待从对手那里获得某种信息之后再继续行动.

实际上, 阵地博弈与统计判决问题的关系是极其密切的. 一个统计判决问题可以解释成一个二人零和的阵地博弈, 博弈的双方是大自然与统计学家. 本节主要就是来介绍这种所谓统计博弈.

在确切构造出统计博弈的模型之前, 我们先介绍两个属于数理统计的简单的例子.

例 1 一个化学家希望估计在某种化学过程中所产生的每立方厘米的流体中, 惰性分子的期望数目是多少. 假设在体积为 v 的任何流体中, 其中之分子数目 x 的分布为泊松 (Poisson) 分布, 即

$$p_\omega(x) = \frac{(\omega v)^x e^{-\omega v}}{x!}, \quad 0 \leqslant \omega < \infty,$$

其中 ω 为每立方厘米的液体中分子的期望数目, 对于不同的液体就可能有不同的 ω, 对于特定的液体, ω 是一个确定的数目. 但是, 这个数目到底是多少, 这是化学家所不知道的而需要估计的. 设他在一特定的体积 v 中, 用显微镜来观察分子的数目一次, 当他观察到 v 中的分子数是 x (观察值) 时, 他就认为 (猜想)ω 是 x 的某个函数值 $d(x)$; 换句话说, 他用 x 的某一个函数值来估计 ω. 而我们则用 ω 的估计值 $(d(x))$ 与真正值 (ω) 的差的平方来衡量这位化学家的误差. 或者说, 作为他的损失 (由于他的这种估计的结果).

设化学家用来估计 ω 的函数取为

$$d(x) = \frac{x}{v}.$$

那么在一次观察之后, 他的误差 (或损失) 应为

$$L(\omega, x) = k\left(\omega - \frac{x}{v}\right)^2,$$

其中 k 为常数.

而在实验之前, 即不作实验就下判断, 他的误差 (或损失) 的期望为

$$\begin{aligned}\rho(\omega, d) &= k\sum_{x=0}^{\infty}[\omega - d(x)]^2\frac{(\omega v)^x e^{-\omega v}}{x!}\\ &= k\frac{\omega}{v}.\end{aligned}$$

例 2 设某制呢厂要为一批呢料产品进行鉴定, 评定其级别到底是一等品还是二等品. 所谓一等品是指这批产品中, 其质量达到某些指标的产品的比例数超过了某个标准. 例如有超过百分之九十五的产品是及格的就称这批产品是一等品. 否则这批产品应该认为是二等品.

设这个工厂出产这种产品的属于一等品的概率 p 为已知. 由于把一等品作为二等品出售所带来的损失及由于把二等品作为一等品出售所带来的损失分别记为 α 及 β.

由于实验的费用 γ (带有破坏性) 是昂贵的. 对于工厂来说, 当然是尽量少做实验, 但是又必须可靠且有根据. 现在, 有这样两种方案: 一种方案是作一次实验之后就下判断, 如果实验结果为合格则认为是一等品, 否则为二等品; 另一种方案是即使实验结果为不合格, 但不立刻把它贬为二等品, 要视实验的结果而定, 如果的确很差, 则认为整批为二等品; 如果实验结果说明质量中等, 那么再作一次实验之后再下判断: 如果合格则为一等品, 否则为二等品.

那么试问哪一种方案比较好些呢? 下面我们只给出这个问题的答案.

在第一种方案 (图 30) 下大自然的赢得为

$$\begin{aligned}H_1 = p[&p_{11}\gamma + (p_{12} + p_{13})(\gamma + \alpha)]\\ &+ (1-p)[p_{21}(\gamma + \beta) + (p_{22} + p_{23})\gamma].\end{aligned}$$

在第二种方案 (图 31) 下大自然的赢得为

$$H_2 = p[p_{11}\gamma + p_{13}(\gamma + \alpha) + 2p_{12}p_{11}\gamma + p_{12}(p_{12} + p_{13})(2\gamma + \alpha)]$$

$$+(1-p)[p_{21}(\gamma+\beta)+p_{23}\gamma+p_{22}p_{21}(2\gamma+\beta)$$
$$+p_{22}(p_{22}+p_{23})2\gamma].$$

而

$$H_1-H_2=pp_{12}[p_{11}(\alpha-\gamma)]-(1-p)[p_{22}(\gamma+p_{21}\beta)].$$

其中假设对一等品的检查, 合格的概率为 p_{11}, 中等的概率为 p_{12}, 不合格的概率为 p_{23}. 对二等品的检查, 合格的概率为 p_{21}, 中等的概率为 p_{22}, 不合格的概率为 p_{23}.

为了使第二种方案优于第一种方案, 就需要适当地划分中等产品和不合格产品的范围, 亦适当调整 p_{12} 和 p_{13} 以及 p_{22} 和 p_{23}, 而使得 $H_1-H_2>0$. 由于 p 在 0.9 以上而 α 相当大, $p_{11}\alpha-\gamma$ 是正数, 故 H_1-H_2 肯定大于零. 为了使 H_1-H_2 增大还可以适当调整 p_{12}和p_{13} 等.

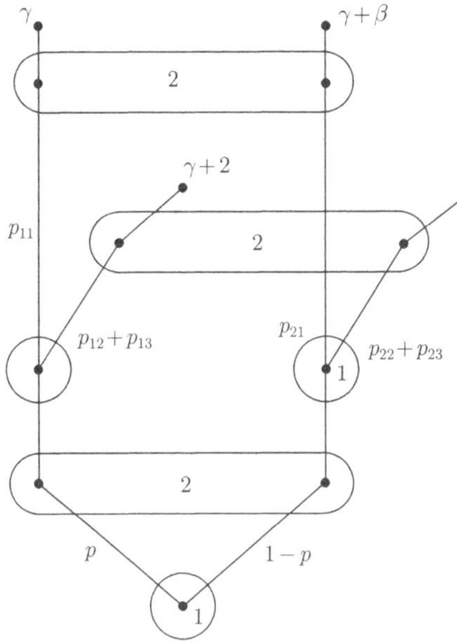

图 30　第一种方案

从上面的例子以及一般的参数估计, 假设检验等问题中, 都可以归结为下述的模型: 我们所观察的随机变量 $\boldsymbol{X}$, 其分布是属于某种分布的族 $\boldsymbol{\Omega}$, 究竟 $\boldsymbol{X}$ 的分布是集合 $\boldsymbol{\Omega}$ 中的哪一个分布, 这是我们还不能掌握的, 因而可以看作是未知的变量. 我们要根据观察的结果 x 来进行判决, 判决接受 $\boldsymbol{X}$ 的分布是属于 $\boldsymbol{\Omega}$ 的某一子集的假设. 这就是所谓统计判决问题.

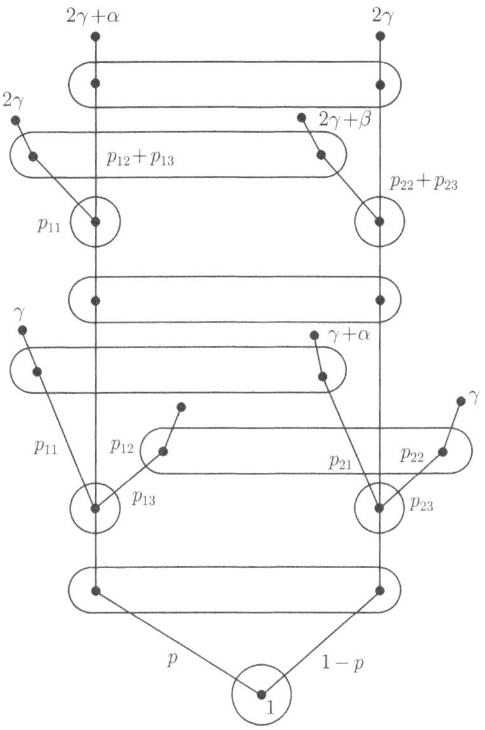

图 31　第二种方案

在上面例 1 中, $\boldsymbol{\Omega}$ 是所有泊松分布的集合, 判决由函数 $d(x)$ 来描写, 即接受 $\boldsymbol{X}$ 的分布参数 $\omega = d(x)$ 的假设. 因而, 统计判决问题, 实际上可以看作二人零和博弈的问题. 其中, 通常把大自然当作第一局中人, 而统计学家则作为第二局中人. 大自然的纯策略是在 $\boldsymbol{\Omega}$ 中选取 $\boldsymbol{X}$ 的一种分布, 统计学家的纯策略是选取一个判决函数 $d(x)$, 统计学家的损失看作大自然的赢得.

现在, 我们来仔细地讨论上述的统计博弈并且正式地构造出它的模型来.

7.2　单式实验时的统计博弈

我们把一切可能的实验的结果的空间记为 $\boldsymbol{X}$, 由于实验结果是随机的, 因此 $\boldsymbol{X}$ 与一个参数空间 $\boldsymbol{\Omega}$ 的元素 ω 有关, 或者说 $\boldsymbol{X}$ 由 ω 而确定. 在空间 $\boldsymbol{X}\times\boldsymbol{\Omega}$ 上定义了一个函数 p, 对于任意固定 ω, p_ω 是 $\boldsymbol{X}$ 上的概率分布. 现在我们引进样本空间及大自然的纯策略的概念.

定义 1　设 $\boldsymbol{X},\boldsymbol{\Omega}$ 为二个非空的集合, p 是定义在 $\boldsymbol{X}\times\boldsymbol{\Omega}$ 上的函数, 使得对于任何固定的 $\omega\in\boldsymbol{\Omega}$. p_ω 为 $\boldsymbol{X}$ 上的概率分布, 则称三元组 $(\boldsymbol{X},\boldsymbol{\Omega},p)$ 为一个样本空间, $\boldsymbol{\Omega}$ 的元素 ω 称为大自然的一个纯策略, $\boldsymbol{\Omega}$ 称为大自然的纯策略空间.

设观察结果为 $\boldsymbol{X}_1, \cdots, \boldsymbol{X}_N$, 这时 N 便称为样本 $\boldsymbol{X} = (\boldsymbol{X}_1, \cdots, \boldsymbol{X}_N)$ 的大小, 所谓单式实验是指样本大小为固定的实验.

我们把统计家的一切可能采取的行动的集合记为 $\boldsymbol{A}$, 对每个实验结果 $x \in \boldsymbol{X}$. 统计家的反应是在 $\boldsymbol{A}$ 中选取一行为 a, 由此我们引进判决函数的概念.

定义 2　$(\boldsymbol{X}, \boldsymbol{\Omega}, p)$ 是一样本空间, $\boldsymbol{A}$ 是任一行为或判决空间, 则我们把定义在 $\boldsymbol{X}$ 上, 把 $\boldsymbol{X}$ 映入 $\boldsymbol{A}$ 的函数 d 称为判决函数. 而 d 便是统计学家的一个纯策略. 所有判决函数 d 的集合 $\boldsymbol{D}$ 称为统计学家的纯策略空间.

为了定义统计博弈中的赢得函数, 还要引进损失函数和风险函数的概念.

定义 3　设 $(\boldsymbol{X}, \boldsymbol{\Omega}, p)$ 是一样本空间, $\boldsymbol{A}$ 是任一行为空间, 则定义在空间 $\boldsymbol{\Omega} \times \boldsymbol{A}$ 上的有界函数 $L(\omega, a)$ 称为损失函数, 而定义在空间 $\boldsymbol{\Omega} \times \boldsymbol{D}$ 上的函数 ρ,

$$\rho(\omega, d) = \sum_{x \in X} L(\omega, d(x)) p_\omega(x)$$

称为风险函数.

上面定义的风险函数相当于博弈论中局中人 1 的赢得函数. 有了上面的准备, 我们就可以引进统计博弈的概念.

定义 4　对抗博弈 $(\boldsymbol{\Omega}, \boldsymbol{D}, \rho)$ 称为单式实验时的统计博弈 (或样本大小固定的博弈).

在 $\boldsymbol{\Omega}$ 上的概率分布 ξ 称为大自然的混合策略, 所有 ξ 的集合 $\boldsymbol{\Xi}$ 称为大自然的混合策略空间 (用统计的语言, 则 ξ 称为**先验分布**).

在 $\boldsymbol{D}$ 上的**概率分布** η 称为统计学家的混合策略, 所有 η 的集合 $\boldsymbol{H}$ 称为统计学家的混合策略空间.

7.3　序贯博弈

如果实验费是昂贵的, 例如在例 2 中就是这样的, 这时统计学家就会在再进行一次观察的费用与进行这次观察之后所能获得的信息两者之间进行衡量, 即决定是否再进行一次实验或者就作出判决.

例 3　为了决定接受或者拒绝一批产品的试验, 检验员随机取出 5 件产品, 对每一件产品试验结果对应一个随机变量 x. 合格时它取值为 0, 不合格时取值为 1, 则试验结果的空间 $\boldsymbol{X}$ 包含 32 个点 $x_1, x_2, \cdots, x_{32}$.

$$x_1 = (0,0,0,0,0), \quad x_2 = (0,1,0,0,0),$$

$$x_3 = (1,0,0,0,0), \quad x_4 = (1,1,0,0,0),$$

$$x_5 = (0,0,1,0,0), \quad x_6 = (0,1,1,0,0),$$

$$x_7 = (1,0,1,0,0), \quad x_8 = (1,1,1,0,0),$$

$$x_9 = (0,0,0,1,0), \quad x_{10} = (0,1,0,1,0),$$

$$x_{11} = (1,0,0,1,0), \quad x_{12} = (1,1,0,1,0),$$

$$x_{13} = (0,0,1,1,0), \quad x_{14} = (0,1,1,1,0),$$

$$x_{15} = (1,0,1,1,0), \quad x_{16} = (1,1,1,1,0),$$

$$x_{17} = (0,0,0,0,1), \quad x_{18} = (0,1,0,0,1),$$

$$x_{19} = (1,0,0,0,1), \quad x_{20} = (1,1,0,0,1),$$

$$x_{21} = (0,0,1,0,1), \quad x_{22} = (0,1,1,0,1),$$

$$x_{23} = (1,0,1,0,1), \quad x_{24} = (1,1,1,0,1),$$

$$x_{25} = (0,0,0,1,1), \quad x_{26} = (0,1,0,1,1),$$

$$x_{27} = (1,0,0,1,1), \quad x_{28} = (1,1,0,1,1),$$

$$x_{29} = (0,0,1,1,1), \quad x_{30} = (0,1,1,1,1),$$

$$x_{31} = (1,0,1,1,1), \quad x_{32} = (1,1,1,1,1),$$

行为空间仅包含两个点 a_1, a_2, 前者表示接受; 后者表示拒绝. 例如我们可以按下面方式定义判决函数

$$d(x) = \begin{cases} a_1, & \text{若 } m \leqslant k, \\ a_2, & \text{若 } m > k, \end{cases}$$

其中 m 表示 x 的坐标取 1 的数目, k 是 0 到 4 的任一固定的整数.

设产品是一件一件地进行试验的, 如果 $k = 0$, 则在第一次观察之后知道

$$d(x_i) = a_2$$

$$(i = 3,4,7,8,11,12,15,16,19,20,23,24,27,28,31,32).$$

第二次观察之后知道

$$d(x_i) = a_2$$

$$(i = 2, 6, 10, 14, 18, 22, 26, 30).$$

第三次观察之后知道

$$d(x_i) = a_2 \quad (i = 5, 13, 21, 29).$$

第四次观察之后知道

$$d(x_i) = a_2 \quad (i = 9, 25).$$

第五次观察之后知道

$$d(x_i) = a_2 \quad (i = 1, 17);$$

$$d(x_i) = a_1 \quad (i = 1).$$

由此可见, 对 x_1 及 x_{17} 只有进行五次观察之后才能进行判决.

类似地, 若 $k = 2$, 则在三次观察之后知道, 对于 $i = 8, 10, 24, 32$ 而言 $d(x_i) = a_2$; 对于 $i = 1, 9, 17, 25$ 而言 $d(x_i) = a_1$.

从上面的例子中, 我们可以看出在很多情况下, 不必把 5 件产品完全试验就可进行判决, 我们可以这样规定一个序贯规则: 每次试验一件产品, 当已发现有两件是不合格时实验就停止. 但是在任何情况下, 试验次数 n 总不超过 5. 假定当 $n \geqslant 4$ 时接受, 否则就拒绝, 则判决函数如下规定:

$$\delta x_1 = 5a_1, \quad \delta x_2 = 5a_1,$$

$$\delta x_3 = 5a_1, \quad \delta x_4 = 2a_2,$$

$$\delta x_5 = 5a_1, \quad \delta x_6 = 3a_2,$$

$$\delta x_7 = 3a_2, \quad \delta x_8 = 2a_2,$$

$$\delta x_9 = 5a_1, \quad \delta x_{10} = 4a_1,$$

$$\delta x_{11} = 4a_1, \quad \delta x_{12} = 2a_2,$$

$$\delta x_{13} = 4a_1, \quad \delta x_{14} = 3a_2,$$

$$\delta x_{15} = 3a_2, \quad \delta x_{16} = 2a_2,$$

$$\delta x_{17} = 5a_1, \quad \delta x_{18} = 5a_1,$$

$$\delta x_{19}=5a_1,\quad \delta x_{20}=2a_2,$$

$$\delta x_{21}=5a_1,\quad \delta x_{22}=3a_2,$$

$$\delta x_{23}=3a_2,\quad \delta x_{24}=2a_2,$$

$$\delta x_{25}=5a_1,\quad \delta x_{26}=4a_1,$$

$$\delta x_{27}=4a_1,\quad \delta x_{28}=2a_2,$$

$$\delta x_{29}=4a_1,\quad \delta x_{30}=3a_2,$$

$$\delta x_{31}=3a_2,\quad \delta x_{32}=2a_2.$$

这样我们可以看出, 对于 $x_4,x_8,x_{12},x_{16},x_{20},x_{24},x_{25},x_{32}$ 只需实验两件产品就可以判决了; 对于 $x_6,x_7,x_{14},x_{15},x_{22},x_{23},x_{30},\ x_{31}$ 只需实验三件产品就可以判决了; 等等.

下面, 我们将正式引进比样本大小固定的博弈更为广泛的一类对称——序贯博弈的概念.

从上面例子中, 我们看出, 判决包括两部分内容: 一是把 $\boldsymbol{X}$ 进行分划; 一是在行为空间 $\boldsymbol{A}$ 中选取行为. $\boldsymbol{X}$ 的一个分划是把 $\boldsymbol{X}$ 分成 $\boldsymbol{S}_0,\boldsymbol{S}_1,\cdots,\boldsymbol{S}_N$. 对于每一个 $\boldsymbol{S}_j$, 它是 $\boldsymbol{K}$ $(\boldsymbol{K}=\{\gamma\in\boldsymbol{J}:0<\gamma\leqslant j\})$ 上的一个柱体 (即, 对于所有 $i\in\boldsymbol{K}$, $j\neq 0$, 有 $x_i=y_i$, 则 x,y 同时属于 $\boldsymbol{S}_j$ 或同时不属于 $\boldsymbol{S}_j$). 我们要注意: 或者 $\boldsymbol{S}_0=\boldsymbol{X}$, 这时 $\boldsymbol{S}_j=\boldsymbol{\varLambda}$ $(j>0)$; 或者 $\boldsymbol{S}_0=\boldsymbol{\varLambda}$.

下面引进序贯判决函数的概念.

命 $(\boldsymbol{X},\boldsymbol{\varOmega},p)$ 是一样本空间, 其中 $\boldsymbol{X}=\boldsymbol{X}_1\times\cdots\times\boldsymbol{X}_N$, 命 A 是任一行为空间, $\boldsymbol{J}=\{0,1,\cdots,N\}$, $\boldsymbol{\sigma}$ 是 $\boldsymbol{X}$ 上的分划类, 若 $\mathscr{S}=(\boldsymbol{S}_0,\boldsymbol{S}_1,\cdots,\boldsymbol{S}_N)\in\boldsymbol{\sigma}$, 则每一个 $\boldsymbol{S}_j\in\mathscr{S}$ 是 $\boldsymbol{K}(\boldsymbol{K}=\{\gamma\in\boldsymbol{J}|\boldsymbol{\sigma}<\gamma\leqslant j\})$ 上一柱体. 再命 $\boldsymbol{D}$ 是把 $\boldsymbol{J}\times\boldsymbol{X}$ 映入 $\boldsymbol{A}$ 的函数 d 的族. 对于 d, 若 $x\in\boldsymbol{X},y\in\boldsymbol{X}$ 且 $\boldsymbol{x}_i=y_i$ $(0<i\leqslant j)$, $d(\boldsymbol{j},x)=\boldsymbol{a}$, 则 $d(j,y)=\boldsymbol{a}$.

定义 5　*乘积空间 $\boldsymbol{\sigma}\times\boldsymbol{D}$ 称为序贯判决函数类, 也就是统计学家在序贯博弈中的纯策略空间. 元素 $(\delta,d)\in\boldsymbol{\sigma}\times\boldsymbol{D}$ 是统计学家在序贯博弈中的纯策略.*

在上面的例子中,

$$\mathscr{S}=\{\boldsymbol{S}_2,\boldsymbol{S}_3,\boldsymbol{S}_4,\boldsymbol{S}_5\}$$

$$\boldsymbol{S}_2=\{x_4,x_8,x_{12},x_{16},x_{20},x_{24},x_{28},x_{32}\}$$

$$\boldsymbol{S}_3=\{x_6,x_7,x_{14},x_{15},x_{22},x_{23},x_{30},x_{31}\}$$

$$\boldsymbol{S}_4 = \{x_{10}, x_{11}, x_{13}, x_{20}, x_{27}, x_{29}\}$$

$$\boldsymbol{S}_5 = \{x_1, x_2, x_3, x_5, x_9, x_{17}, x_{18}, x_{19}, x_{20}, x_{21}, x_{25}\}$$

函数 δ 将 $\boldsymbol{S}_4$ 及 $\boldsymbol{S}_5$ 映入 a_1, 把 $\boldsymbol{S}_2$ 及 $\boldsymbol{S}_3$ 映入 a_2.

为了引进**截尾序贯博弈**的概念, 我们还要定义风险函数, 为了定义风险函数, 必须计算每个实验的耗损.

定义 6　$(\boldsymbol{X}, \boldsymbol{\Omega}, p)$ 是一样本空间, $\boldsymbol{X} = \boldsymbol{X}_1 \times \cdots \times \boldsymbol{X}_N$, $\boldsymbol{J} = \{0, 1, 2, \cdots, N\}$, C 为定义在 $\boldsymbol{J} \times \boldsymbol{X}$ 上的非负函数, 满足下面条件: 若 $x, y \in \boldsymbol{X}$ 且 $x_1 = y_i$ $(i = 1, 2, \cdots, j)$ 就有 $C(j, x) = C(j, y)$, 则称 C 为 $\boldsymbol{J} \times \boldsymbol{X}$ 上的耗损函数 (cost function).

以下将 $C(j, y)$ 记为 $C_j(y)$.

定义 7　风险函数是定义在 $\boldsymbol{\Omega} \times \boldsymbol{\sigma} \times \boldsymbol{D}$ 上的函数 ρ

$$\rho(\omega, \delta, d) = \sum_{j=0}^{N} \sum_{\omega \in \boldsymbol{S}_j} [C_j(x) + L(\omega, d(j, x))] \rho_\omega(x)$$

有了上面的准备, 我们就可以引进截尾序贯博弈的概念.

定义 8　博弈 $(\boldsymbol{\Omega}, \boldsymbol{\sigma} \times \boldsymbol{D}, \rho)$ 称为截尾序贯博弈.

最后, 我们还要指出序贯博弈可以和阵地博弈联系起来. 我们仍以上面产品检查的例子来加以说明, 为了简单起见在上面例子中, 我们命 $N = 3$, $k = 0$, 这样试验结果的空间包括六个点:

$$x_1 = (0, 0, 0), \quad x_2 = (0, 1, 0),$$

$$x_3 = (0, 0, 1), \quad x_4 = (0, 1, 1),$$

$$x_5 = (1, 0, 0), \quad x_6 = (1, 1, 0),$$

$$x_7 = (1, 0, 1), \quad x_8 = (1, 1, 1).$$

这时

$$\boldsymbol{S}_1 = \{x_5, x_6, x_7, x_8\},$$

$$\boldsymbol{S}_2 = \{x_2, x_4\},$$

$$\boldsymbol{S}_3 = \{x_1, x_3\}.$$

此处, 我们假设 $\boldsymbol{\Omega}$ 中仅包含大自然的两个纯策略 ω_1 及 ω_2, 检验员的纯策略将表示在图 32 的树状集上, 关于耗损函数也表示在图 32 终结阵地上, 我们还设一批

产品的产量为 $\omega_1(\omega_2)$ 时, 其废品率为 $\theta_1(\omega_1)(\theta_2(\omega_2))$. 这样一来, 图 32 就是序贯博弈的示意图.

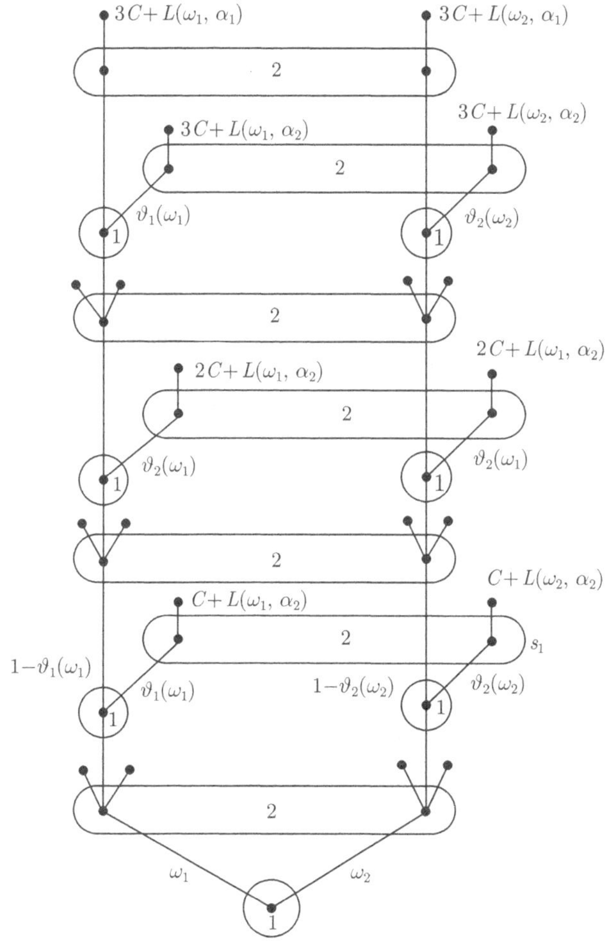

图 32

附录 A 吴文俊关于纳什均衡稳定性的工作及其影响

曹志刚 [1] 杨晓光 [1] 俞建 [2]

1. 中国科学院数学与系统科学研究院管理决策与信息系统重点实验室;
2. 贵州大学理学院数学系

吴文俊院士是中国最早从事博弈论研究的数学家. 1958 年 "大跃进" 时期, 国内的政治气氛要求数学面向应用, 包括华罗庚在内的一批中国顶尖数学家开始从事运筹学的研究. 博弈论属于运筹学的一个分支. 由于经典博弈论的一个重要工具是拓扑学中熟知的布劳威尔 (Brouwer) 不动点定理, 而吴文俊院士是拓扑学研究的大家, 因此他选择了博弈论作为他从事运筹学研究的切入点. 1959 年, 吴文俊院士发表了中国第一篇博弈论研究论文《关于博弈理论基本定理的一个注记》(科学记录 (《科学通报》的前身), 1959, 10). 1960 年, 他还写了一篇普及性文章《博弈论杂谈 (一) 二人博弈》: (数学通报, 1960, 10), 深入浅出地介绍了基本定理的证明. 在这篇文章中, 第一次明确提出 "田忌赛马" 的故事属于博弈论范畴, 使得中国古代思想宝库中的博弈论思想重放光辉. 同年, 吴文俊院士等出版了《对策论 (博弈论) 讲义》(人民教育出版社出版, 1960), 这是我国最早一本有关博弈论的教材.

吴文俊院士在博弈论方面的最大贡献, 是他与他的学生江嘉禾先生合作于 1962 年对于有限非合作博弈提出了本质均衡 (essential equilibrium) 的概念, 并给出了它的一个重要性质和存在性定理 (注 1).

本质均衡是这样一个特殊的纳什均衡: 如果对支付函数作一个足够小的扰动, 那么扰动后的博弈总存在一个与该均衡距离也足够小的纳什均衡. 文章证明了如下性质: 给定每个参与者的有限策略集, 则所有本质博弈构成的集合是相应空间上的稠密剩余集 (即一列稠密开集的交集). 其中本质博弈是指所有纳什均衡都为本质均衡的博弈. 因为稠密剩余集是第二纲的, 所以在贝尔 (Baire) 分类意义上几乎所有的博弈都是本质博弈.

文章还给出了如下存在性定理: 一个有限策略的策略型博弈 (strategic-form game), 如果其纳什均衡的个数有限, 则这些纳什均衡中至少有一个是本质均衡. 由威尔森 (R. Wilson)1971 年的著名定理——在测度论意义上几乎所有的有限博弈其纳什均衡的个数都为有限且为奇数 (注 2), 则测度论意义上几乎所有的有限策略的策略型博弈都具有至少一个稳定的纳什均衡. 这一结果后来被荷兰博弈论学家范德蒙 (E. van Damme)(注 3) 加强为测度论意义上几乎所有的有限策略博弈都是本质博弈.

由于现实中支付函数总是由观测估计等得到, 误差往往不可避免. 如果该博弈为本质博弈, 而观测估计等的误差十分微小, 那么可以保证从有误差的支付函数计算得来的纳什均衡与真实纳什均衡的误差也很小. 由此可看出本质性很好地刻画了纳什均衡的稳定性或鲁棒性 (robustness), 所以有的文献经常把本质性和鲁棒性替换使用.

吴文俊院士和江嘉禾先生的结果实际上告诉了我们, 无论是从 Baire 分类意义上还是从测度论意义上来说, 几乎所有的博弈都是稳定的.

这是中国数学家在博弈论领域最早的贡献之一, 也是迄今为止中国数学家在博弈论领域取得的最具国际影响的成就.

为证明其结果, 吴文俊院士及时找到了当时最新的数学工具——福特 (M.K. Fort) 的本质不动点定理 (注 4). 福特的本质不动点是具有某种稳定性的特殊不动点, 其存在性定理今天已成为博弈论稳定性分析的标准工具, 而吴文俊院士则是国际上最早意识到福特定理重要性的学者之一.

吴文俊和江嘉禾先生结果的意义还远不局限上述介绍, 更重要的是它开创了纳什均衡精炼研究的先河.

纳什均衡, 作为博弈论最核心的概念, 其最严重的缺点是非唯一性, 且经常包含非理性解. 如何剔除非理性解对纳什均衡进行精炼以使得它尽可能合理, 是 20 世纪七八十年代博弈论最核心的研究课题. 德国博弈论学家泽尔腾 (R. Selten)(注 5) 正是凭借这方面的著名工作获得了 1994 年度的诺贝尔经济学奖.

纳什均衡精炼方面的研究工作是针对扩展型博弈 (extensive-form game) 和策略型博弈分别进行的. 前一方面的研究思路是要求参与人在博弈不断推进的时候始终具有理性. 最著名的工作是泽尔腾在 1965 年提出的子博弈精炼纳什均衡 (sub-game perfect equilibrium, 注 6); 后一方面的研究思路是要求均衡在各种扰动下保持稳定. 纳什均衡在参与人策略扰动的时候应保持稳定, 这是泽尔腾 1975 年提出的颤抖手均衡 (trembling hand equilibrium, 注 7) 的主要思想. 参与人的策略为什么会出现扰动呢? 泽尔腾的解释是任何人做决策的时候都有至少非常微小的概率犯任何错误, 这正是该均衡名称的由来. 而纳什均衡在支付函数扰动时应保持稳定, 则是吴文俊院士 1962 年的文章中率先开辟的思想. 同样是均衡在扰动下应保持稳定的思想, 吴文俊院士要早于泽尔腾 13 年正式提出.

吴文俊院士在本质均衡方面的工作是关于纳什均衡精炼研究方面最早的结果, 但是由于历史的原因, 改革开放以前的中国学术界与世界学术界处于一种隔绝的状态, 一直到 20 世纪 80 年代吴文俊院士的这一结果才逐步得到了国际博弈

论学界的关注, 并带动着相关研究的发展:

1. 1981 年, 荷兰学者琴生 (M.J.M. Jansen) 针对双矩阵博弈, 即只有两个参与者的策略型博弈, 避开了福特定理, 只利用基本的博弈分析重新证明了吴文俊院士的结果. 这也是国际上首次对吴文俊院士结果的正式关注 (注 8).

2. 1984 年, 苏联博弈论研究的奠基人沃罗比约夫 (N. N. Vorobev) 在其专著《博弈论基础: 非合作博弈》中多次引用了吴文俊院士的结果, 并在该书第二章对其 1962 年的结果作了如此评价, "有限非合作博弈的稳定性, 即均衡解对博弈的连续依赖性, 很显然首先是由吴文俊和江嘉禾在文章 [1] 中研究的". (The stability of finite non-cooperative games, thought of only as the continuous dependence of solutions of a game, was apparently first discussed by Wu Wen-Tsun and Jiang Jia-He in [1]) (注 9).

3. 1985 年, 日本学者小岛 (M. Kojima) 等提出了强稳定均衡的概念 (strongly stable equilibrium), 对本质均衡进行了进一步的精炼 (注 10);

4. 1986 年, 哈佛大学商学院教授科尔伯格 (E. Kohlberg) 等在著名论文《关于均衡的策略稳定性》中引用了吴先生的工作, 指出本质均衡只对策略型博弈有意义 (注 11).

5. 1987 年, 荷兰学者范德蒙在研究纳什均衡精炼的经典专著《纳什均衡的稳定性与精炼》中 (注 12), 对本质均衡给予了高度评价, 并在该书第二章第四节对其进行了专门介绍. 由于此书第一章为概述, 第二章第一节为基础知识介绍, 吴文俊院士的工作被放在了仅次于泽尔腾的颤抖手均衡和迈尔森 (R. Myerson)(注 13) 的恰当均衡 (proper equilibrium) 的重要位置. 又由于恰当均衡是颤抖手均衡的进一步精炼, 与颤抖手均衡的研究思路是相同的, 更加可以看出作者对吴文俊院士工作的重视. 范德蒙还在此章第六节中利用正则均衡 (regular equilibrium) 的性质进一步加强了吴文俊先生的结果.

6. 1991 年, 弗登伯格 (D.Fudenberg)(注 14) 和梯若尔 (J. M. Tirole)(注 15) 合著的世界流行的教科书《博弈论》也在该书第十二章对本质均衡及其理论渊源——福特定理进行了专门介绍, 也指出了本质均衡只对策略型博弈有意义 (注 16).

7. 20 世纪 90 年代以来, 我国博弈论学者俞建教授对吴文俊院士的本质均衡结果进行了一系列推广, 不仅将本质均衡推广到线性赋范空间以及线性赋范空间上的广义博弈、多目标博弈和连续博弈, 而且进一步研究了平衡点集本质连通区的存在性等问题 (注 17).

8. 2009 年, 美国学者卡博奈尔-尼科拉 (O. Carbonell-Nicolau) 在其即将发表于著名的 *Journal of Economic Theory* 上的文章中在俞建教授结果的基础上对吴文俊院士的结果进行了进一步的推广 (注 18).

......

虽然经过二十多年的苦苦探索，博弈论学者并没有找到一个完美的均衡精炼概念，各种均衡精炼概念层出不穷，然而在令人眼花缭乱的均衡精炼概念中，本质均衡是除子博弈精炼纳什均衡和颤抖手均衡以外屈指可数的几个存活下来的概念之一. 更为难能可贵的是，在半个世纪后的今天，吴文俊院士在本质均衡方面的主要思想及结果，依然被包括马斯金 (E. Maskin)、梯若尔 (注 19、20)、威布尔 (注 21、22) 等在内的世界一流的博弈论学者在最顶尖的刊物上持续引用，而且近几年的引用频次越来越高.

多少有些令我们感到慨叹的是，吴文俊院士当时工作的出发点更多的是纯数学，文章主要是稳定性研究而没有意识到纳什均衡精炼研究的必要性以及本质均衡与纳什均衡精炼的密切联系；又由于吴文俊院士的研究兴趣很快转至他处而没能将此工作持续下去 (江嘉禾先生有后续的几篇工作，但也都是从纯数学角度研究的)，更没有从事扩展型博弈纳什均衡精炼的研究——这是比策略型博弈纳什均衡精炼重要得多的研究方向，其代表性成果子博弈精炼纳什均衡在扩展型博弈中已完全取代了纳什均衡的位置，渗透到其研究的各个角落，并被写入任何一本博弈论教材. 由于与国际博弈论学界沟通的不足，吴文俊院士的成果直到 1981 年才在国际上被首次注意，20 世纪 80 年代末才被更多的主流学者所知晓，而此时纳什均衡精炼方面的研究的高潮已经过去. 由于这种种的原因，吴文俊院士的研究在博弈论发展的黄金时期并没起应该起到的引领潮流的作用，其工作的影响力不仅无法与泽尔腾、范德蒙等人的相关工作相比肩，甚至在纳什均衡精炼方面的研究尘埃落定的今天也并没有得到完全公正的评价. 一个代表性的例子是，在《新帕尔格雷夫经济学大辞典》“纳什均衡精炼”词条中，尽管支付函数扰动的思想被高度认可并做了大篇幅的介绍，吴文俊院士的名字及文章都未被提及 (注 23).

幸运的是，吴文俊院士的结果在今天依然充满了令人惊异的活力，2007 年至今一直被频繁引用，显示了一个数学家思想生命力的顽强. 而吴文俊院士从事博弈论研究曲曲折折的故事，也必将成为中国数学界和博弈论学界的一段佳话，给我们以永远的启迪.

注释

注 1. Wu W T, Jiang J H. Essential equilibrium points of n-person non-cooperative games. Scientia Sinica, 1962, 11: 1307-1322.

注 2. Wilson R. Computing equilibria of n-person games. SIAM Journal of Applied Mathematics, 1971, 21(1): 80-87.

注 3. 范德蒙 (Eric van Damme), 1956—, 荷兰蒂尔堡大学 (Tilburg) 教授，著名的博弈论学家和经济学家，国际经济学会会士，荷兰皇家科学与艺术院院士.

注 4. Fort M K, Jr. Essential and nonessential fixed points. American Journal of Math., 1950, 72: 315-322.

注 5. 泽尔腾 (Reinhard Selten), 1930—2016, 德国波恩大学 (Bonn) 教授, 著名的博弈论学家, 1994 年度诺贝尔经济学奖得主. 泽尔腾教授不仅在纳什均衡精炼领域有举世公认的成就, 还是实验博弈理论的开拓者之一, 在有限理性领域也有深刻的研究. 南开大学的泽尔腾实验室就是以泽尔腾教授命名的. 泽尔腾教授还以喜欢将文章发表到无需同行评议的非正规学术刊物从而避免他认为对其文章不应有的任何修改而闻名博弈论学界.

注 6. Selten R. Spieltheorethische Behandlung eines Oligopolmodells mit Nachfragetra gheit, Z. Ges. Staats, 1965, 12: 301-324.

注 7. Selten R. Reexamination of the perfectness concept for equilibrium points in extensive games. International Journal of Game Theory, 1975, 4(1): 25-55.

注 8. Jansen M J M. Regularity and stability of equilibrium points of bimatrix games. Mathematics of Operations Research, 1981, 6(4): 530-550.

注 9. Vorobev N N. Foundations of Game Theory：noncooperative games. Birkhauser, 1994 (翻译自 1984 年俄文版).

沃罗比约夫 1960 年曾来中国讲学, 并受到周恩来总理的接见. 吴文俊院士等编写的《对策论 (博弈论) 讲义》一书的序言中曾对沃罗比约夫来中国的讲学表示感谢.

注 10. Kojima M, Okada A, Shindoh S. Strongly stable equilibrium points of n-person noncooperative games. Mathematics of Operations Research, 1985, 10(4): 650-663.

注 11. Kohlberg E, Mertens J F. On the strategic stability of equilibria. Econometrica: Journal of the Econometric Society, 1986, 54(5): 1003-1037.

这是博弈论著名论文之一, 谷歌学术显示已被引用达 851 次.

注 12. Van Damme E. Stability and Perfection of Nash Equilibria. New York: Springer-Verlag, 1987.

注 13. 迈尔森 (Roger Myerson), 1951—, 美国芝加哥大学教授, 当今最活跃最有影响力的博弈论学家和经济学家之一, 因其在机制设计方面的著名工作而获得了 2007 年度的诺贝尔经济学奖.

注 14. 弗登伯格 (Drew Fudenberg), 1957—, 美国哈佛大学教授, 著名的博弈论学家, 美国科学与艺术院院士.

注 15. 梯若尔 (Jean Marcel Tirole), 1953—, 法国图卢兹大学 (Toulouse) 教授, 美国科学与艺术院外籍院士, 曾任国际经济学会主席, 在博弈论、合同理论、产业组织学、认知心理学、政治经济学及货币银行学等多个领域都有建树, 并有多本风靡全球的教材, 是当今少有的经济学通才及最有影响力的经济学家之一.

注 16. Fudenberg D, Tirole J. Game Theory. Cambridge, MA: MIT Press, 1991. 有中译本：黄涛等译, 《博弈论》, 北京: 中国人民大学出版社, 2003.

注 17. 俞建, 贵州大学教授. 他在本质博弈方面的系列性工作, 绝大多数都反映在他的专著《博弈论与非线性分析》(科学出版社, 2008).

注 18. Carbonell-Nicolau O. Essential equilibria in normal-form games. Journal of Economic Theory, 2009 (available online).

注 19. 马斯金 (Eric Maskin), 1950—, 美国普林斯顿大学高等研究中心教授, 当今最德高望重的博弈论学家和经济学家之一, 以其机制设计方面的理论而获得了 2007 年度的诺贝尔经济学奖. 目前的研究兴趣为软件行业的知识产权, 认为今天的知识产权制度在软件行业不是促进而是限制了创新.

注 20. Maskin E, Tirole J. Markov Perfect Equilibrium: I. Observable Actions. Journal of Economic Theory, 2001, 100(2): 191-219.

注 21. 威布尔 (Jörgen Weibull), 1948—, 瑞典斯德哥尔摩经济学院教授, 著名的演化博弈论大师, 瑞典皇家科学院院士, 曾任诺贝尔经济学奖委员会主席.

注 22. Weibull J. Robust set-valued solutions in games. 2009 (available online).

注 23. Govindan S, Wilson R. Refinements of Nash equilibrium, The New Palgrave Dictionary of Economics, 2nd ed.

附录 B Essential Equilibrium Points of n-Person Non-cooperative Games*

§1. Introduction

An n-person non-cooperative game is completely determined by its pay-off functions if its sets of strategies are fixed once for all. Therefore, it is clear that the existence and the characters of the equilibrium points of a game depend on the evaluations of its pay-off functions. It is possible that equilibrium points which have been determined by an inaccurate evaluation of pay-off functions are not "true" ones. We shall introduce in this paper the concept, analogous to the notion of the usual stability, of essential equilibrium points for n-person non-cooperative finite games, which, as an equilibrium point, fails to "disappear" by negligible error of evaluation of pay-off functions. Moreover, we shall prove that any game may be approximated arbitrarily closely by a game whose equilibrium points are all essential, and that any game having only a finite number of equilibrium points has at least one essential equilibrium point.

§2. The notion of essential equilibrium points

Let

$$\Gamma = \langle I, \{S_i\}_{i\in I}, \{H_i\}_{i\in I}\rangle$$

be an n-person non-cooperative game for which $I = \{1, \cdots, n\}$ denotes the set of players, and each player possesses only a finite set of pure strategies

$$S_i = \{\pi^i_{a_i} | a_i \in M_i = \{1, \cdots, m_i\}\} \quad (i \in I).$$

We shall call $S = S_1 \times \cdots \times S_n$ the set of pure situations of Γ and shall write $M = M_1 \times \cdots \times M_n$. Under the pure situation $\pi_a = (\pi'_{a_1}, \cdots, \pi^n_{a_n}) \in S$, the pay-off of i-th player is given by

$$H_i(\pi_a) = a^i_a \quad (i \in I, a = (a_1, \cdots, a_n) \in M). \tag{1}$$

* 本文原载 *Scientia Sinica*, 1962, 11. 作者：Wu Wen-Tsun (吴文俊) 和 Jiang Jia-He (江嘉禾).

In all our following considerations I and S_i will be kept fixed. The game Γ is then completely determined by the set of numbers $a = (a^i_a)_{i\in I, a\in M}$, which will be called the *determining set of* Γ. For two games Γ_a and Γ_b with determining sets $a = (a^i_a)$ and $b = (b^i_a)$ we shall call

$$\mathscr{D}(\Gamma_a, \Gamma_b) = \sum_{\substack{i\in I\\ a\in M}} |a^i_a - b^i_a| \tag{2}$$

the *distance* between Γ_a and Γ_b. The set $\mathscr{G}$ of all such games becomes then a complete metric space with $\mathscr{D}$ as a metric function.

Let

$$\Gamma^* = \langle I, \{S^*_i\}_{i\in I}, \{H^*_i\}_{i\in I}\rangle$$

be the natural extension of Γ with determining set $a = (a^i_a)$ in which

$$S^*_i = \left\{x^i = \sum_{a_i\in M_i} x^i_{a_i}\pi^i_{a_i} | x^i_{a_i} \geqslant 0, \quad \sum_{a_i\in M_i} x^i_{a_i} = 1\right\} \quad (i\in I)$$

is the set of mixed strategies of player "i", and $S^* = S^*_1 \times \cdots \times S^*_n$ will be called the space of situations of Γ^* . Under the situation $x = (x^1, \cdots, x^n) \in S^*$, the pay-off of i-th player is given by

$$H^*_i(x) = H^*_i(x^1, \cdots, x^n) = \sum_{a=(a_1,\cdots,a_n)\in M} a^i_a x^1_{a_1} \cdots x^n_{a_n} \quad (i\in I). \tag{3}$$

This is the corresponding extension of the pay-off function of player "i".

According to J. Nash, a situation $x = (x^1, \cdots, x^n) \in S^*$ is called an *equilibrium point* of the game Γ if for each i,

$$H^*_i(x) = \sup_{y^i\in S^*_i} H^*_i(x|y^i), \tag{4}$$

in which $(x|y^i) = (x^1, \cdots, x^{i-1}, y^i, x^{i+1}, \cdots, x^n)$ denotes the situation deduced from x in replacing $x^i \in S^*_i$ by $y^i \in S^*_i$.

In order to introduce the concept of essential equilibrium points, let us call

$$d(x, y) = \sum_{\substack{i\in I\\ a_i\in M_i}} |x^i_{a_i} - y^i_{a_i}| \tag{5}$$

the *distance* between two situations $x = (x^1, \cdots, x^n) \in S^*$ *and* $y = (y^1, \cdots, y^n) \in S^*$ in *which* $x^i = \sum_{a_i} x^i_{a_i}\pi^i_{a_i} \in S^*_i$ and $y^i = \sum_{a_i} y^i_{a_i}\pi^i_{a_i} \in S^*_i (i\in I)$. The space

S^* becomes then a compact metric space with d as a metric function. We shall introduce then the following conception:

Definition. An equilibrium point $x \in S^*$ of the game $\Gamma \in \mathscr{G}$ will be called an *essential equilibrium point* of Γ if for every $\varepsilon > 0$, there is a $\delta > 0$ such that for any game $\tilde{\Gamma} \in \mathscr{G}$ with $\mathscr{D}(\Gamma, \tilde{\Gamma}) < \delta$, there exists at least one equilibrium point $\tilde{x}$ of $\tilde{\Gamma}$ with $d(x, \tilde{x}) < \varepsilon$. A game $\Gamma \in \mathscr{G}$ will be called an *essential game* if all its equilibrium points are essential.

Easy examples show that a game, e. g., the game with determining set $(a_a^i = 0)_{i \in I, a \in M}$, may have no essential equilibrium point at all, though equilibrium points necessarily exist, according to the fundamental theorem of Nash.

Our purpose is to prove the following theorems:

Theorem A *Any game may be approximated arbitrarily near to it by an essential game. More precisely, for any game $\Gamma \in \mathscr{G}$ and any $\varepsilon > 0$, there is an essential game $\tilde{\Gamma} \in \mathscr{G}$ such that $\mathscr{D}(\Gamma, \tilde{\Gamma}) < \varepsilon$.*

Theorem B *Any game having only a finite number of equilibrium points has among them at least one essential equilibrium point.*

§3. The Nash mapping

For the compact metric space S^* described in §2, we shall denote by $C(S^*)$ the space of all continuous mappings of S^* into itself. For any $f \in C(S^*)$ and any $g \in C(S^*)$, we define the *distance* between f and g by

$$\rho(f, g) = \sup_{x \in S^*} d(f(x), g(x)). \tag{6}$$

Then $C(S^*)$ becomes a complete metric space with ρ as a metric function.

Given a game $\Gamma = \langle I, \ \{S_i\}_{i \in I}, \ \{H_i\}_{i \in I} \rangle$ with natural extension $\Gamma^* = \langle I, \{S_i^*\}_{i \in I}, \ \{H_i^*\}_{i \in I} \rangle$. Let us put

$$\varphi^i_{\beta_i}(x) = \max\{0, H_i^*(x|\pi^i_{\beta_i}) - H_i^*(x)\}, \tag{7}$$

for any $x \in S^*, i \in I$ and $\beta_i \in M_i$. The mapping

$$f_r : S^* \to S^*,$$

defined by

$$f_r(x) = \bar{x} = (\bar{x}^1, \cdots, \bar{x}^n),$$

in which

$$\bar{x}^i = \frac{x^i + \sum\limits_{\beta_i \in M_i} \varphi^i_{\beta_i}(x)\pi^i_{\beta_i}}{1 + \sum\limits_{\beta_i \in M_i} \varphi^i_{\beta_i}(x)} \quad (i \in I) \tag{8}$$

or, in details,

$$\bar{x}^i_{\alpha_i} = \frac{x^i_{\alpha_i} + \varphi^i_{\alpha_i}(x)}{1 + \sum\limits_{\beta_i \in M_i} \varphi^i_{\beta_i}(x)} \quad (i \in I, \alpha_i \in M_i) \tag{9}$$

will be called the *Nash mapping* of the game Γ. It is clear that $f_r \in C(S^*)$. The following fact plays then a central role in the theory of Nash:

Lemma 1 *$x \in S^*$ is an equilibrium point of Γ if and only if x is a fixed point of f_r.*

In view of this Lemma our method of proving Theorem A and Theorem B consists now in the study of interrelations between games Γ and their Nash mappings f_r. To begin with, we shall introduce the following.

Definition. Two games Γ_a, Γ_b with determining sets $a = (a^i_{\mathrm{a}})$ and $b = (b^i_{\mathrm{a}})$ will be said to be *isomorphic*, in symbol:

$$\Gamma_a \approx \Gamma_b,$$

if for each $i \in I$ and each $a = (a_1, \cdots, a_n) \in M$, the number $a^i_{\mathrm{a}} - b^i_{\mathrm{a}}$ is independent of a_i:

$$a^i_{\mathrm{a}} = b^i_{\mathrm{a}} + \mu^i_{(\mathrm{a}||i)}, \tag{10}$$

in which $(a||i)$ denotes $(a_1, \cdots, a_{i-1}, a_{i+1}, \cdots, a_n)$, and $\mu^i_{(\mathrm{a}||i)}$ denotes a number, independent of a_i. They will be said to be *equivalent*, in symbol:

$$\Gamma_a \sim \Gamma_b,$$

if there exist numbers $\lambda^i > 0 (i \in I)$ and numbers $\mu^i_{(\mathrm{a}||i)} (i \in I, a \in M)$, independent of $a_i \in M_i$ such that

$$a^i_{\mathrm{a}} = \lambda^i b^i_{\mathrm{a}} + \mu^i_{(\mathrm{a}||i)} \tag{11}$$

for each $i \in I$ and each $a \in M$.

Lemma 2 *If $\Gamma_a \sim \Gamma_b$, then Γ_a and Γ_b have not only the same set of equilibrium points, but also the same set of essential equilibrium points. Therefore, if one of them is an essential game, then such will the other be.*

Proof. For the pay-off functions $H^*_{i,a}$ and $H^*_{i,b}$ of the extended games Γ^*_a and Γ^*_b, we have by (3) and (11),

$$\begin{aligned}
H^*_{i,a}(x) &= \sum_a a^i_a x^1_{a_1} \cdots x^n_{a_n} \\
&= \sum_a (\lambda^i b^i_a + \mu^i_{(a||i)}) x^1_{a_1} \cdots x^n_{a_n} \\
&= \lambda^i \sum_a b^i_a x^1_{a_1} \cdots x^n_{a_n} + \sum_{(a||i)} \mu^i_{(a||i)} x^1_{a_1} \cdots x^{i-1}_{a_{i-1}} x^{i+1}_{a_{i+1}} \cdots x^n_{a_n} \\
&= \lambda^i H^*_{i,b}(x) + \sum_{(a||i)} \mu^i_{(a||i)} x^1_{a_1} \cdots x^{i-1}_{a_{i-1}} x^{i+1}_{a_{i+1}} \cdots x^n_{a_n},
\end{aligned}$$

$$H^*_{i,a}(x|y^i) = \lambda^i H^*_{i,b}(x|y^i) + \sum_{(a||i)} \mu^i_{(a||i)} x^1_{a_1} \cdots x^{i-1}_{a_{i-1}} x^{i+1}_{a_{i+1}} \cdots x^n_{a_n}.$$

Hence

$$H^*_{i,a}(x) - H^*_{i,a}(x|y^i) = \lambda^i (H^*_{i,b}(x) - H^*_{i,b}(x|y^i)).$$

Since $\lambda^i > 0$, it is clear that

$$H^*_{i,a}(x) - H^*_{i,a}(x|y^i) \text{ and } H^*_{i,b}(x) - H^*_{i,b}(x|y^i),$$

have the same sign, i.e., Γ_a and Γ_b have the same set of equilibrium points.

Now let x be an essential equilibrium point of Γ_a: for every $\varepsilon > 0$, there is a $\delta > 0$ such that, for any game $\Gamma \in \mathscr{G}$ with $\mathscr{D}(\Gamma_a, \Gamma) < \delta$, there exists at least one equilibrium point $\widetilde{x}$ of Γ with $d(x, \widetilde{x}) < \varepsilon$. We shall prove that x, as an equilibrium point of Γ_b, is also an essential equilibrium point of Γ_b. It is clear that the equivalence relation (11) between Γ_a and Γ_b is a topological transformation of the space $\mathscr{G}$ onto itself, the numbers λ^i and $\mu^i_{(a||i)}$ being kept fixed. Hence, there is a $\delta_1 > 0$ such that $\mathscr{D}(\Gamma_a, \Gamma) < \delta$ whenever $\mathscr{D}(\Gamma_b, \widetilde{\Gamma}) < \delta_1$, where Γ denotes the game deduced from $\widetilde{\Gamma}$ by transformation (11). Hence, there exists one equilibrium point $\widetilde{x}$ of Γ with $d(x, \widetilde{x}) < \varepsilon$, and $\widetilde{x}$ is also an equilibrium point of $\widetilde{\Gamma}$ since $\Gamma \sim \widehat{\Gamma}$. It follows that, for any game $\widetilde{\Gamma} \in \mathscr{G}$ with $\mathscr{D}(\Gamma_b, \widetilde{\Gamma}) < \delta_1$, there exists at least one equilibrium point $\widetilde{x}$ of $\widetilde{\Gamma}$ with $d(x, \widetilde{x}) < \varepsilon$. This proves that x is an essential equilibrium point of Γ_b. Similarly, x will be an essential equilibrium point of Γ_a if it is an essential equilibrium point of Γ_b. Therefore equivalent games have the same set of essential equilibrium points, and the proof is complete.

Lemma 3 *Two games Γ_a and Γ_b have the same Nash mapping if and only if $\Gamma_a \approx \Gamma_b$.*

Proof. Necessity. Let $f_{\Gamma_a} = f_{\Gamma_b}$, then for any pure situation $\pi_a = (\pi^1_{a_1}, \cdots, \pi^n_{a_n}) \in S$, we have $f_{\Gamma_a}(\pi_a) = f_{\Gamma_b}(\pi_a)$, so that

$$\frac{\pi^i_{a_i} + \sum_{\beta_i} \varphi^{i,a}_{\beta_i}(\pi_a)\pi^i_{\beta_i}}{1 + \sum_{\beta_i} \varphi^{i,a}_{\beta_i}(\pi_a)} = \frac{\pi^i_{a_i} + \sum_{\beta_i} \varphi^{i,b}_{\beta_i}(\pi_a)\pi^i_{\beta_i}}{1 + \sum_{\beta_i} \varphi^{i,b}_{\beta_i}(\pi_a)},$$

in which $\varphi^{i,a}_{\beta_i}, \varphi^{i,b}_{\beta_i}$ are the $\varphi^i_{\beta_i}$ corresponding to Γ_a and Γ_b respectively. As

$$\varphi^{i,a}_{a_i}(\pi_a) = \varphi^{i,b}_{a_i}(\pi_a) = 0$$

by definition of $\varphi^i_{\beta_i}$, we get by comparing coefficient of $\pi^i_{a_i}$

$$\sum_{\beta_i} \varphi^{i,a}_{\beta_i}(\pi_a) = \sum_{\beta_i} \varphi^{i,b}_{\beta_i}(\pi_a),$$

whence

$$\sum_{\beta_i} \varphi^{i,a}_{\beta_i}(\pi_a)\pi^i_{\beta_i} = \sum_{\beta_i} \varphi^{i,b}_{\beta_i}(\pi_a)\pi^i_{\beta_i}.$$

By comparing coefficient of $\pi^i_{\beta_i}$, we get then for any $a \in M$ and any $\beta_i \in M_i$,

$$\varphi^{i,a}_{\beta_i}(\pi_a) = \varphi^{i,b}_{\beta_i}(\pi_a),$$

i. e.,

$$\max\{0, a^i_{(a|\beta_i)} - a^i_a\} = \max\{0, b^i_{(a|\beta_i)} - b^i_a\}.$$

It follows

$$a^i_{(a|\beta_i)} - a^i_a = b^i_{(a|\beta_i)} - b^i_a$$

by the arbitrariness of a and β_i, or

$$a^i_{(a|\beta_i)} - b^i_{(a|\beta_i)} = a^i_a - b^i_a = \mu^i_{(a||i)}$$

is independent of a_i in a, i. e., $\Gamma_a \approx \Gamma_b$.

Sufficiency. Let $\Gamma_a \approx \Gamma_b$, so that for each $i \in I$ and each $a \in M$, we have

$$a^i_a = b^i_a + \mu^i_{(a||i)},$$

in which $\mu^i_{(a||i)}$ is independent of a_i, then

$$\begin{aligned} H^*_{i,x}(x) &= \sum_a a^i_a x^1_{a_1} \cdots x^n_{a_n} \\ &= \sum_a b^i_a x^1_{a_1} \cdots x^n_{a_n} + \sum_{(a||i)} \mu^i_{(a||i)} x^1_{a_1} \cdots x^{i-1}_{a_{i-1}} x^{i+1}_{a_{i+1}} \cdots x^n_{a_n} \\ &= H^*_{i,b}(x) + \sum_{(a||i)} \mu^i_{(a||i)} x^1_{a_1} \cdots x^{i-1}_{a_{i-1}} x^{i+1}_{a_{i+1}} \cdots x^n_{a_n}, \end{aligned}$$

$$H^*_{i,a}(x|y^i) = H^*_{i,b}(x|y^i) + \sum_{(a||i)} \mu^i_{(a||i)} x^1_{a_1} \cdots x^{i-1}_{a_{i-1}} x^{i+1}_{a_{i+1}} \cdots x^n_{a_n}.$$

Hence

$$H^*_{i,x}(x|y^i) - H^*_{i,a}(x) = H^*_{i,x}(x|y^i) - H^*_{i,b}(x)$$

and

$$\varphi^{i,a}_{\beta_i}(x) = \varphi^{i,b}_{\beta_i}(x) \quad (x \in S^*)$$

for each $i \in I$ and each $\beta_i \in M_i$. Thus $\Gamma_a \approx \Gamma_b$ implies $f_{\Gamma_a} = f_{\Gamma_b}$, and the proof is complete.

Since corresponding to every game $\Gamma \in \mathscr{G}$, there is a continuous mapping $f_\Gamma \in C(S^*)$, we obtain the mapping

$$h : \mathscr{G} \longrightarrow C(S^*),$$

with thus $h(\Gamma) = f_\Gamma$.

Lemma 4 *$h : \mathscr{G} \longrightarrow C(S^*)$ is a continuous mapping.*

Proof. We shall prove that h is continuous at any $\Gamma_a \in \mathscr{G}$. Suppose that for the determining set $a = (a^i_a)$ of Γ_a,

$$\left|a^i_a\right| \leqslant N \quad (i \in I, a \in M).$$

For any $\varepsilon > 0$, let

$$\delta < \frac{\varepsilon}{4nm(1 + m + 4mN)}$$

in which $m = m_1 \cdots m_n$. Suppose that $\mathscr{D}(\Gamma_a, \Gamma_b) < \delta$, we shall prove that $\rho(f_{\Gamma_a}, f_{\Gamma_b}) < \varepsilon$. Let $b = (b^i_a)$ be the determining set of Γ_b, then for any $i \in I$ and $a \in M$,

$$\left|a^i_a - b^i_a\right| < \delta.$$

Hence for any $x \in S^*$, we have

$$\left|H^*_{i,a}(x) - H^*_{i,b}(x)\right| < \delta \quad (i \in I).$$

Therefore,

$$\begin{aligned}&|[H^*_{i,a}(x|\pi^i_{\beta_i}) - H^*_{i,a}(x)] - [H^*_{i,b}(x|\pi^i_{\beta_i}) - H^*_{i,b}(x)]|\\ \leqslant&|H^*_{i,a}(x|\pi^i_{\beta_i}) - H^*_{i,b}(x|\pi^i_{\beta_i})| + |H^*_{i,a}(x) - H^*_{i,b}(x)| < 2\delta\end{aligned}$$

for any $i \in I$, $\pi^i_{\beta_i} \in S_i$ and $x \in S^*$. By the definition of $\varphi^i_{\beta_i}(x)$, we obtain

$$\left|\varphi^{i,a}_{\beta_i}(x) - \varphi^{i,b}_{\beta_i}(x)\right| < 2\delta,$$

whence

$$\left|\sum_{\beta_i}\varphi^{i,a}_{\beta_i}(x) - \sum_{\beta_i}\varphi^{i,b}_{\beta_i}(x)\right| < 2m\delta.$$

Moreover, it is clear that

$$\left|H^*_{i,a}(x|\pi^i_{\beta_i}) - H^*_{i,a}(x)\right| \leqslant 2N,$$

$$\varphi^{i,a}_{\beta_i}(x) \leqslant 2N,$$

$$\sum_{\beta_i}\varphi^{i,a}_{\beta_i}(x) \leqslant 2mN.$$

Now we shall evaluate $d(f_{\Gamma_a}(x), f_{\Gamma_b}(x))$ for any $x = (x^1, \cdots, x^n) \in S^*$ with $x^i = \sum\limits_{a_i} x^i_{a_i}\pi^i_{a_i}$. We have

$$\begin{aligned}&\left|\frac{x^i_{a_i} + \varphi^{i,a}_{a_i}(x)}{1 + \sum\limits_{\beta_i}\varphi^{i,a}_{\beta_i}(x)} - \frac{x^i_{a_i} + \varphi^{i,b}_{a_i}(x)}{1 + \sum\limits_{\beta_i}\varphi^{i,b}_{\beta_i}(x)}\right|\\ \leqslant&\left|\left[1 + \sum_{\beta_i}\varphi^{i,b}_{\beta_i}(x)\right]\left[x^i_{a_i} + \varphi^{i,a}_{a_i}(x)\right]\right.\\ &\left. - \left[1 + \sum_{\beta_i}\varphi^{i,a}_{\beta_i}(x)\right]\left[x^i_{a_i} + \varphi^{i,b}_{a_i}(x)\right]\right|\\ \leqslant&|\varphi^{i,a}_{a_i}(x) - \varphi^{i,b}_{a_i}(x)| + x^i_{a_i}\left|\sum_{\beta_i}\varphi^{i,b}_{\beta_i}(x) - \sum_{\beta_i}\varphi^{i,a}_{\beta_i}(x)\right|\end{aligned}$$

$$+ \varphi_{a_i}^{i,a}(x) \Big| \sum_{\beta_i} \varphi_{\beta_i}^{i,b}(x) - \sum_{\beta_i} \varphi_{\beta_i}^{i,a}(x) \Big|$$

$$+ \Big| \varphi_{a_i}^{i,a}(x) - \varphi_{a_i}^{i,b}(x) \Big| \sum_{\beta_i} \varphi_{\beta_i}^{i,a}(x)$$

$$\leqslant 2\delta + 2m\delta + 2N \cdot 2m\delta + 2mN \cdot 2\delta$$

$$= 2(1 + m + 4mN)\delta.$$

Thus, for any $x \in S^*$, we have

$$d(f_{\Gamma_a}(x), f_{\Gamma_b}(x)) = \sum_{i,a_i} \left| \frac{x_{a_i}^i + \varphi_{a_i}^{i,a}(x)}{1 + \sum_{\beta_i} \varphi_{\beta_i}^{i,a}(x)} - \frac{x_{a_i}^i + \varphi_{a_i}^{i,b}(x)}{1 + \sum_{\beta_i} \varphi_{\beta_i}^{i,b}(x)} \right|$$

$$\leqslant 2nm(1 + m + 4mN)\delta < \varepsilon/2.$$

Therefore, we get

$$\rho(f_{\Gamma_a}, f_{\Gamma_b}) = \sup_{x \in S^*} d(f_{\Gamma_a}(x), f_{\Gamma_b}(x)) < \varepsilon.$$

This proves the continuity of h at Γ_a, and the proof is complete.

§4. Normalization

Definition. A game Γ with determining set $a = (a_a^i)$ will be said to be *normalized* if for each $i \in I$ and each $a \in M$, we have

(i) $P_{(a\,||\,i)}^i(\Gamma) = \sum_{\beta_i \in M_i} a_{(\alpha\,|\,\beta_i)}^i = 0,$

(ii) $N^i(\Gamma) = \sum_{\substack{a \in M \\ \beta_i, \gamma_i \in M_i}} |a_{(a\,|\,\beta_i)}^i - a_{(a\,|\,\gamma_i)}^i| =$ either 0 or 1.

Lemma 5 *For normalized games, $\Gamma_a \sim \Gamma_b$ if and only if $\Gamma_a = \Gamma_b$.*

Proof. Let $a = (a_a^i)$ and $b = (b_a^i)$ be determining sets of two normalized games Γ_a and Γ_b, respectively. Suppose that $\Gamma_a \sim \Gamma_b$, so that there are $\lambda^i > 0$ and $\mu_{(a\,||\,i)}^i$ independent of $\alpha^i \in M_i$ such that

$$a_a^i = \lambda^i b_a^i + \mu_{(a\,||\,i)}^i$$

for any $i \in I$ and $\alpha \in M$. Hence, we have

$$\begin{aligned} N^i(\Gamma_a) &= \sum_{a,\,\beta_i,\,\gamma_i} |a^i_{(a\,|\,\beta_i)} - a^i_{(a\,|\,\gamma_i)}| \\ &= \lambda^i \sum_{a,\,\beta_i,\,\gamma_i} |b^i_{(a\,|\,\beta_i)} - b^i_{(a\,|\,\gamma_i)}| = \lambda^i N^i(\Gamma_b). \end{aligned}$$

Therefore, $\lambda^i = 1$ in case $N^i(\Gamma_a) = N^i(\Gamma_b) = 1$. Moreover in such case we have

$$\begin{aligned} P^i_{(a\,||\,i)}(\Gamma_a) &= \sum_{\beta_i} a^i_{(a\,|\,\beta_i)} = \sum_{\beta_i} b^i_{(a\,|\,\beta_i)} + \sum_{\beta_i} \mu^i_{(a\,||\,i)} \\ &= P^i_{(a\,||\,i)}(\Gamma_b) + m_i \mu^i_{(a\,||\,i)}. \end{aligned}$$

As $P^i_{(a\,||\,i)}(\Gamma_a) = P^i_{(a\,||\,i)}(\Gamma_b) = 0$, we obtain $\mu^i_{(a\,||\,i)} = 0$, i.e., $a^i_a = b^i_a$. In the contrary case, we have $N^i(\Gamma_a) = N^i(\Gamma_b) = 0$ so that

$$\begin{aligned} &a^i_{(a\,|\,\beta_i)} \text{ is independent of } \beta_i \text{ and } = A^i_{(a\,||\,i)}, \\ &b^i_{(a\,|\,\beta_i)} \text{ is independent of } \beta_i \text{ and } = B^i_{(a\,||\,i)}. \end{aligned}$$

As

$$P^i_{(a\,||\,i)}(\Gamma_a) = \sum_{\beta_i} a^i_{(a\,|\,\beta_i)} = m_i A^i_{(a\,||\,i)} = 0,$$

and

$$P^i_{(a\,||\,i)}(\Gamma_b) = \sum_{\beta_i} b^i_{(a\,|\,\beta_i)} = m_i B^i_{(a\,||\,i)} = 0,$$

we have then $a^i_a = b^i_a (= 0)$ again for any $a \in M$. Therefore, this proves that for any $i \in I$ and any $\alpha \in M$, we have $a^i_a = b^i_a$, i.e., $\Gamma_a = \Gamma_b$, and the proof is complete.

Lemma 6 *Any game is equivalent to one and only one normalized game.*

Proof. For any game Γ_a with determining set $a = (a^i_a)$, let us set

$$\mu^i_{(a\,||\,i)} = -\frac{1}{m_i} \sum_{\beta_i \in M_i} a^i_{(a\,|\,\beta_i)}, \tag{12}$$

$$\lambda^i = \begin{cases} 1, & \text{if } N^i(\Gamma_a) = 0, \\ 1/N^i(\varGamma_a), & \text{if } N^i(\Gamma_a) \neq 0, \end{cases} \tag{13}$$

$$b^i_a = \lambda^i (a^i_a + \mu^i_{(a\,||\,i)}).$$

Then the game Γ_b with determining set $b = (b^i_a)$ is evidently equivalent to Γ_a and is a normalized game. Since

$$\begin{aligned} P^i_{(a\,||\,i)}(\Gamma_b) &= \sum_{\beta_i} b^i_{(a\,|\,\beta_i)} = \lambda^i \sum_{\beta_i} a^i_{(a\,|\,\beta_i)} + m_i \lambda^i \mu^i_{(a\,||\,i)} \\ &= \lambda^i P^i_{(a\,||\,i)}(\Gamma_a) - \lambda^i P^i_{(a\,||\,i)}(\Gamma_a) = 0, \\ N^i(\Gamma_b) &= \sum_{a,\,\beta_i,\,\gamma_i} |b^i_{(a\,|\,\beta_i)} - b^i_{(a\,|\,\gamma_i)}| \\ &= \lambda^i \sum_{a,\,\beta_i,\,\gamma_i} |a^i_{(a\,|\,\beta_i)} - a^i_{(a\,|\,\gamma_i)}| \\ &= \lambda^i N(\Gamma_a) = \text{either } 0 \text{ or } 1. \end{aligned}$$

Thus Γ_a is equivalent to the normalized game Γ_b. By Lemma 5, such Γ_b is uniquely determined, and the proof is complete.

The normalized game Γ_b in Lemma 6 will be called the *nor-malization* of game Γ_a. Thus Lemma 6 asserts that any game is equivalent to its unique normalization. Now let $\mathscr{G}_0 \subset \mathscr{G}$ be the sub-space of all normalized games $\Gamma \in \mathscr{G}$.

Lemma 7 *$\mathscr{G}_0$ is a compact metric space.*

Proof. We shall prove that any sequence $\{\Gamma_m\}$ of normalized games contains a subsequence convergent in $\mathscr{G}_0$. In fact, for any normalized game Γ with determining set $a = (a^i_a)$, as $N^i(\Gamma) = 1$, we have

$$|a^i_a - a^i_{(a\,|\,\beta_i)}| \leqslant 1$$

for each $i \in I$, $\alpha \in M$ and $\beta_i \in M_i$. Hence, as $P^i_{(a\,||\,i)} = 0$, we have

$$|a^i_a| = \frac{1}{m_i}\Big|\sum_{\beta_i}(a^i_a - a^i_{(a\,|\,\beta_i)})\Big| \leqslant 1.$$

Now let $a_m = ({}^m a^i_a)$ be the determining sets of the normalized games $\Gamma_m (m = 1, 2, \cdots)$. Then, for any fixed $i \in I$ and $a \in M$, the sequence $\{{}^m a^i_a\}$of real numbers is bounded. It follows that there exists a subsequence $\{\Gamma_{m_v}\}$ of sequence $\{\Gamma_m\}$ such that for any $i \in I$ and $\alpha \in M$, the sequence $\{{}^{m_v} a^i_a\}$ of numbers is convergent. Let a^i_a be the limit of sequence $\{{}^{m_v} a^i_a\}$, then the subsequence $\{\Gamma_{m_v}\}$ is convergent to the game Γ with determining set $a = (a^i_a)$. It is clear that

$$P^i_{(a\,||\,i)}(\Gamma_{m_v}) \to P^i_{(a\,||\,i)}(\Gamma), \quad N^i(\Gamma_{m_v}) \to N^i(\Gamma).$$

As $P^i_{(a\,||\,i)}(\Gamma_{m_v}) = 0$ and $N^i(\Gamma_{m_v})$ = either 0 or 1, the limit $P^i_{(a\,||\,i)}(\Gamma) = 0$ and $N^i(\Gamma)$ = either 0 or 1, i.e., Γ is also a normalized game, and the proof is complete.

§5. Proof of the main theorems

For the continuous mapping $h : \mathscr{G} \to C(S^*)$, let us denote by $C_0 \subset C(S^*)$ the subspace consisting of all Nash mappings corresponding to normalized games: $C_0 = h(\mathscr{G}_0)$. By Lemma 3 and Lemma 5, $h : \mathscr{G}_0 \to C_0$ is then a one-one continuous mapping. As $\mathscr{G}_0$ is compact, h is then a homoeomorphism of $\mathscr{G}_0$ onto C_0 . Therefore, C_0 is also a compact metric space and in particular a complete metric space.

A fixed point $x \in S^*$ of a mapping $f \in C_0$ will be said to be *essential* with respect to C_0 if for every $\varepsilon > 0$, there is a $\delta > 0$ such that for any $g \in C_0$ with $\rho(f, g) < \delta$, there is a fixed point y of g with $d(x, y) < \varepsilon$. A mapping $f \in C_0$ will be said to be *essential* in C_0 if every fixed point of f is an essential fixed point of f with respect to C_0 . We are now in need of the following lemma which is due to M. K. Fort, Jr.[2] and has been recently extended to multivalued mappings[3] .

Lemma 8[1] *For every $f \in C_0$ and every $\varepsilon > 0$, there is a mapping $g \in C_0$ essential in C_0 such that $\rho(f, g) < \varepsilon$.*

Now let $\mathscr{G}^* \subset \mathscr{G}_0$ be the subspace consisting of all normalized games $\Gamma \in \mathscr{G}_0$ for which all $N^i(\Gamma)$ are equal to 1.

Lemma 9 *For $\Gamma \in \mathscr{G}^*, x \in S^*$ is an essential equilibrium point of Γ if and only if x is an essential fixed point of f_r with respect to C_0. Therefore, $\Gamma \in \mathscr{G}^*$ is an essential game if and only if f_r is a mapping essential in C_0.*

Proof. Since $\mathscr{G}_0$ and C_0 are homoeomorphic, the necessity is evident. Now we shall prove the sufficiency as follows. Suppose that $x \in S^*$ is an essential fixed point of f_r with respect to C_0: for every $\varepsilon > 0$, there is a $\delta > 0$ such that for any $f_{\widetilde{\Gamma}} \in C_0$ with $\rho(f_\Gamma, f_{\widetilde{\Gamma}}) < \delta$, there is a fixed point $\widetilde{x}$ of $f_{\widetilde{\Gamma}}$ with $d(x, \widetilde{x}) < \varepsilon$. Since $\mathscr{G}_0$ and C_0 are homoeomorphic, there is a $\delta_1 > 0$ such that for any $\widetilde{\Gamma} \in \mathscr{G}_0$ with $\mathscr{D}(\Gamma, \widetilde{\Gamma}) < \delta_1$, we have $\rho(f_\Gamma, f_{\widetilde{\Gamma}}) < \delta$. Thus, for the equilibrium point x of Γ and every $\varepsilon > 0$, there is a $\delta_1 > 0$ such that for any $\widetilde{\Gamma} \in \mathscr{G}_0$ with $\mathscr{D}(\Gamma, \widetilde{\Gamma}) < \delta_1$, there

1 The concept of essential fixed point with respect to C_0 introduced here is a little more general than the concept of essential fixed point (with respect to $C(S^*)$) introduced in [2] and [3] so far as one-valued mappings are concerned. The Lemma specializes the corresponding result in [2] and [3] when $C_0 = C(S^*)$ (for one-valued mappings). But, it is easy to verify that for any complete subspace $C_0 \subset C(S^*)$, the reasonings in [3] remain valid for our case. Moreover, Lemma 8 can also be extended to multivalued mappings in an evident manner.

is an equilibrium point $\widetilde{x}$ of $\widetilde{\Gamma}$ with $d(x, \widetilde{x}) < \varepsilon$.

Now let $a = (a_a^i)$ be the determining set of Γ. We choose $\eta > 0$ such that

$$4\eta < \min\left\{\frac{1}{m^2}, \frac{\delta_1}{1+nm^2}\right\},$$

in which $m = m_1 \cdots m_n$. For any game $\bar{\Gamma} \in \mathscr{G}$ with determining set $b = (b_a^i)$, let us suppose that $\mathscr{D}(\Gamma, \bar{\Gamma}) < \eta$, then

$$\begin{aligned}|N^i(\Gamma) - N^i(\bar{\Gamma})| &= \left|\sum_{a,\beta_i,\gamma_i} |a^i_{(a|\beta_i)} - a^i_{(a|\gamma_i)}| - \sum_{a,\beta_i,\gamma_i} |b^i_{(a|\beta_i)} - b^i_{(a|\gamma_i)}|\right| \\ &\leqslant \sum_{a,\beta_i,\gamma_i} |a^i_{(a|\beta_i)} - b^i_{(a|\beta_i)}| + \sum_{a,\gamma_i,\gamma_i} |a^i_{(a|\beta_i)} - b^i_{(a|\gamma_i)}| \\ &= 2m_i \sum_{a,\beta_i} |a^i_{(a|\beta_i)} - b^i_{(a|\beta_i)}| \\ &= 2m_i^2 \sum_a |a_a^i - b_a^i| \\ &\leqslant 2m^2 \mathscr{D}(\Gamma, \bar{\Gamma}) < 2m^2\eta < \frac{1}{2}.\end{aligned}$$

Since $N^i(\Gamma) = 1$, we get

$$|1 - N^i(\bar{\Gamma})| \leqslant 2m^2 \mathscr{D}(\Gamma, \bar{\Gamma}) < \frac{1}{2} \quad (i \in I).$$

It follows that $N^i(\bar{\Gamma}) > 1/2 (i \in I)$. Hence, the determining set $C = (c_a^i)$ of the normalization $\widetilde{\Gamma}$ of the game $\bar{\Gamma}$ is given by

$$c_a^i = \frac{1}{N^i(\bar{\Gamma})}\left(b_a^i - \frac{1}{m_i}\sum_{\beta_i} b^i_{(a|\beta_i)}\right).$$

Therefore,

$$\begin{aligned}\mathscr{D}(\Gamma, \widetilde{\Gamma}) &= \sum_{i,a} |a_a^i - c_a^i| \\ &= \sum_{i,a} \left| a_a^i - \frac{b_a^i - \frac{1}{m_i}\sum_{\beta_i} b^i_{(a|\beta_i)}}{N^i(\bar{\Gamma})} \right|\end{aligned}$$

$$
\begin{aligned}
&\leqslant 2\sum_{i,a}\left|a_a^i N^i(\bar{\Gamma}) - b_a^i + \frac{1}{m_i}\sum_{\beta_i} b^i_{(a|\beta_i)}\right| \\
&= 2\sum_{i,a}\left|a_a^i - b_a^i + (N^i(\bar{\Gamma})-1)a_a^i\right. \\
&\quad \left. + \frac{1}{m_i}\sum_{\beta_i}(b^i_{(a|\beta_i)} - a^i_{a|\beta_i})\right|;
\end{aligned}
$$

the last step follows from $P^i_{(a||i)}(\Gamma) = 0$. Furthermore, since

$$
\begin{aligned}
1 = N^i(\Gamma) &= \sum_{a,\beta_i,\gamma_i} |a^i_{(a|\beta_i)} - a^i_{(a|\gamma_i)}| \\
&\geqslant \sum_{a,\beta_i}\left|\sum_{\gamma_i}(a^i_{(a|\beta_i)} - a^i_{(a|\gamma_i)})\right| \\
&= \sum_{a,\beta_i} m_i |a^i_{(a|\beta_i)}| = m_i^2 \sum_a |a_a^i|,
\end{aligned}
$$

we have

$$
\sum_{i,a} |a_a^i| \leqslant n.
$$

Hence,

$$
\begin{aligned}
\mathscr{D}(\Gamma,\widetilde{\Gamma}) &\leqslant 4\sum_{i,a}|a_a^i - b_a^i| + 2\sum_{i,a}|1 - N^i(\bar{\Gamma})|\cdot|a_a^i| \\
&\leqslant 4\mathscr{D}(\Gamma,\bar{\Gamma}) + 4nm^2\mathscr{D}(\Gamma,\bar{\Gamma}) \\
&< 4(1+nm^2)\eta < \delta_1.
\end{aligned}
$$

Thus, there is an equilibrium point $\widetilde{x}$ of $\widetilde{\Gamma}$ with $d(x,\widetilde{x}) < \varepsilon$. Since $\bar{\Gamma} \sim \widetilde{\Gamma}$, $\widetilde{x}$ is also an equilibrium point of $\bar{\Gamma}$ by Lemma 2. Therefore, for the equilibrium point x of the game $\Gamma \in \mathscr{G}^*$ and every $\varepsilon > 0$, there is an $\eta > 0$ such that for any $\bar{\Gamma} \in \mathscr{G}$ with $\mathscr{D}(\Gamma,\bar{\Gamma}) < \eta$, there is an equilibrium point $\widetilde{x}$ of $\bar{\Gamma}$ with $d(x,\widetilde{x}) < \varepsilon$. This proves that x is an essential equilibrium point of Γ, and the proof is complete.

Lemma 10 *For every game* $\Gamma_a \in \mathscr{G}^*$ *and every* $\varepsilon > 0$ *, there exists an essential game* $\Gamma_b \in \mathscr{G}^*$ *such that*

$$
\mathscr{G}(\Gamma_a,\Gamma_b) < \varepsilon.
$$

Proof. For any game $\Gamma_b \in \mathscr{G}$ with $\mathscr{G}(\Gamma_a, \Gamma_b) < \varepsilon$, as

$$|N^i(\Gamma_a) - N^i(\Gamma_b)| \leqslant 2m^2 \mathscr{D}(\Gamma_a, \Gamma_b)$$

and all $N^i(\Gamma_a) = 1$, we have $N^i(\Gamma_b) \neq 0$ whenever ε is small enough.

As $\mathscr{G}_0$ and C_0 are homoeomorphic, for $\Gamma_a \in \mathscr{G}^*$ and $\varepsilon > 0$, there is a $\delta > 0$ such that for any $\Gamma_b \in \mathscr{G}_0$ with $\rho(f_{\Gamma_a}, f_{\Gamma_b}) < \delta$, we have $\mathscr{G}(\Gamma_a, \Gamma_b) < \varepsilon$. By Lemma 8, there is $\Gamma_b \in \mathscr{G}_0$ with $\rho(f_{\Gamma_a}, f_{\Gamma_b}) < \delta$ such that $f_{\Gamma_b} \in C_0$ is essential in C_0. It follows that $\mathscr{D}(\Gamma_a, \Gamma_b) < \varepsilon$. If ε is small enough, then $N^i(\Gamma_b) = 1$, i.e., $\Gamma_b \in \mathscr{G}^*$. By Lemma 9, Γ_b is an essential game, and the proof is complete.

Proof of Theorem A. Let $\Gamma_a \in \mathscr{G}$ be an arbitrary game. For every $\varepsilon > 0$, first and foremost, there is a game $\Gamma_b \in \mathscr{G}$ with all $N^i(\Gamma_b) \neq 0$ such that $\mathscr{D}(\Gamma_a, \Gamma_b) < \varepsilon/2$. Thus, the unique normalization $\Gamma_a \in \mathscr{G}_0$ of Γ_b is determined by

$$c_a^i = \frac{1}{N^i(\Gamma_b)} \left(b_a^i - \frac{1}{m_i} P^i_{(a||i)}(\Gamma_b) \right). \tag{14}$$

Since all $N^i(\Gamma_c) = 1$, we have $\Gamma_c \in \mathscr{G}^*$.

Now let the numbers $N^i(\Gamma_b)$ and $P^i_{(a||i)}(\Gamma_b)$ in (14) be fixed and let $b = (b_a^i)$ vary in $\mathscr{G}$, then (14) is a topological transformation T of $\mathscr{G}$ onto itself, and $\Gamma_c = T(\Gamma_b)$. Therefore, for $\varepsilon > 0$, there is a $\delta > 0$ such that for any $\Gamma \in \mathscr{G}$ with $\mathscr{D}(\Gamma_c, \Gamma) < \delta$, we have $\mathscr{D}(\Gamma_b, T^{-1}(\Gamma)) \ll \varepsilon/2$. If Γ is an essential game, then $T^{-1}(\Gamma)$ is also essential since $\Gamma \sim T^{-1}(\Gamma)$.

Since $\Gamma_c \in \mathscr{G}^*$, there is by Lemma 10 an essential game $\Gamma_d \in \mathscr{G}^*$ such that $\mathscr{D}(\Gamma_c, \Gamma_d) < \delta$. Let $\Gamma_e = T^{-1}(\Gamma_d)$. Then Γ_e is an essential game with $\mathscr{D}(\Gamma_b, \Gamma_e) < s/2$. Therefore, for every $\Gamma_a \in \mathscr{G}$ and every $\varepsilon > 0$, there is an essential game $\Gamma_e \in \mathscr{G}$ such that

$$\mathscr{D}(\Gamma_a, \Gamma_e) < \varepsilon,$$

and the proof is complete.

Proof of Theorem B. For any game $\Gamma \in \mathscr{G}$ having only finite number of equilibrium points, $f_r \in C(S^*)$ has only finite number of fixed points by Lemma 1. By a theorem of Fort ([2], Theorem 3), there is at least one essential fixed point $x \in S^*$ of f_r with respect to $C(S^*)$: for every $\varepsilon > 0$, there is a $\delta > 0$ $d(x, y) < \varepsilon$ such that for any $g \in C(S^*)$ with $\rho(f_r, g) < \delta$, there is a fixed point y of g with $d(x, y) < \varepsilon$. By Lemma 4, there is a $\delta_1 > 0$ such that for any $\widetilde{\Gamma} \in \mathscr{G}$

with $\mathscr{D}(\Gamma, \widetilde{\Gamma}) < \delta_1$, we have $\rho(f_r, f_{\tilde{r}}) < \delta$. Hence, there is a fixed point y of $f_{\tilde{r}}$, i.e., an equilibrium point y of $\widetilde{\Gamma}$ such that $d(x, y) < \varepsilon$. Thus, x is an essential equilibrium point of Γ, and the proof is complete.

References

[1] Nash J. Non-cooperative games. *Annals of Math.*, 1951, 54: 286-295.

[2] Fort M K, Jr. Essential and non-essential fixed points. American Journal of Math., 1950, 72: 315-322.

[3] Jiang J H. Essential fixed point of the multivalued mappings. Scientia Sinica, 1962, 11: 293-298.